食品和饲料真菌毒素防控及脱毒

真菌毒素加工脱毒技术研究

刘　阳等　著

科学出版社
北　京

内 容 简 介

本书主要介绍脱氧雪腐镰刀菌烯醇（DON）、伏马菌素、黄曲霉毒素的加工脱毒技术，共分七章，包括 DON 研究进展、DON 脱毒技术原理、DON 污染小麦重力分选原理及重力分选机设计、磨粉工艺去除小麦中 DON 的研究、面制品加工对 DON 的去除效果、伏马菌素加工脱毒技术研究、黄曲霉毒素加工脱毒技术研究。本书的突出特点是研究粮食加工过程对真菌毒素的消减作用，提供安全、可靠的控制真菌毒素的加工方法。

本书可作为高等院校和科研院所从事相关研究的科研人员、研究生等的参考材料，也可作为从事食品质量与安全本科专业教学的辅助教材，还可以作为食品从业人员学习真菌毒素相关安全知识及产品开发的辅助资料。

图书在版编目（CIP）数据

真菌毒素加工脱毒技术研究/刘阳等著. —北京：科学出版社，2018.6
（食品和饲料真菌毒素防控及脱毒）
ISBN 978-7-03-054631-9

I. ①真… Ⅱ. ①刘… Ⅲ. ①真菌毒素–脱毒–研究 Ⅳ.①TS207.4

中国版本图书馆 CIP 数据核字(2017)第 236218 号

责任编辑：李秀伟 陈 新 / 责任校对：严 娜
责任印制：张 伟 / 封面设计：铭轩堂

科 学 出 版 社 出版
北京东黄城根北街 16 号
邮政编码：100717
http://www.sciencep.com
北京凌奇印刷有限责任公司印刷
科学出版社发行 各地新华书店经销
*
2018 年 6 月第 一 版 开本：720×1000 1/16
2025 年 4 月第二次印刷 印张：16 1/2 插页：2
字数：330 000
定价：**128.00 元**

(如有印装质量问题，我社负责调换)

《真菌毒素加工脱毒技术研究》
著者名单

刘　阳　　中国农业科学院农产品加工研究所

常敬华　　辽宁工程技术大学

崔　莉　　齐鲁工业大学（山东省科学院）

朱玉昌　　湖北民族学院

陈　飞　　国家市场监督管理总局

李雅丽　　中国食品发酵工业研究院

赵月菊　　中国农业科学院农产品加工研究所

陈志娟　　北京市大兴区质量技术监督局

檀丽萍　　银谷控股集团有限公司

王文龙　　内蒙古科技大学

前　言

食品质量安全与国民的身体健康和生命安全息息相关，对经济发展和社会稳定至关重要。真菌毒素是由真菌产生的有毒次生代谢产物，严重污染我国粮食作物及其制品，若不能有效地去除粮食中的真菌毒素，将严重危害我国居民健康。在粮食加工过程中安全高效地去除真菌毒素是一种适合我国国情的、经济实用的方法，在真菌毒素脱毒技术研究中具有重要地位。

本书是"食品和饲料真菌毒素防控及脱毒"系列丛书中重要的一部，是笔者长期从事真菌毒素脱毒技术研究的系统总结，希望通过本书的出版，加深从事真菌毒素研究的科研工作者、粮食加工技术人员、植保工作者、食品科学与工程专业的学生及研究者对真菌毒素危害性与脱毒技术的认识和理解，增进学科之间的了解和合作，加快真菌毒素脱毒技术的研究进程，促进食品质量与安全领域的良性发展。

全书共分七章，第一章主要介绍脱氧雪腐镰刀菌烯醇（DON）的产生及污染、结构、性质、毒性、检测方法，以及 DON 物理、化学、生物、加工脱毒技术研究进展；第二章至第五章主要介绍 DON 加工脱毒技术原理与方法，主要包括 DON 脱毒技术原理、DON 污染小麦重力分选原理及重力分选机设计、磨粉工艺去除小麦中 DON 的研究及面制品加工对 DON 的去除效果；第六章介绍伏马菌素（FB）的产生、污染、结构、性质、毒性、检测方法及加工脱毒技术研究进展，着重介绍了挤压膨化和氢氧化钙浸泡湿磨对玉米制品中 FB 的作用及其原理；第七章主要介绍了黄曲霉毒素（AFT）的产生、污染、结构、性质、检测方法及加工脱毒技术研究进展，并以花生和玉米为例，着重介绍了安全无损的 AFT 污染花生的光电分选技术及氨气熏蒸法和氢氧化钙浸泡湿磨法降解玉米中的 AFT 的原理和方法。参与本书实验研究、撰写、整理的成员有刘阳、常敬华、崔莉、朱玉昌、陈飞、李雅丽、赵月菊、陈志娟、檀丽萍、王文龙。

本书的研究成果是在 973 计划项目"主要粮油产品储藏过程中真菌毒素形成机理及防控基础（2013CB127800）"、国家重点研发计划项目"食品中生物源危害物阻控技术及其安全性评价（2017YFC1600900）"、公益性行业（农业）科研专项"粮油真菌毒素控制技术研究（201203037）"、科技部基础性工作专项重点项目"全国农产品加工原料真菌毒素及其产毒菌污染调查（2013FY113400）"、中国农业科学院国家农业科技创新工程、国家自然科学基金"结合态脱氧雪腐镰刀菌烯醇的毒性和代谢机理（30871750）"等项目的支持下完成的。

　　本书的研究结果由于受研究材料、研究方法、研究技术及笔者水平的限制，不可避免地存在一些观点和结论方面的不足；对国内外研究资料的整理和加工可能未完全表达原文作者的思想，衷心希望每一位阅读本书的读者给予批评和指正。

著　者

2018 年 2 月

目　　录

第一章　脱氧雪腐镰刀菌烯醇（DON）研究进展

第一节　DON 概述

一、DON 的产生及污染

（一）DON 的产生

从在小麦中发现脱氧雪腐镰刀菌烯醇（DON）存在开始，大量的研究表明小麦中的 DON 与小麦的赤霉病有着密切的关系。小麦赤霉病（Fusarium head blight，FHB）是由镰刀菌属真菌（*Fusarium* spp.）侵染小麦引发的一种流行性病害，又称为麦穗枯、烂麦头、红麦头等，是全球温暖潮湿及半潮湿地区广泛发生的一种小麦毁灭性病害。1884 年，英国首次发现小麦赤霉病并称其为小麦疮痂病，之后小麦赤霉病在亚洲、欧洲、加拿大和美国北部等地频繁暴发，20 世纪 90 年代，北美洲有几次大规模的赤霉病流行（Dubin et al.，1997）。

在我国，有关小麦赤霉病的报道最早是 1936 年发生在长江中下游沿岸的小麦产地，之后小麦赤霉病在我国中部冬小麦产区经常发生，这些产区主要包括江苏、浙江、安徽和上海，小麦赤霉病在我国东北部黑龙江省等春小麦产区也有发生。在过去的十几年，由于全球气候变暖，并受到秸秆还田、免耕栽培等耕作制度改变的影响（刘大钧，2001），我国小麦赤霉病的发生范围迅速扩大，河南、河北、甘肃、宁夏、山西、陕西、四川、青海等地都有小麦赤霉病发生。

小麦赤霉病由多种镰刀菌引起，这些镰刀菌的无性态均属半知菌亚门，其中优势种为禾谷镰刀菌，其大型分生孢子呈镰刀形，有隔膜 3～7 个，顶端钝圆，基部足细胞明显，单个孢子无色，聚集在一起呈粉红色黏稠状，小型孢子很少产生；禾谷镰刀菌的有性态是玉蜀黍赤霉菌，属子囊菌亚门，子囊壳散生或聚集在寄主组织表面，对寄主造成危害。赤霉病菌的生长发育需要高温、高湿的条件，菌丝体发育适温为 22～28℃，最适相对湿度为 80%～100%。小麦各生育阶段都可被赤霉病菌侵染，引起苗腐、秆腐和穗腐等症状（图 1-1），其中以穗腐发生最为普遍，危害最重。致病菌侵入麦粒，会消耗蛋白质和碳水化合物，进而破坏整个麦粒，发病后麦穗籽粒变为白色至粉红色，皱缩，粒重大大降低，严重时甚至颗粒无收（陆维忠等，2001），因而赤霉病会降低小麦籽粒的品质和作物的产量，进而造成严重的经济损失。在我国，一般赤霉病大流行时作物产量损失达 20%～40%，中度流行时作物产量损失为 5%～15%。

图 1-1　小麦赤霉病田间发病症状（A）、秆部症状（B）和病粒症状（C）（李海军等，2008）

（彩图请扫封底二维码）

赤霉病菌侵染小麦的最重要的时期是小麦对赤霉病的初侵染源及菌丝生长抗性最差的时期。研究表明，小麦扬花期是最易感染赤霉病的时期，直至小麦灌浆期病原菌对小麦的侵染力才开始下降。小麦开花期，由于麦穗从叶鞘中抽出，开始与外界接触，因此易于感染镰刀菌（Prom et al.，1999），此时若有毒素产生，就会直接存留在小麦籽粒中。在小麦抽穗期至成熟期的任何阶段，赤霉病的感染程度和病菌产生的毒素浓度都有可能增加，如果此阶段遇到温暖、阴雨连绵的气候，小麦染病和毒素污染的程度会加重。一般情况下，在一个地方一旦有赤霉病发生，则往后的几年里赤霉病都会持续发生。温度和湿度对病菌侵染和病害发展至关重要（Champeil et al.，2004）。气象条件影响小麦赤霉病的发生一般分为 3 个阶段：第一阶段是在小麦抽穗前，其主要影响赤霉病菌子囊及子囊孢子的形成和积累；第二阶段是在抽穗至开花期，气候条件尤其是温度和湿度直接影响着子囊孢子的扩散和侵染；第三阶段是在开花之后，气候影响病害的发展程度。其中第二阶段的气候条件对病害流行具有决定性的作用。

Miller 等（1983）研究认为，小麦受到赤霉病菌的侵染会产生 DON，随着病害的发展，毒素含量会逐渐增加。薛伟龙等（1991）发现早期遭受赤霉病菌侵染的麦穗组织内就产生了 DON，含量为 0.48μg/g 干穗。谢茂昌和王明祖（1999）通过田间调查结合毒素测定发现，田间小麦赤霉病的发病级别与麦粒中 DON 含量之间、病粒率与麦粒 DON 含量之间都存在极其显著的相关性：田间小麦发病级别在二级以上时，麦粒的 DON 含量高于 1000μg/kg，四级以上时，麦粒的 DON 含量高于 2000μg/kg；在病粒率小于 25% 时，DON 含量低于 1200μg/kg，病粒率在 25%～40% 时，DON 含量为 1200～2200μg/kg，病粒率大于 40% 时，DON 含量则高于 2200μg/kg。

（二）镰刀菌及其毒素

赤霉病的病原菌，即镰刀菌因其大型分生孢子呈镰刀形而得名，多种镰刀菌均能引起小麦赤霉病，1984 年全国小麦赤霉病研究协作组从我国 2450 份小麦赤霉病病穗中分离鉴定出 18 个镰刀菌种，其中最主要的是以下 5 种：禾谷镰刀菌（F. graminearum）、黄色镰刀菌（F. culmorum）、燕麦镰刀菌（F. avenaceum）、梨孢镰刀菌（F. poae）、雪腐镰刀菌（F. nivale），其中，禾谷镰刀菌占 94.5%（全国小麦赤霉病研究协作组，1984）。陆刚等（1986）的调查显示，引起安徽省小麦赤霉病的主要病原菌为禾谷镰刀菌，1976～1983 年其从安徽省 22 个市、县的 148 份赤霉病小麦穗中分离得到 3259 株镰刀菌，其中禾谷镰刀菌占 96.7%，样品中全部检出禾谷镰刀菌，其中 66.2%（98 份）的样品只检出禾谷镰刀菌，其余样品可同时检出 2～4 种镰刀菌。在世界范围内，特别是气候较为温暖的地方，如欧洲、北美洲、亚洲，禾谷镰刀菌占优势。禾谷镰刀菌属半知菌亚门镰孢属，其生命力和腐生性很强，寄主范围广，可侵染小麦、大麦、玉米等禾本科作物，侵染作物后生出白色絮状或绒状菌丝，生长后期菌丝呈红色，菌丝的最适生长温度是 25℃，湿度越大，菌丝生长越旺盛，同时黑暗条件也有利于菌丝的生长（张从宇等，2003）。

不同的镰刀菌产生毒素的种类和能力有很大的差异，Eriksen 和 Alexander（1998）总结了部分镰刀菌所产毒素的种类，如表 1-1 所示，其中禾谷镰刀菌（F. graminearum）主要产生 DON、A-DON 等，禾谷镰刀菌和黄色镰刀菌是产 DON 的主要镰刀菌。

表 1-1　不同镰刀菌所产毒素的种类

种类	毒素种类
F. acuminatum	T-2、HT-2、DAS、MAS、MON、NEO
F. avenaceum（F. crokwellense）	MON、FUS C
F. cerealis	NIV、FUS X、ZEN、FUS C
F. culmorum	DON、ZEN、NIV、FUS X、FUS C、A-DON
F. equiseti	DAS、ZEN、FUC
F. graminearum	DON、A-DON、ZEN、NIV、FUS X
F. oxysporum	MON
F. poae	DAS、MAS、NIV、FUS X、T-2、HT-2、FUS C
F. proliferatum	FUM、MON
F. sacchari（F. subglutinans）	MON
F. sambucinum	DAS、MAS
F. torulosum	WOR
F. semitectum（F. incarnatum）	ZEN
F. sporotrichioides	T-2、HT-2、DAS、NEO、FUS C
F. tricinctum	FUS C
F. verticilloides（F. moniliforme）	FUM、FUS C

注：A-DON 为 3-,5-乙酰脱氧雪腐镰刀菌烯醇，DAS 为蛇形菌素，DON 为脱氧雪腐镰刀菌烯醇，FUC 为镰孢红素酮，FUM 为伏马毒素，FUS C 为镰刀菌素 C，FUS X 为镰刀菌烯酮 X，MAS 为 15-单乙酰镰刀菌烯三醇，MON 为串珠镰刀菌素，NEO 为新茄病镰刀菌烯醇，NIV 为雪腐镰刀菌烯醇，WOR 为渥曼青霉素，ZEN 为玉米赤霉烯酮

禾谷镰刀菌的不同菌株产生毒素的种类和能力不同，不同的培养条件下产生毒素的种类和能力也不相同，所产毒素主要有3类：单端孢霉烯族毒素（trichothece-netoxin）、伏马菌素（fumonisins）和玉米赤霉烯酮（zearalenone）。单端孢霉烯族毒素是一大类化学性质相似的化合物，它们具有相同的基本环结构，即15个碳的骨架，C9和C10位的不饱和键与一个特征性的C12和C13位的环氧基团。其主要区别在于羟基和乙酰基的不同，结构如图1-2和表1-2所示。

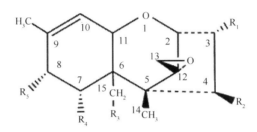

图 1-2 单端孢霉烯族毒素的基本结构

表 1-2 主要单端孢霉烯族毒素的结构

类型	单端孢霉烯族毒素	缩写	R_1	R_2	R_3	R_4	R_5
A型	T-2 毒素	T-2	OH	OAc	OAc	H	—OCOCH$_2$CH(CH$_3$)$_2$
	HT-2 毒素	HT-2	OH	OH	OAc	H	—OCOCH$_2$CH(CH$_3$)$_2$
	T-2 三醇	T-2 triol	OH	OH	OH	H	—OCOCH$_2$CH(CH$_3$)$_2$
	T-2 四醇	T-2 tetraol	OH	OH	OH	H	OH
	3'-羟基 T-2	3'-OH T-2	OH	OAc	OAc	H	—OCOCH$_2$CH(CH$_3$)$_2$
	3'-羟基 HT-2	3'-OH HT-2	OH	OAc	OAc	H	—OCOCH$_2$CH(CH$_3$)$_2$
	新茄病镰刀菌烯醇	NEO	OH	OAc	OAc	H	OH
	疣孢霉素	VER	H	OH	OH	H	H
	镰刀菌烯三醇	SCP	OH	OH	OH	H	H
	蛇形菌素	DAS	OH	OAc	OAc	H	H
	15-单乙酰镰刀菌烯三醇	MAS	OH	OH	OAc	H	H
B型	脱氧雪腐镰刀菌烯醇	DON	OH	H	OH	OH	=O
	3-乙酰脱氧雪腐镰刀菌烯醇	3-A-DON	OAc	H	OH	OH	=O
	15-乙酰脱氧雪腐镰刀菌烯醇	15-A-DON	OH	H	OAc	OH	=O
	雪腐镰刀菌烯醇	NIV	OH	OH	OH	OH	=O
	镰刀菌烯酮-X	FUS X	OH	OAc	OH	OH	=O

注：R表示不同官能团；Ac表示乙酰基（CH$_3$OC—）

根据它们的化学结构，单端孢霉烯族毒素被分为4种：A型、B型、C型、D型。其中A型和B型比较常见（表1-2），A型单端孢霉烯族毒素在C8位上没有羰基官能团，而B型在C8位上有羰基官能团。单端孢霉烯族毒素的羟基和其他取代基团不同，使得不同毒素的性质和生物活性不同，A型单端孢霉烯族毒素毒性比B型的强（Ueno et al.，1973）。

（三）DON 污染小麦概况

DON 污染小麦的现象广泛存在于全球各国，美国、日本、俄罗斯、南非及我国等均有相关报道（Binder et al.，2007）。表 1-3 为近年来一些国家或地区有关DON 污染小麦报道的概况统计。表 1-3 中数据显示，近年来全球不同国家或地区种植的小麦都不同程度地受到 DON 的污染，最高污染阳性检出率达到 100%，最高含量达到 52 700µg/kg。陆刚等（1994）研究指出，不同年份 DON 污染小麦的水平与当年小麦赤霉病的发病程度具有显著的相关性，在小麦赤霉病轻度流行的年份，麦粒 DON 污染阳性检出率为 44.5%，平均含量为 312.9µg/kg；在小麦赤霉病中度以上流行的年份，DON 污染阳性检出率为 100%，平均含量均大于1000µg/kg；当小麦赤霉病大流行或特大流行时，DON 的平均含量大于 2000µg/kg。小麦赤霉病主要发生在潮湿的温带地区，而我国大部分地区恰好处于该类型的环境中，这成为我国小麦 DON 污染较严重的原因之一。

表 1-3　近年来部分国家或地区小麦 DON 污染概况

小麦来源	小麦份数	污染率/%	DON 含量/（µg/kg）	参考文献
奥地利、德国和斯洛伐克	23	100	42～4130	Berthiller et al.，2009
欧盟	30	60	443～8841	Monbaliu et al.，2009
阿根廷	53	46	430～9500	Basílico et al.，2010
突尼斯	65	83	0.0072～0.054	Bensassi et al.，2010
卢森堡	33	75	70～8000	Giraud et al.，2010
法国	713	100	均值 1143	Gourdain et al.，2011
塞尔维亚	15	28	41～309	Škrbić et al.，2011
波兰	10	100	13 400～52 700	Chełkowski et al.，2012
欧洲北部、中部和南部	71	55	均值 1058 最大值 7341	Rodrigues and Naehrer，2012
朝鲜、东南亚和大洋洲	75	87	均值 922 最大值 5331	Rodrigues and Naehrer，2012
塞尔维亚	103	92	50～3306	Stanković et al.，2012
荷兰	86	57	25～2524	van der Fels-Klerx et al.，2012
意大利	150	100	47～3715	Dall'Asta et al.，2013
印度	50	40	70～4730	Mishra et al.，2013
摩洛哥	81	12	65～1310	Ennouari et al.，2013
克罗地亚	51	33	115～278	Pleadin et al.，2013
巴西	113	67	206.3～4732.3	Sifuentes et al.，2013
	53	48	243.7～2281.3	Savi et al.，2014b
阿根廷	25	96	50.60～28 650	Cendoya et al.，2014
意大利和叙利亚	47	60	13～1230	Alkadri et al.，2014
中国	204	51	1.6～4374.4	李凤琴等，2011
	162	86	2～591	Li et al.，2012
	56	90	259～4975	Cui et al.，2013
	180	75	14.5～41 157.1	Ji et al.，2014

（四）小麦中 DON 限量水平

在 1995 年时对食品中的 DON 仅是偶尔加以控制，但在 20 世纪 90 年代末，每千克谷物及谷物产品中发现 DON 含量均为毫克数量级（欧洲尤为严重），阳性检出率也出现越来越高的趋势，并且大量的研究表明了其对人类和动物健康可产生严重的影响，自此该毒素引起了监督计划和监管当局高度的重视，成为许多国家小麦及其制品国际贸易中重要质量检测指标，许多国家先后制定了相关的限量法规，以保护人类的健康，并保障生产者和贸易商的经济利益。表 1-4 为不同国家现行的有关 DON 限量的法规的详细情况。

表 1-4　世界部分国家 DON 限量指标

国家	法规机构	允许最大值/(μg/kg)
奥地利	奥地利卫生部	1750（未加工的硬质小麦、燕麦和玉米） 1250（除硬质小麦、燕麦和玉米以外未加工的谷物）
德国	德国联邦卫生部	1750（未加工的硬质小麦、燕麦和玉米） 1250（除硬质小麦、燕麦和玉米以外未加工的谷物）
乌克兰	健康保护部和国家兽医部	1750（未加工的硬质小麦、燕麦和玉米） 1250（除硬质小麦、燕麦和玉米以外未加工的谷物）
白俄罗斯	卫生部	1750（未加工的硬质小麦、燕麦和玉米） 1250（除硬质小麦、燕麦和玉米以外未加工的谷物）
挪威	挪威食品安全局	1750（未加工的硬质小麦、燕麦和玉米） 1250（除硬质小麦、燕麦和玉米以外未加工的谷物）
瑞士	瑞士联邦公共卫生部	1750（未加工的硬质小麦、燕麦和玉米） 1250（除硬质小麦、燕麦和玉米以外未加工的谷物）
亚美尼亚	监督局和卫生局	1750（未加工的硬质小麦、燕麦和玉米） 1250（除硬质小麦、燕麦和玉米以外未加工的谷物）
古巴	卫生部/营养和食物研究所	300（所有的饲料）
乌拉圭	公共卫生部技术实验室；乌拉圭牧农渔业部	1000（小麦粉、小麦副产品及小麦制作的食物）
美国	美国食品药品监督管理局	2000（人类食用磨粉用小麦）
加拿大	加拿大卫生部	2000（成人食物用未清理软质小麦） 1000（婴幼儿食物用未清理软质小麦）
伊朗	伊朗标准和工业研究所； 卫生部和医疗评估所	1000
日本	日本厚生劳动省	1100（未加工小麦）
俄罗斯	俄罗斯联邦卫生部	700（硬质小麦、面粉）
中国	国家卫生和计划生育委员会；国家食品药品监督管理总局	1000（谷物及其制品）

数据来源：全球真菌毒素法规在线数据库（http://commodityregs.com/）

另外，欧盟委员会规定未加工的硬质小麦、燕麦和玉米 DON 的限量为 1750μg/kg，除硬质小麦、燕麦和玉米以外的未加工谷物 DON 的限量为 1250μg/kg。我国除 2017 年 9 月 17 日正式施行的 GB 2761—2017《食品安全国家标准　食品中真菌毒素限量》中对谷物及其制品中的 DON 制定了限量标准（1000μg/kg）之外，国家标准 GB 1351—2008 中认定赤霉病病粒超过 4%的小麦不能供人畜食用。

二、DON 的结构和性质

DON 最早从感染了赤霉病的大麦中分离出来，其化学名为 12,13-环氧-3α,7α,15-三羟基单端孢霉-9-烯-8-酮，为极性化合物，其物理和化学特征见表 1-5（Sobrova et al.，2010）。动物和人类食用污染 DON 的食物和饲料后，DON 与脑干后区呕吐中枢的 5-羟色胺受体及多巴胺受体相互作用产生催吐作用，因此又被称为呕吐毒素。DON 毒性主要由分子中 C12/C13 位上的环氧基团产生，另外，DON 分子中 3 个自由羟基也与毒性有关，其中 C3 位羟基具有重要作用（Sundstøl et al.，2004）。DON 具有单端孢霉烯族毒素的基本结构，其中四氢吡喃和环戊烷环共享碳原子 2、12 和 5，从而形成刚性折叠。因此，尽管氧杂双环[3.2.1]辛烷系统与环氧基团的螺旋连接有利于亲核进攻导致水解，但其环氧基团在中性和弱酸性条件下稳定（Karlovsky，2011）。

表 1-5　DON 的物理和化学特征

类别	名称或性质	类别	名称或性质
名称	脱氧雪腐镰刀菌烯醇（DON）、呕吐毒素	沸点/℃	543.9±50.0
IUPAC 命名	12,13-环氧-3α,7α,15-三羟基单端孢霉-9-烯-8-酮	熔点/℃	151～153
分子式	$C_{15}H_{20}O_6$	闪点/℃	206.9±2.5
分子质量/（g/mol）	296.32	蒸气压/mmHg	$4.26×10^{-14}$（25℃）
物理状态	无色针状结晶	溶解性	极性有机溶剂（如甲醇、乙醇、氯仿、乙腈及乙酸乙酯）和水

三、DON 的毒性

DON 的毒性虽较其他真菌毒素毒性小，但其存在广泛，赤霉病大规模暴发时危害严重，已引起世界各国的普遍重视。

（一）急性毒性

DON 的毒性低于其他单端孢霉烯族毒素，但高剂量的 DON 也可导致休克。动物对 DON 的反应有种属和性别差异，雄性动物对毒素比较敏感，猪比小鼠、家禽、反刍动物更敏感。对于敏感动物，急性 DON 中毒的症状主要是腹痛、唾液分泌增加、腹泻、呕吐和食欲减退。高剂量 DON[≥27mg/（kg bw·d）]的急性暴露，会引起受试动物的死亡或明显的组织损伤。相对低剂量 DON［≥50μg/（kg bw·d）]的急性暴露会引起猪的呕吐。老鼠腹膜内 DON 注射半数致死量（median lethal dose，LD_{50}）为 $49\sim70mg/kg$，口服 DON LD_{50} 为 $46\sim78mg/kg$。为期 10 天的鸭子皮下注射 DON LD_{50} 为 $27mg/kg$，1 天的肉鸡口服 DON LD_{50} 为 $140mg/kg$（Pestka，2007）。虽然食用 DON 污染的饲料一般不会致死，但其催吐和导致拒食而引起的副作用与其他单端孢霉烯族毒素产生的作用相当或者更强。

（二）慢性毒性

由在动物日粮中长期给予 DON 引起的最常见现象是动物体重下降、食欲减退、营养吸收率降低，并且免疫功能受到影响。饲料中 $1\sim2mg/kg$ DON 会引起猪拒食，而 $12mg/kg$ 的 DON 则会导致猪食欲丧失。其他现象还包括甲状腺体积（绝对/相对）减小；血清 T4 水平增加；随着毒素浓度的增加，胃食道区可见明显增厚和高度折叠；白蛋白水平增加；α2 球蛋白水平减少和白蛋白/球蛋白的值增加。雌性 B6C3F1 老鼠（7 周）喂养含 DON（$20mg/kg$）毒素的饲料 16 周，每日饲料食用量 [(2.94 ± 0.66) g : (3.6 ± 0.48) g]、平均体重 [(2.76 ± 0.84) g : (12.94 ± 1.68) g]和总体重降低，与对照组老鼠相比，8 周后其血浆免疫球蛋白 A（IgA）水平增加，16 周后，血浆 IgA 免疫复合物（IgA-IC）水平和肾小球膜 IgA 沉积物增加，体内脾和淋巴集结 IgA 分泌也增加（Iverson et al.，1995）。

（三）细胞毒性

DON 对原核细胞和真核细胞都存在明显的毒性作用，DON 可以通过以下 4 条途径对原核细胞产生毒性作用：一是通过渗透磷脂双层，作用于亚细胞水平；二是通过与细胞膜相互作用；三是通过自由基介导的脂质过氧化作用；四是上述 3 种方式中的一种或一种以上同时发挥作用（李斌，1999）。DON 可结合到真核生物核糖体 60S 亚基并干扰肽基转移酶的活性，因此对真核细胞具有多重的抑制作用，包括对蛋白质、DNA、RNA 合成系统的抑制，线粒体功能的抑制，从而影响细胞分裂和细胞膜功能（Rocha et al.，2005）。

DON 对机体生长较快的细胞，如淋巴细胞、脾细胞、胃肠道黏膜细胞、胸腺细胞、骨髓造血细胞等都有损伤作用，而且可以抑制蛋白质的合成。Rizzo 等（1992）研究发现，DON 对大鼠的红细胞具有溶血作用，但此作用有一个阈值，低于 $130\mu g/mL$ 这个阈值时红细胞则不会发生溶血反应。Cetin 和 Bullerman（2005）利用 MTT 法检测了 DON 对哺乳动物细胞的毒性，结果表明中国仓鼠卵巢细胞（CHO-K1）、角质形成细胞（C5-O）和肝癌细胞（HepG2）对该毒素比较敏感，高浓度的 DON（$400\sim800ng/mL$）能明显抑制 CHO-K1 和人的正常肝细胞（HL-7702）的生长。DON 可明显抑制猪卵母细胞的成熟，同时能引起培养的猪子宫内膜细胞的减少，一些细胞还出现了线粒体肿胀、细胞膜破裂和细胞质空泡化等细胞死亡的现象（Tiemann et al.，2003）；DON 还可使家兔的心脏、肝、肾和脾的组织细胞出现肿胀、空泡变性、炎性细胞浸润及细胞坏死的病理变化（李群伟等，2007）；DON 对培养的心肌细胞的 B 型、L 型和 T 型三型 Ca^{2+} 通道均有明显的阻滞作用，表现为三型 Ca^{2+} 通道的开放概率降低、开放时间缩短和关闭时间延长（彭双清和杨进生，2005）。李月红等（2005）研究表明，DON 能抑制人外周血单个核细胞的 HLA-I 分子、TAP-1、低分子质量蛋白酶体-2 的表达。林林和孙树秋（2005）研究发现 DON 对 Vero 细胞的 DNA 有损伤，随染毒剂量的增加和染毒时间的延长，受损细胞的数量逐渐增加，细胞 DNA 损伤程度亦逐渐加重。

（四）免疫毒性、基因毒性和致癌性

DON 被证明对多种免疫细胞具有严重毒性作用。研究发现，DON 可以明显抑制动物的免疫机能，如诱导小鼠胸腺、脾和小肠黏膜集合淋巴的 T 淋巴细胞、B 淋巴细胞和 IgA^+ 细胞发生凋亡（王会艳和张祥宏，2000）。大剂量 DON（250ng/mL 和 500ng/mL）可完全抑制离体培养 $CD4^+T$ 细胞的增殖（Ouyang et al.，1996）。高浓度的 DON 可剂量依赖性地分别抑制体外培养的人体淋巴细胞的增殖和免疫球蛋白的产生，导致免疫球蛋白含量的升高（Thuvander et al.，1999）。给小鼠腹腔一次性注射 DON 12h 后，发现其胸腺中发生凋亡的细胞数量明显增加，增殖活性也受到抑制，且随着 DON 浓度的升高，这种作用效应越发明显（李月红等，2002）。Zhou 等（2000）的研究表明，腹腔注射细菌脂多糖（LPS）和灌喂 DON（25mg/kg）可明显促进胸腺、脾、集合淋巴结的淋巴器官中细胞的凋亡，并可超诱导巨噬细胞和 T 淋巴细胞分泌 IL-1β、IL-2、IL-4、IL-5、TNF-α、INF-γ 等细胞因子。对 DON 诱导的小鼠胸腺上皮细胞增殖的抑制作用的基因表达差异的研究表明，差异表达的基因属于不同的功能类别，暗示 DON 强烈改变了免疫细胞稳态的基因调控网络（Li et al.，2013）。

当前国内外大多数研究结果表明该毒素具有胚胎毒性和致畸性，Veselý 和 Vesela（1995）研究了 DON 对于三日龄鸡胚的毒性作用，经 8 天孵化后发现 DON 的毒性作用剂量范围很窄，仅为 1～3mg/kg bw，实验组鸡胚的头部畸形、身体发育畸形，畸形率明显高于对照组。含 DON 的小麦（30ng/mL）、大麦（200ng/mL）和玉米（300ng/mL）可诱导中国仓鼠 V79 细胞染色体畸变，大部分染色体断裂，分裂细胞比变异细胞表现出更大的敏感性（Hsia et al.，2004）。有关 DON 与关节软骨病变及恶性肿瘤的亚慢性实验研究证实，DON 可以导致实验动物软骨损伤，这表明在大骨节病（kaschin-beck disease，KBD）高发的年代，病区居民长期摄入 DON 污染的粮食可能在 KBD 的发病过程中发挥了作用（侯海峰等，2010）。

1993 年，国际癌症研究中心（International Agency for Research on Cancer，IARC）认为"目前还没有充分的动物实验证据说明 DON 具有致癌性"，DON 被归为第三类，即"对人类致癌性的证据不充分"。流行病学调查发现，在胃癌、食

管癌等恶性肿瘤高发的地带，如中国河南省林县、南非特兰斯卡地区，居民饮食中的玉米和小麦都能检测到 DON，其检出率和检出量是被检出毒素中最高的一种，其中检出率是低发地区的 10 倍（Iverson et al.，1995；Zhang et al.，1995），因而认为 DON 的含量与食管癌的发生呈正相关。有动物实验表明，长期小剂量地饲喂含 DON 的饲料，能诱发不同器官产生肿瘤，Iverson 等（1995）进行 DON 的慢性毒性相关实验发现，实验组动物可能会诱发肝癌。Lambert 等（1995）用大鼠进行了 DON 两阶段的皮肤诱癌和促癌实验，结果表明 DON 不是一种致癌剂或者诱癌剂，但皮肤组织学检查发现该毒素诱发了弥漫性鳞状上皮的增生。目前并没有 DON 有致癌作用的明确报道，因而其是否具有致癌性还有待继续确证。

人若误食 DON，急性中毒的症状一般出现在 0.5h 后，快的可在 10min 后出现。中毒者的主要症状为眩晕、头痛、恶心、呕吐、颜面潮红、手足发麻、全身乏力，严重中毒者的呼吸、体温、脉搏及血压会出现波动现象，四肢发软、步态不稳、形似醉酒，因此有的地方称之为"醉谷病"，一般在 2h 后可自行恢复。老人和幼童，或者大剂量的中毒者症状偏重，其体温、呼吸、脉搏和血压都略微升高，但尚未有死亡病例的报道（樊平声等，2010）。

（五）与其他毒素的协同作用

DON 的毒性与其他毒素具有协同作用或叠加效应，见图 1-3（Pedrosa and Borutova，2011）。DON/T-2 毒素的联合使用显著降低三周龄大肉鸡的体重增加量和饲料转化率，这比使用其中任意一种毒素所产生的效应都更显著，其引起的口腔病变的发生率和严重程度比 T-2 毒素单一使用造成的高（Kubena et al.，1989）。DON、鼠伤寒沙门氏菌 TA98 与 AFB$_1$ 毒素联合使用的诱变效应远大于单独使用AFB$_1$ 毒素的效应。在猪的血浆中，低浓度 DON 对沙门氏菌的生长和基因表达无影响，但抑制了猪的免疫系统，增加了猪感染沙门氏菌的敏感性，高浓度 DON（0.025g/mL）则显著促进了沙门氏菌进入巨噬细胞（Vandenbroucke et al.，2009）。饲料中低浓度 DON 和镰刀菌酸的混合使猪产生拒食行为，3 周后猪体重降低；当增加镰刀菌酸的用量时，一周后猪的体重就明显降低（Raymond et al.，2005）。当杂色曲霉素和 DON 同时使用时，在 NIH 老鼠中发现二者具有协同致癌作用，发生肺癌和胃癌的动物数量增加。混合的 DON、NIV、T-2、ZEN 和 FB$_1$ 毒素抑制老鼠纤维 L929 细胞 DNA 的合成，这种抑制作用远超过单独使用其中一种真菌毒素所产生的抑制作用（Tajima et al.，2002）。

四、DON 的检测方法

国内外对有关谷物、饲料中的 DON 的检测方法的研究较多，主要将其分为物理化学检测法和免疫化学检测法。不同的检测方法各有优缺点，根据不同的研究目的、不同的基质组成应选择适宜的检测方法。

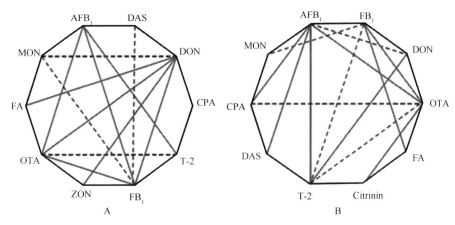

图 1-3 真菌毒素对猪（A）和家禽（B）的协同作用（粗线）和叠加效应（虚线）

OTA 表示赭曲霉毒素 A，FA 表示镰刀菌酸

（一）物理化学检测法

物理化学检测法是目前用于定量测定 DON 的主要方法，优点是准确、重复性好。最早建立的是薄层色谱法（thin layer chromatography，TLC），后来随着分析仪器的不断发展，气相色谱法（gas chromatography，GC）、高效液相色谱法（high performance liquid chromatography，HPLC）都被用于 DON 的检测，GC 常用电子捕获检测器（electron capture detector，ECD）检测，HPLC 使用紫外检测器（ultraviolet detector，UV）和二极管阵列检测器（diode-array detector，DAD）检测。

TLC 操作简便，对设备和检验人员要求不高，经济且显色方便，可同时检出多种毒素，但由于分辨率及精确度不高，且重复性不好，适宜定性及半定量的分析，应用范围较小。HPLC 和 GC 较精确，应用范围越来越广泛。

气相色谱法检测快速，灵敏度高且检出限低，但由于 DON 结构稳定，难以气化，在 GC-ECD 分析前需要进行衍生化处理，使其处理更加烦琐。通过 DON 结构上的 3 个羟基将其转化为相应的酯。常用的衍生化方法有氟酰化法和硅烷化法，试剂有七氟丁酸酐、三甲基硅咪唑等。与氟酰化法相比，硅烷化法对 DON 专一性强，背景干扰更少，但氟酰化后，GC-ECD 分析效果更好，最低检出限可达 3.5ng/g（Szkudelska et al.，2002）。近几年有关利用 GC 方法检测 DON 的报道较少，Ibanez-Vea 等（2011）使用内部验证方法同时测定大麦中 8 种 A 型和 B 型单端孢霉烯族毒素，就方法的选择性、线性、精密度和准确度、检出限等进行了验证，回收率为 92.0%～101.9%［相对标准偏差（RSD）<15%］，样品采用乙腈/水（84∶16）提取，经多功能净化柱净化，衍生后采用 GC-MS，检出限和定量限

分别为 0.31~3.87μg/kg 和 10~20μg/kg。

HPLC 虽然对样品前处理要求较高，但由于其快速、灵敏度高、自动化等优点，而且不需要衍生化，已成为目前应用最为普遍的 DON 检测方法，适合测定 DON 浓度较高的样品。

近年来 GC 或 HPLC 与质谱联用（MS）逐渐应用于 DON 的检测，与质谱检测器联用，特别是采用选择离子扫描监测，可以获得更高的特异性和灵敏度，同时降低对复杂样品前处理的要求，也可进行多种单端孢霉烯族毒素的同时检测，最低检出限可达 5ng/g，但因设备昂贵，此种方法还不能普遍应用于常规检测。周兵（2008）比较了不同仪器方法在单端孢霉烯族毒素测定中的优点，如表 1-6 所示。

表 1-6 不同仪器方法在单端孢霉烯族毒素测定中的优点

仪器方法	测定优点
HPLC	适合测定高浓度的 B 型单端孢霉烯族毒素
LC 检测器	对测定低含量和 A 型单端孢霉烯族毒素有更复杂的要求
LC-MS	适合测定样品中低含量的所有单端孢霉烯族毒素
GC	很常用，敏感性、专一性较高，可以在同一样品中测定多种单端孢霉烯族毒素的含量
GC-ECD	很常用，由于采用 TMS 衍生化样品，在 B 型单端孢霉烯族毒素的 8-羰基基团形成共轭产物，具有很高的敏感性
GC-MS	适合测定低含量的 A 型单端孢霉烯族毒素，还用于确认其他检测器的测定结果

（二）免疫化学检测法

免疫化学检测法是利用抗原抗体反应进行检测的一种技术，在微量毒素的检测中已得到广泛的应用，该方法比物理化学检测法具有更高的特异性和更强的敏感性，且快速方便，不需要昂贵的仪器设备。

20 世纪 70 年代 Chu（1996）首次提出真菌毒素抗体的概念，目前有关 DON 的免疫检测方法主要包括 3 种：放射免疫测定（radioimmunoassay，RIA）法、荧光偏振免疫分析（fluorescence polarization immunoassay，FPI）和酶联免疫吸附测定（enzyme linked immunosorbent assay，ELISA）。1960 年，Yalow 和 Berson 创立了 RIA，该方法灵敏、准确，但是核衰变及分解等导致标志物有效使用时间短，同位素标记对操作人员的健康有一定的危害，在反应系统中与抗体结合的标志物和未结合的标志物的分离困难，以及需要较昂贵的试剂和仪器等，影响了 RIA 的使用范围（尹珺，2006）。

荧光偏振免疫分析是用荧光基团标记待分析的毒素物质，这些被标记的毒素分子与未标记的毒素分子（待测样品中的 DON）共同竞争选择性抗体结合位点，与抗体结合后，标记的毒素分子荧光会增强，待测样品中的 DON 含量越大，结合到抗体上的荧光标记的 DON 则越少，通过检测荧光的增强程度即可得出待测样品中 DON 的含量。该方法与竞争性 ELISA 相似，但不需要对自由的毒素分子和结合到抗体上的毒素分子进行分离，且操作简便，只需将小麦的亲水提取物与荧光标记的 DON 及抗体混合即可，可以使用便携仪器开展现场分析（王晓春，2010）。

根据 RIA 的基本原理，1971 年，Engvall 等及 Vanweemen 等两组学者分别用酶代替放射性同位素，创立了酶免疫分析技术（enzyme immune assay，EIA），EIA 的优势在于重要组成系统酶及酶标志物有效期长、没有放射性污染、不需要特殊光源及具有较多易得到的底物等。ELISA 是 EIA 中的固相测定方法，DON 在免疫学上属于半抗原，需要偶联到大分子物质上制成人工抗原后才具有免疫性，因此制备 DON 人工抗原是研制抗 DON 多克隆抗体或单克隆抗体、建立 DON 免疫学检测方法的前提（邓舜洲等，2007）。

采用 ELISA 检测的样品通常不需要净化或只需要简单净化，在国内外开发出基于单克隆抗体、多克隆抗体的 DON 检测 ELISA 试剂盒，并进行商业化生产。该方法简单快捷，但不适宜检测有机溶剂中的 DON，同时一些毒素衍生物的存在可能会引起交叉反应而导致假阳性，因而应注意去除基质对测定结果准确性的干扰。今后谷物及其制品中 DON 测定分析方法的研究重点应向大量样品的筛选和快速检测的方向发展。

（三）国内外 DON 标准法规检测方法

国际分析化学师协会（Association of Official Agricultural Chemists，AOAC）标准组织提供 2 个 DON 的检测方法，1 个 TLC 方法和 1 个 GC-ECD 方法：AOAC-AACC-986.17 小麦中脱氧雪腐镰刀菌烯醇含量的测定，AOAC-986.18 小麦中脱氧雪腐镰刀菌烯醇含量的测定。欧洲标准化委员会法规中使用高效液相色谱法检测谷物中的 DON：《动物饲料—动物饲料中脱氧雪腐镰刀菌烯醇含量的测定——免疫亲和柱净化高效液相色谱法》（EN 15791：2009）；《食品—谷物、谷物制品和婴幼儿谷类食品中脱氧雪腐镰刀菌烯醇含量的测定——免疫亲和柱净化紫外检测高效液相色谱法》（EN—15891）。国际标准化组织（International Organization for Standardization，ISO）目前尚没有脱氧雪腐镰刀菌烯醇检测方法的标准（王松雪等，2011）。

我国有关 DON 检测的国家标准也在不断地进行修订，国家卫生和计划生育委员会及国家食品药品监督管理总局发布 GB 5009.111—2016《食品安全国家标准食品中脱氧雪腐镰刀菌烯醇及其乙酰化衍生物的测定》，代替 GB/T 5009.111—2003《谷物及其制品中脱氧雪腐镰刀菌烯醇的测定》、GB/T 23503—2009《食品中脱氧雪腐镰刀菌烯醇的测定 免疫亲和层析净化高效液相色谱法》、SN/T 1571—2005《进出口粮谷中呕吐毒素检验方法 液相色谱法》。GB 5009.111—2016 规定了食品中脱氧雪腐镰刀菌烯醇及其乙酰化衍生物的测定方法。第一种方法为同位素稀释液相色谱-串联质谱法，适用于谷物及其制品、酒类、酱油、醋、酱及酱制品中脱氧雪腐镰刀菌烯醇、3-乙酰脱氧雪腐镰刀菌烯醇和 15-乙酰脱氧雪腐镰刀菌烯醇的测定。第二种方法为免疫亲和层析净化高效液相色谱法，适用于谷物及其制品、酒类、酱油、醋、酱及酱制品中脱氧雪腐镰刀菌烯醇的测定。第三种方法为薄层色谱测定法。第四种方法为酶联免疫吸附筛查法，适用于谷物及其制品中脱氧雪腐镰刀菌烯醇的测定。

第二节 DON 脱毒技术研究进展

一、DON 物理、化学、生物脱毒技术

（一）物理脱毒

1. 热处理

热处理是降解 DON 常用的物理方法，但在不同的酸碱性条件下，DON 的热稳定程度及降解产物不同。Wolf 和 Bullerman（1998）在不同 pH（4、7、10）条件下对 DON 标准品的热稳定性进行了研究，认为 DON 在 100℃或 120℃弱酸性和中性条件下加热 1h 相对稳定，在碱性条件，pH 为 10.0 时，120℃、30min 条件下或者 170℃、15min 条件下，DON 完全被破坏，加热时碱性环境促进了 DON 的降解。Bretz 等（2006）通过在碱性条件下加热 DON 和 3-ADON，除获得已知的降解产物外，还获得了 4 种新产物。Mishra 等（2014）将 DON 在不同温度下加热 1h，结果发现加热至 100℃时 DON 稳定，125℃时 DON 轻度降解（约 16%），温度提高到 150℃、200℃、250℃，DON 的降解率分别为 83%、96% 和 100%；将 DON 分别在 pH 为 1～12 的水溶液中 37℃孵育 1h 后发现，pH 为 6 时其降解率为 11%，pH 为 3、2 和 1 时，DON 浓度分别下降了 30%、60% 和 66%，利用 ESI-MS 对酸性条件下的降解产物进行分析，其 m/z 为 279，利用 UV 光谱与 DOM-1 标准品比对，证实其 λ_{max} 均为 208，经判断该降解产物为 DOM-1，即脱环氧 DON，而 DON 在 37℃、pH 8～12 时较稳定。从以上研究可以看出，热和碱的协同作用增强了 DON 的降解效果。

已对 DON 在热加工食品中的变化进行广泛的研究，由于食品中的 DON 存在形式和所处环境相对复杂，不同的加工方式，DON 的降解效果不同。用不同温度、不同处理时间、不同流速的过热蒸汽处理 DON 污染过的小麦发现，110℃和 135℃条件下未发生 DON 含量降低的现象，185℃的蒸汽处理 6min 使 DON 浓度降低

52%，其中热降解是 DON 被破坏的主要因素（Cenkowski et al.，2007）。面包等焙烤食品需要加热，并且不同微生物发酵对 DON 及其衍生物产生的作用不同，从而影响焙烤后 DON 含量的变化；不使用微生物发酵的饼干等焙烤食品的处理相对简单，但也需要考虑食品成分、添加剂及焙烤条件的影响；黄碱面条等食品由于碳酸钠的加入在加热过程中促进了 DON 的降解。因此，不同食品加工过程中 DON 含量的变化除加热外可能由多种原因共同作用，研究食品加热过程对 DON 的降解机制及降解产物，寻找合理的热加工方式有助于 DON 的有效降解，从而提高产品的安全性（Vidal et al.，2015；Wu et al.，2016）。

2. 吸附

近年来各国科研工作者广泛开展了吸附剂对真菌毒素的吸附作用研究。利用吸附剂对真菌毒素进行吸附，可减少肠道对毒素的吸收，防止其进入血液及靶器官，降低真菌毒素对人体的毒害作用。若要进行合适的吸附剂选择，需充分了解吸附剂及毒素的性质，包括吸附剂的物理结构，如总的吸收量、分布状况、孔径大小和表面性质等；对于真菌毒素，需要了解真菌毒素的极性、可溶性、分子大小、形状及电离情况、电荷分布、电离常数等（Jard et al.，2011）。用于真菌毒素的吸附剂主要有活性炭（Ac）、硅酸铝、水合铝硅酸钠钙（HSCAS）、黏土、膨润土、斜发沸石、合成树脂及酵母细胞壁（YCW）衍生产物等。

用于真菌毒素吸附的材料由于来源不同、组成存在差异，其物理性质不同，因此对 DON 的吸附效果不尽相同。Avantaggiato 等（2007）建立猪胃肠道的实验室模型，研究活性炭和硅酸铝盐（Q/FIS）对真菌毒素的吸附作用，添加 Q/FIS（2%，w/w）使黄曲霉毒素 B_1（AFB_1）吸收率降低 88%，玉米赤霉烯酮（ZEN）降低 44%，伏马菌素（FB）和赭曲霉毒素（OT）降低 29%，而对 DON 效果不显著。Sabater 等（2007）通过体外消化模型筛选对 ZEN 和 DON 具有吸附作用的吸附剂，除所采用的阳性对照活性炭对 DON 具有较高的吸附率外，其他所采用的矿物黏土、腐殖质和酵母细胞壁衍生产物对 DON 均无效。而用不同矿物黏土配制的专利产品——真菌毒素吸附剂对 DON 具有吸附作用。Hassan（2011）通过小鼠饲喂试验，在 DON 污染的饲料中添加活性炭（Ac）或有效微生物（EM）黏土，显著减轻了小鼠的不良反应。Devreese（2014）对猪进行口服管饲的实验，添加 0.1g/kg bw 活性炭吸附 DON 并在猪体内进行吸附动力学试验，结果在猪的血浆中并未检测到 DON。邓波等（2014）利用提纯蒙脱土和碳化蒙脱土的方式制成 DON 吸附剂并将其添加至 DON 含量为 2500μg/kg 的霉变玉米中，能够改善 DON 对断奶仔猪生长性能的不利影响，并缓解 DON 对断奶仔猪所产生的肠道损伤。从以上研究中发现，筛选合适的材料或对原始材料进行改性或与其他材料复合从而改变材料性质可能对提高 DON 的吸附效果具有重要作用。

无机吸附剂具有局限性，如某些活性炭虽然对 DON 具有一定的吸附作用，但同时对饲料营养的吸附使其在实际生产中受到限制。因此对有机吸附材料的研究越来越受到重视，希望能找到有效的、专一的有机材料，或与无机材料进行复合，制造新型吸附剂。在猪的饲料中添加酵母细胞壁产品及发酵产物，能够降低 DON 和 ZEN 对猪生长和健康的影响（Weaver et al.，2014）。Niderkorn 等（2007）研究认为链球菌和肠球菌，能分别结合 33%、49%、24% 和 62% 的 DON、ZEN、FB_1 和 FB_2。乳酸菌可结合 DON 和 FB_1、FB_2，但菌株间去除率差异较大，DON 去除率最高的为 55%，FB_1 为 82%，FB_2 为 100%。Cavret 等（2010）通过 Caco-2 细胞模型分析了 6 种吸附剂的作用，结果发现活性炭、酵母甘露聚糖、海藻 β-多糖、真菌 β-多糖及豆科植物可降低 DON 对增生性肠细胞的毒性和分化的肠细胞对 DON 吸收的程度，但消胆胺无效。Kong 等（2014）模拟猪的消化系统，利用体外实验考察了 10 种吸附剂对 DON 和 AFB_1 的吸附效果，其中 5 种膨润土、两种纤维素、酵母细胞壁、活性炭及矿物黏土、微生物与植物的复合产品对 DON 相应吸附率分别为 3.24%、11.6%、22.9%、14.4% 和 4.3%，而对 AFB_1 的吸附率分别为 92.5%、−13.5%、92.7%、100.2% 和 96.6%，大多数吸附剂对 AFB_1 的吸附有效。李荣佳等（2015）以水合铝硅酸钠钙（HSCAS）、葡甘露聚糖（GM）制备复合吸附剂 HG，通过体外及蛋雏鸡体内试验分析 HG 对 AFB_1 及 DON 的吸附效果，体外试验发现 HG 对 AFB_1 吸附率（90.24%）大于 DON 的吸附率（28.08%），体内试验发现单纯添加 HG 对蛋雏鸡机体几乎无损害并具备与体外试验同样的吸附效果。但 Zhao 等（2015）研究认为，壳聚糖复合物对 DON 无吸附作用。Avantaggiato（2014）研究发现葡萄皮渣对多种真菌毒素，如 AFB_1、ZEN、OTA、FB_1 均有吸附作用，但对 DON 无效。Souza 等（2015）分析了复合吸附剂（活性炭、酵母细胞壁）在体外对 DON 的吸附效果，并提供了 DON 吸附预测模型。Shang 等（2016）评估了酵母细胞壁（YCW）吸附剂在预防真菌毒素对肉鸡产生毒性中的功效，研究认为，加入 YCW 可以避免真菌毒素对肉鸡的一些不良影响，但并未单独说明对 DON 的吸附及效果。从现有研究结果来看，利用吸附达到对 DON 的脱毒并未取得显著的突破，充分了解 DON 的物理化学性质，寻找安全、吸附效果好的材料及人工合成新型、安全的复合材料将成为吸附脱毒的研究重点。

3. 辐照脱毒

^{60}Co、^{137}Cs 产生的 γ-射线或电子加速器产生的电子束及紫外线辐照已经被广泛用于谷物单端孢霉烯族毒素的去毒研究。利用 ^{60}Co-γ-射线辐照不同存在条件下的 DON 和 3-ADON，结果表明：在溶液中，DON 和 3-ADON 对 ^{60}Co-γ-射线均很敏感，辐照剂量为 1kGy 和 5kGy 时降解开始，辐照剂量为 50kGy 时，二者均被完全破坏；而玉米籽粒中的毒素在辐照剂量达 50kGy 时仍含有 80%～90%，因此

干燥状态下毒素对辐照不敏感（O'Neill et al.，1993）。在利用 γ-射线对自然污染镰刀菌毒素的小麦、面粉和面包中 DON 去除作用的研究中发现，γ-射线对自然污染镰刀菌毒素的面包中 DON 的去除效果最好（Aziz et al.，1997）。李萌萌等（2013）研究认为 ^{60}Co-γ-射线剂量为 10kGy，辐照 0.5μg/mL DON 溶液时降解率达 90% 以上。冯敏等（2016）用 9kGy 剂量的射线辐照水溶液、乙酸乙酯溶液中的 DON 标准品及散装大米中的 DON，结果发现，在乙酸乙酯溶液中，800μg/mL 的 DON 的降解率为 27.5%，水溶液中的降解率为 73.1%，散装大米中 DON 含量为 112.5μg/kg 时，9kGy 辐照降解率为 90%。李萌萌等（2015）用 10kGy 辐照赤霉病小麦，籽粒中 DON 的降解率超过 20%，赤霉病麦粒经浸泡后再辐照，降解可达 55.76%。另外，对 4 组 DON 含量不同的大麦在 0kGy、2kGy、4kGy、6kGy、8kGy 和 10kGy 条件下进行处理，发芽后测定 DON 的变化，结果表明，6～10kGy 处理的大麦制备的成品麦芽中 DON 含量降低 60%～100%，辐照抑制了大麦发芽过程中镰刀菌的生长及产毒（Kottapalli et al.，2006）。用电子束辐照小麦、干酒糟及其可溶物（distillers dried grains with solubles，DDGS）及中间产物含可溶物的湿酒糟、酒糟可溶物与酒糟，发现中间产物在 55.8kGy 剂量下 DON 去除率为 47.5%～75.5%，小麦 DON 含量降低了 17.6%，而 DDGS 中的 DON 去除效果不佳（Stepanik et al.，2007）。张昆等（2014）采用高能射线电子束辐照处理 DON 溶液，辐照剂量增大，降解率增大。从以上试验结果可以看出，辐照时的含水量对 DON 的降解具有重要影响，且其辐照降解产物的结构、性质及毒性有待进一步研究。

Park 等（2007）利用自制的微波诱导氩等离子体系统，经过 5s 处理后可完全去除 AFB$_1$、DON 和 NIV，并进一步利用老鼠巨噬细胞 RAW264.7 证明其毒性显著降低。DON 的含量在 0.1mW/cm^2、254nm 的紫外线照射下随时间延长而减少，1h 后基本全部降解；24mW/cm^2 紫外线照射增强了 DON 的降解效果，照射剂量越大降解效果越好（Murata et al.，2008）。Murata 等（2011）用强度为 1.5mW/cm^2、254nm 紫外光辐照 DON 浓度为 60μg/g 的玉米青储饲料，并连续搅拌，30min 后，其 DON 水平显著降低（13μg/g），且其中所含维生素 E 及 β-胡萝卜素含量没有变化。余以刚等（2016）在紫外线照射强度为 1.2mW/cm^2，水分含量为 12.00% 的条件下处理 DON 污染的面粉 60min，4 种不同 DON 含量的面粉降解率均达 30% 以上，且经紫外线处理的 DON 对 LO2 细胞的毒性降低。通过充分研究紫外线照射条件下 DON 的降解产物结构、性质及毒性，从而发现利用紫外线降解粮食及饲料中的 DON 可能具有广泛的应用前景。

（二）化学脱毒

1. 碱法脱毒

研究认为，DON 在碱性条件下，分子结构发生变化，分子毒性基团被破坏，因此毒性降低或者消失。例如，DON 和 NIV 在碱性环境中会转化为不同的产物，包括打开 12,13-环氧基团或 C15 经由反醛醇重排形成醛基或形成内酯结构。DON 的降解程度与 pH、温度及反应时间相关。在室温下利用氨熏法处理发霉玉米 1h 和 18h 后，DON 的浓度降低 9% 和 85%。DON 在 NaOH 溶液中加热已分离出的降解产物有 9 种，即 isoDON、norDON A、norDON B、norDON C、DON 内酯、9-羟甲基 DON 内酯、norDON D、norDON E、norDON F。利用人的无限增殖化肾上皮腺（IHKE）细胞进行细胞毒性试验，结果表明：DON 有效浓度（EC_{50}）约为 1.1μmol/L，而 norDON A、norDON B 和 norDON C 的浓度为 100 μmol/L 时对人的无限增殖化肾上皮腺（IHKE）细胞没有毒性，表明环氧基团的破坏显著降低了 DON 的毒性（Wolf and Bullerman，1998）。同样，用 Na_2CO_3 和 $NaHCO_3$ 等碱性试剂处理 DON，随着温度及反应 pH 升高，对 DON 分子结构的破坏作用越强。食品加工中，一定浓度的 Na_2CO_3 和适当的加热提高了 DON 的去除效果。在含有 18.4μg/g DON 的大麦样品中加入 1mol/L 的 Na_2CO_3，添加量为 20mL/100g，80℃孵育 1 天后 DON 含量降至 4.7μg/g，8 天后 DON 几乎被完全降解，而没有添加 Na_2CO_3 的样品，DON 含量在 1 天后下降至 14.7μg/g，8 天后降至 4.9μg/g（Abramson et al.，2005）。DON 与 NIV 及 N-α-乙酰-L-赖氨酸甲酯加热会迅速降解，可能与 ε-氨基基团的碱性催化有关。因以赖氨酸为基础，ε-氨基基团常常参与氢键结合，并作为广义碱起催化作用。这个功能基团常发生甲基化作用，可以解释 DON 的反应产物中 C15 位常会失去乙酰基团（Wolf and Bullerman，1998）。因此，在食品及饲料的加工过程中合理利用热和碱的协同效应可对 DON 进行有效去除。

2. 氧化作用

化学氧化剂可以和 DON 的功能性基团发生反应，如臭氧易于攻击单端孢霉烯族毒素的双键。在臭氧的进攻下，DON 分子中 C9 位和 C10 位双键上加入 3 个氧原子，生成过氧化物，而过氧化物不稳定，容易异构化而成五元环化合物，并在 Zn 的作用下水解，C—O 键和 O—O 键断裂，最后 C9 和 C10 位上分别形成醛基和羧基，分子的其他部分不变。Tiwari 等（2010）给出了 DON 与臭氧反应后的结构式（图 1-4），并认为，C8 位烯丙基的氧化状态显著影响氧化的难易程度。水分对于 DON 的氧化非常重要，湿润臭氧比干燥臭氧更易降解 DON。另外，pH 在臭氧饱和水溶液中氧化单端孢霉烯族毒素的过程中起着重要作用，pH 为 4~6 时，DON、3-ADON、15-ADON 完全降解；而 pH 为 7~8 时，毒素与臭氧反应的程度依赖于 C8 位的氧化状态；pH 为 9 时，毒素很少或没有降解（Young et al.，2006）。Li 等（2014）通过研究同样认为臭氧对 DON 具有降解作用，并认为臭氧处理改善了小麦面粉品质。臭氧用于抑菌方面的研究，表明臭氧也可间接抑制 DON 的产生（Dodd et al.，2011；Mylona and Kalliopi，2012）。Savi 等（2014a）研究认为臭氧可有效抑制真菌生长并使 DON 降解，60μmol/mol 浓度的臭氧处理整粒小麦 120min，对其物理和生化性质并无不良影响。Sun 等（2016）使用 80mg/L 臭氧处理 10mg/L 的 DON 溶液时，7min 内 DON 的降解率达到 83%，而用 80mg/L 的臭氧处理污染 DON 的小麦、玉米和麸皮，其降解率分别为 74.86%、70.65%和 76.21%。余以刚等（2016）在臭氧浓度为 45mg/L，水分含量为 16%的条件下处理 DON 污染面粉 60min，4 种样品 DON 降解率均超过 35%，且臭氧处理后 DON 对 LO2 细胞的毒性降低。Wang 等（2016a，2016b）分别利用臭氧对污染 DON 的小麦籽粒、面粉进行处理并对臭氧处理的小麦籽粒进行毒性分析，结果认为臭氧化是降低小麦，特别是全麦面粉中 DON 含量的快速有效的方法，臭氧处理后的小麦与面粉营养没有显著性差异且臭氧处理后的污染 DON 的小麦对小鼠的亚慢性毒性降低。另外，NaClO 也可氧化 DON，但并没有打开 C-12,13 环氧基团，而是形成 C-9,10 环氧化和 C-8,15 半缩酮。30%（V/V）氮气处理发霉玉米 0.5h，DON 被全部破坏（Young，1986），二氧化氯对 DON 也具有去除效果（O'connell，2013），但并未研究其应用安全性。

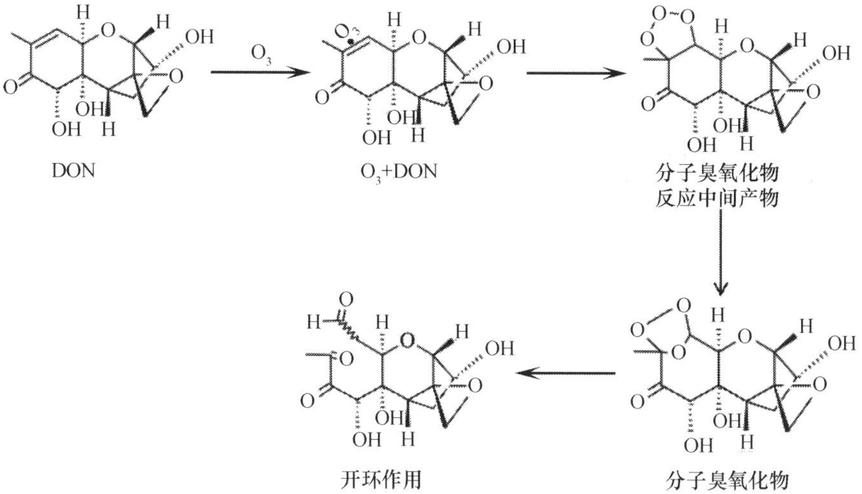

图 1-4 DON 在臭氧条件下的变化

3. 还原作用

还原剂也可改变单端孢霉烯族毒素的分子结构和生物活性，如抗坏血酸、半胱氨酸、谷胱甘肽及含硫试剂等。其中，去毒效果较好的化合物主要是含硫试剂，主要包括亚硫酸氢钠（NaHSO$_3$）、亚硫酸钠（Na$_2$SO$_3$）、硫代硫酸钠（Na$_2$S$_2$O$_3$）、焦亚硫酸钠（Na$_2$S$_2$O$_5$）等，因其具有较强的还原性，能将 DON 转化成 DON-磺酸盐（DONS），并已被证明对猪的毒性降低有作用。利用含硫试剂与 DON 的反应，鉴别得到 3 类磺酸盐产物及产物产生的条件，结果见图 1-5A，另有研究认为，DON 与 Na₂S₂O₅（SBS）结合的位点有两个，见图 1-5B（Dänicke et al.，2012；Schwartz et al.，2013；Marleen et al.，2015）。

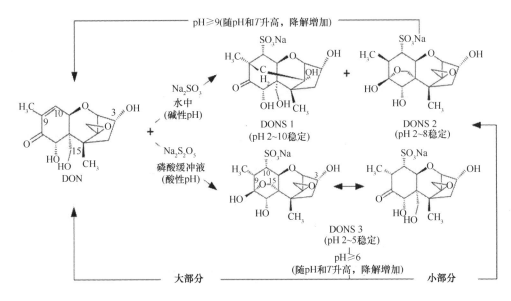

图 1-5A　DON 与含硫试剂的反应产物及产生条件

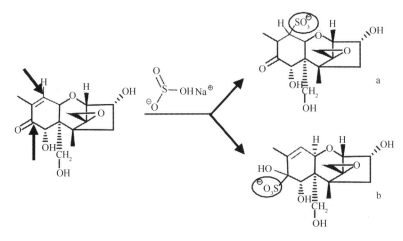

图 1-5B　DON 与 Na₂S₂O₅ 的反应产物结构

用 NaHSO₃ 处理的小麦所生产的面粉，DON 的保留率只有 5%。在 100℃条件下，输入含水量为 22%的饱和蒸汽，连续搅拌 15min，1%的 Na₂S₂O₅ 能使小麦中 DON 含量由 7.6mg/kg 降至 0.28mg/kg，降解产物为 DONS，此产物在碱性条件下可重新水解为 DON。对用 $Na_2S_2O_5$ 处理过的小麦与未处理过的发霉小麦进行仔猪饲喂试验，结果发现用 $Na_2S_2O_5$ 处理过的小麦所产生的效果显著优于未处理的发霉小麦，在实验仔猪的血浆中没有发现 DON，说明 DONS 具有一定的稳定性，在胃的强酸环境及在中性和弱碱性的小肠中稳定存在而没有被水解，接近于无毒（Schwartz et al.，2013）。用 $Na_2S_2O_5$、甲胺及氢氧化钙处理受 DON 及 ZEN 污染的玉米并用其饲喂雌性仔猪，同时对仔猪的各项指标进行检测，27 天之后，通过血浆毒素的检测证明，$Na_2S_2O_5$、甲胺及氢氧化钙对发霉玉米具有有效的脱毒作用，用处理后的玉米饲喂的仔猪的健康状态未受到影响。造粒时添加 $Na_2S_2O_5$ 可提高污染猪饲料的利用率，$Na_2S_2O_5$ 具有较好的脱毒效果且并未对保育猪产生显著的影响（Rempe et al.，2013a，2013b）。通过体外 MTT 实验，分析了 DON、DOM-1、DONS、SBS 对外周血单个核细胞（PBMC）与猪肠道上皮细胞 IPEC-1 和 IPEC-J2 的毒性，DON 的半抑制浓度（IC_{50}）分别为（1.2 ± 0.1）mmol/L、（1.3 ± 0.5）mmol/L 和（3.0 ± 0.8）mmol/L，而 DONS、SBS 和 DOM-1 浓度分别为 17mmol/L、8mmol/L 和 23mmol/L，均未对上述细胞产生显著影响（Marleen et al.，2015）。Dänicke 等（2009）在不同含水量下，调查 $Na_2S_2O_5$ 和丙酸（PA）作用后贮藏的发霉小麦中 DON 的动态变化及腐败现象，结果发现，$Na_2S_2O_5$（5g/kg）单独或与 PA（10g/kg）联合使用，阻止了霉菌的生长，DON 含量降至原含量的 1.2%~4.3%。Paulick 等（2015）进行了用 Na_2SO_3 和 PA 对 DON 脱毒的效果研究，DON 浓度随着补充的 Na_2SO_3 的量的增加而减少，30%高含水量有利于 DON 含量减少，在低含水量下，玉米粒中的 DON 含量的降低比玉米粉中更显著。Frobose 等（2017）研究认为 1.0% 的 $Na_2S_2O_5$ 使污染小麦的 DON 含量降低了 92%，添加了 $Na_2S_2O_5$ 的饲料降低了 DON 对猪的毒性作用，但在生理条件下 DONS 可能会重新降解为 DON。尽管磺酸盐类化合物在食品中的应用具有较大的安全隐患，其在食品中脱毒受到限制，但从现有研究来看，将一定浓度的磺酸盐用于饲料脱毒时并未发现其对动物的生理生化造成显著影响，因此经过严格的检验与分析，磺酸盐类化合物在饲料中的应用可能具有较好的前景。

相对安全的还原试剂主要有抗坏血酸、L-半胱氨酸和谷胱甘肽等，L-半胱氨酸作为添加剂使用，可显著降低面包中 DON 的含量（38%~46%），并检测到其降解产物 isoDON（Boyacioğlu et al.，1993）。谷胱甘肽是生物体最强的还原剂，研究发现，谷胱甘肽与 DON 共孵育时可降低 DON 含量，研究中还分析了 3 种降解产物的可能结构，见图 1-6（Gardiner et al.，2010），但其在生产中的应用及安全性有待验证。

（三）生物脱毒

生物转化由于具有条件温和、产物专一且产物毒性较低的特点而受到重视，目前有关 DON 的生物转化研究主要针对 DON 结构中的环氧基团和 C3 位羟基展开。

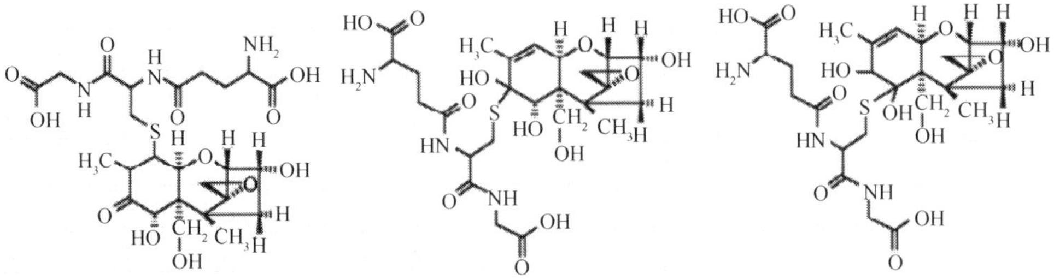

图 1-6　DON 与谷胱甘肽结合物的可能结构

质谱测定结合物的相对分子质量为 603.65（$C_{25}H_{37}N_3O_{12}S$）

1. DON 环氧基团的生物转化

动物消化道系统的细菌能降解 DON 及其他单端孢霉烯族毒素的环氧基团，形成脱环氧的 9,12-双键衍生物，脱环氧 DON（DOM-1）的毒性远低于 DON，其抑制 DNA 合成的 IC_{50} 为 DON 的 54 倍（Sundstøl et al.，2004），目前，关于瘤胃和肠道细菌的混合菌群对单端孢霉烯族毒素的脱环氧作用已经进行了广泛研究（Yu et al.，2010）。研究认为，动物只有食用过含 DON 和单端孢霉烯族毒素污染的饲料，其肠道中的微生物才具有脱环氧作用。

对 DON 脱环氧的第一个纯培养的细菌分离自牛瘤胃，该细菌为真杆菌属，被命名为 BBSH 797，在体外厌氧条件下对 A 型和 B 型单端孢霉烯族毒素均具有脱环氧作用（Fuchs et al.，2002）。He（1993）报道了在厌氧条件下，肠道内容物与玉米以 1：1 的比例孵育含 DON 的湿玉米，超过 50% 的 DON 被降解。十多年后，在鸡肠道分离出的 LS100 和 SS3 两株细菌，在厌氧条件下对 DON 也具有脱环氧作用，随后通过给鸡饲喂含 DON 的饲料，肠道微生物分离过程中利用抗生素混合物降低鸡肠道微生物种群多样性的方法，分离出属于 4 类不同分类学的 10 株细菌（Young et al.，2007；Yu et al.，2010）。在申请的专利中，利用分离出的芽孢杆菌对湿玉米 DON 脱毒并将玉米用于饲喂猪，这种处理方式显著提高了猪的饲料采食量、体重和饲料有效性（Zhou et al.，2014）。另外，利用鲶鱼肠道微生物和土壤微生物也可将 DON 转化为 DOM-1，但并未获得相应纯培养（Islam et al.，2008；Guan et al.，2009）。虽然大多研究者推测瘤胃和肠道微生物菌群引起的脱环氧作用是由相应的酶产生，但还未见对相应降解酶的分离、纯化和利用。

同时，研究者针对环氧基团易于被亲核进攻而水解的特征展开了研究，结果发现：DON 的环氧基团对水解具有抵抗作用，Nakamura 等（1977）发现单端孢霉烯族毒素对鼠肝环氧水解酶具有抗性。Theisen 和 Berger（2005）检测了 30 株产脱环氧酶的细菌、酵母和真菌，但是没有检测到任何 DON 的脱环氧作用。Karlovsky

（2011）通过将一系列商业环氧水解酶与 DON 共孵育没有发现任何转化活性，其结果认为，DON 的特殊结构阻碍了酶的进攻。谷胱甘肽硫醇基团可作为亲核试剂进攻单端孢霉烯族毒素的环氧基团，这个反应是黄曲霉毒素环氧基团重要的脱毒机制，对 DON 处理诱导大麦基因的分析表明：半胱氨酸增加了酵母对 DON 的抗性，表明谷胱甘肽-S-转移酶可能与植物 DON 脱毒有关（Gardiner et al.，2010）。

2. DON 的 C3 羟基的生物转化

除单端孢霉烯族毒素的环氧基团，C3 位上的羟基对毒性也有重要作用，目前，针对 C3 位羟基的研究主要包括：氧化和差向异构化、乙酰化及糖苷化作用。

（1）氧化和差向异构化

土壤微生物在有氧条件下可以把 DON 氧化为 3-酮-DON，一种土壤杆菌属根瘤菌 E3-39 可以将 DON 转化为 3 种产物，其中主要产物为 3-酮-DON，其抑制免疫力的值为 DON 的 1/10。经分析，DON 的氧化活性来自于培养基上清液，而不是超声破坏了的细胞，这表明是胞外酶在起作用。来自于农场、粮谷、昆虫和其他来源的混合微生物也可将 DON 转化为 3-酮-DON。Völkl 等（2004）推测乙醇脱氢酶可以辅助辅酶 NADH 或 NADPH 完成这种转化，然而，还没有试验来证明这种机制。另外，分离于日本革兰氏阳性菌的 WSN05-2 及上述混合菌群对 C3 位羟基有差向异构化作用，混合菌群转化 DON 的过程见图 1-7（Ikunaga et al.，2011；Karlovsky，2011）。

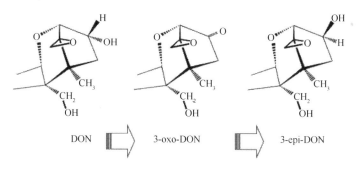

DON　3-oxo-DON　3-epi-DON

图 1-7　DON 的氧化和差向异构化作用

（2）乙酰化

自然界存在天然 3-ADON，其毒性低于 DON，DON 的 C3 位羟基的乙酰化作用降低了野兔网状组织毒性两个数量级和野兔肾细胞毒性的 1/20。因此，尽管乙酰化基团会在动物消化系统因水解而游离出来，C3 位羟基的乙酰化仍被认为是脱毒过程。但在植物的研究中，Wang 和 Miller（1988）报道 DON 和 3-ADON 对小麦胚芽鞘的生长起到了相似程度的抑制作用。在拟南芥中，C3 位羟基的酯化作用其毒性并未确定（Desjardins et al.，2007）。

利用酶的 DON 的乙酰化的转基因作物已经用于植物抗病的研究。来自于禾谷镰刀菌、编码 3-O-乙酰转移酶的基因 *Tri101* 在日本理化学研究所的实验室被鉴定出来。同时，拟枝孢镰刀菌类似的基因在美国农业部农业研究局被克隆。对来自于禾谷镰刀菌和拟枝孢镰刀菌的单端孢霉烯 3-O-乙酰转移酶的三维结构和动力学特征也已进行了详细的研究（Garvey et al.，2008）。Khatibi 等（2011）表达、纯化了来自于 7 种镰刀菌的单端孢霉烯 3-O-乙酰转移酶并比较了它们的特征，目的是筛选应用于生物技术的最优基因。

（3）糖苷化

DON 的糖苷化结构是在小麦悬浮液中发现的，随后由玉米悬浮培养液证明并确定了结合物的结构为 3-β-d-吡喃葡萄糖-4-DON，2005 年，在完整的植物中证明了产物的存在。对小麦中 DON 转化为 DON-3G 的能力分析和 DON 糖苷化对赤霉病（FHB）的抗性研究证明 DON 糖苷化在小麦对抗赤霉病中起主要作用。由于谷物基因组中存在大量 UDP-糖基转移酶基因，即使 DON-3G 含量在感染的小麦和玉米中占总 DON 含量的 46%，也很难克隆葡萄糖苷键转移酶来对抗赤霉病（Berthiller et al.，2009）。小麦基因 *TaUGT3* 和大麦基因 *HvUGT13248* 可将 DON 转化为 DON-3G，但大麦基因可以通过酵母有效表达，因此被认为是将 DON 转化为 DON-3G 的更好选择（Lulin et al.，2010）。在动物和植物中，DON 也可被微粒体葡萄糖醛酸基转移酶（或葡萄糖醛酸酶）转化为葡糖苷酸形式。

3. 生物转化的其他方式

用塔宾曲霉 NJA-1 转化 DON 会产生荧光产物，分子质量比 DON 大 18.1kDa（He et al.，2008）。烟草赤星病菌转化 DON 为单一的具有更多极性的产物，环氧基团仍保留（Gardiner et al.，2010）。Cheng 等（2010）用 ELISA 检测了在无氧条件下用地衣芽孢杆菌和枯草芽孢杆菌孵育 DON 后的降解效果，DON 的转化活性与培养基的上清液有关而不是细胞挤压和受热分解，表明 DON 的损失不是由吸附引起的。徐剑宏等（2010）以 DON 为唯一碳源在土壤和麦穗中筛选出一株降解菌，经鉴定，该降解菌为德沃斯氏菌，其降解机制和降解产物未作分析，根霉和米曲霉也可利用 DON 作为唯一碳源对 DON 产生降解作用。DON 与酵母共孵育，其浓度降低到 37%，Karlovsky 等在筛选降解 DON 的微生物时，发现 DON 含量虽然减少，但随后蛋白酶、洗涤剂和离液剂的挤压处理会释放出 DON，因此认为 DON 不是被降解而是被细胞吸附（Garda-Buffon and Badiale-Furlong，2010；Karlovsky，2011）。

4. 应用

（1）饲料添加剂

市场上宣称拥有具有 DON 脱环氧作用的微生物制剂已有 20 年的时间，但其效率存在争议。目前，菌株 BBSH 797 是唯一商品化的微生物制剂。因为目前报道的转化 DON 为 DOM-1 的微生物大多是绝对厌氧的，在贮藏和运输过程中，保存菌株的制剂的存活是有效应用的先决条件。具有脱毒作用的好氧微生物制剂具有易保存、反应条件易实现的优点，在实际应用中更具有优势。

有关厌氧菌 DON 的脱环氧与 C3 位羟基的氧化和差向异构化作用机制正处于研究中。脱环氧可能需要严格的厌氧条件，膜结合系统催化的氧化和差向异构化难以表达和装配。在饲料中以微生物制剂作为饲料添加剂是较易实现的方法，但由于管理、毒理学和消费，在人的食物和动物饲料工业中应用微生物制剂时应全面评估其毒性。应用解毒酶作为替代物的效率较高，安全性较好，但酶催化降解 DON 的反应还需进一步研究。不同来源（微生物、植物和哺乳动物组织）的解毒酶的分离和纯化有助于污染饲料的安全有效的利用；先进的分子生物技术和遗传工程技术可以用于这些相关解毒酶的鉴定和特征基因的确定（Altalhi and El-Deeb，2009）。解毒基因在微生物中被克隆和表达，产生重组体微生物，从而用于工业用酶的生产和纯化。

（2）转基因作物

具有 DON 脱毒活性的工程作物可以在谷物中减少真菌毒素的浓度并提高谷物抗感染的能力。随着基因编码适合的酶，单端孢霉烯族毒素脱毒的商业化转基因作物有可能成为现实。分离出编码单端孢霉烯 3-O-乙酰转移酶的第一个基因 Tri101 的 RIKEN 课题组在日本申请了专利（Yamaguchi et al.，2000）。先正达（中国）投资有限公司先后在加拿大、美国、阿根廷和其他欧洲国家用 Tri101 表达的小麦做了田间试验，美国农业部农业研究局的研究者利用来自于拟枝孢镰刀菌的相同的 Tri101 基因指导小麦转基因，部分转基因作物提高了抗禾谷镰刀菌感染的能力。另外，Tri101 在拟南芥、稻米、烟草、大麦中进行了表达，并检测了抗感染的能力，可能因为表达量较低，效果并不明显（Manoharan et al.，2006）。DON 分子中 C3 位羟基的乙酰化和糖苷化作用已经在转基因植物中完成，与编码植物葡糖苷键转移酶有关的分子标志物将会帮助育种者培育抗赤霉病的新的小麦品种。

二、DON 加工脱毒技术

（一）清理

收获后的小麦需要进行预处理，主要为筛分、风选及擦洗等清理过程，从而使病麦与正常小麦分离，达到去除发霉和破损籽粒的目的。病麦的去除或 DON 含量的降低程度与病麦形状、大小、相对密度和抗风能力有关。研究发现，风选、筛分和擦洗的每一个过程，DON 含量都有变化。据报道，因高浓度 DON 含量的小麦相对密度较低，通过风选及重力分选可以有效分离高感染的麦粒，但总 DON

的去除率也只有 3.2%（Yuen and Schoneweis，2007）。根据清理程度的不同，清理后的小麦制粉后 DON 的含量下降 5.5%～19%，或降低小麦中 DON 含量的 20%～30%（w/w）（Kostelanska et al.，2011；Giménez et al.，2013）。工业化清理过程中 DON 含量从毛麦的 2.07mg/kg 降至净麦的 1.65mg/kg，降低了 20.16%（陈飞，2012）。因 DON 不均匀地分布在籽粒表面，并具有较好的水溶性，擦洗是去除 DON 的有效方法，且 DON 产生菌也会从表面被去除（Pestka and Smolinski，2005）。Banu 等（2014）通过对人工污染禾谷镰刀菌的小麦进行深层擦洗，DON 含量降低 34.6%～46.2%。戴学敏和何学超（1992）报道，受 DON 污染的小麦经清理淘洗，除去悬浮物，小麦中毒素含量减少 34%～52%。

　　光电技术可用于无损样品毒素的快速分析检测（Dvořáček et al.，2012；Pojić and Mastilović，2013），越来越多的研究希望能通过光电分选技术达到分离污染籽粒的效果，从而达到去毒的目的（de Girolamo et al.，2009），如傅里叶变换近红外光谱（FT-NIR）技术及电子鼻技术等。利用电子鼻技术可以分析谷物中真菌的挥发性代谢产物，DON 含量小于 1000μg/kg 能够容易并准确地通过电子鼻技术分析出来，成功率为 82.1%（Lippolis et al.，2014）。利用 FT-NIR 技术建立定性模型，以 DON 含量为 300μg/kg 为分界线区分空白样品及自然污染小麦，FT-NIR 技术使快速、无损、大批量分选技术成为可能。崔贵金（2013）分析了赤霉病麦粒及普通麦粒的近红外光谱信息，构建了赤霉病麦粒 NIR 模式判别模型并设计了光电分选设备模型。利用傅里叶罗曼光谱技术，主要利用 1064nm NIR 激发激光降低大麦和小麦中生物荧光的干扰，可将低 DON 含量的籽粒从谷物中分离出来（Liu et al.，2009）。因此，发展光电分选技术使污染籽粒有效去除，成为降低 DON 含量的重要发展方向。

（二）制粉

1. 干法磨粉

　　制粉是大多谷物被加工为食品前的主要加工过程，很多人对此进行了研究。自 1980 年后，世界各国对干法磨粉后 DON 的分布情况作了分析，这些国家包括加拿大、美国、韩国、日本、意大利、捷克和瑞士。由于磨粉后籽粒的各个组分分离，毒素在不同组分间重新分配，但这一过程中毒素并没有被破坏。DON 含量最高的部分是胚芽和麸皮，由于磨粉过程去掉了小麦籽粒的麸皮层，所得的面粉 DON 含量降低（Kushiro，2008；Kostelanska et al.，2011），毒素含量降低的程度与小麦受污染的程度有关。据报道，因为高含水量促进镰刀菌的生长和繁殖，长时间润麦可能会提高 DON 的总量。Nowicki 等（1988）报道，DON 在碾磨小麦过程中的分配依赖于真菌渗透到小麦籽粒胚乳的程度，而这一程度取决于易感小麦的品种，如果渗透率较低，高浓度 DON 就会集中在谷物表皮，而在面粉中 DON 含量较低。

Zheng 等（2014）分析了污染了 DON、雪腐镰刀菌烯醇（NIV）和玉米赤霉烯酮（ZEN）的日本小麦磨粉后毒素含量的变化情况，分别分析了特级粉（1B、1M、2B 和 2M）、次级粉（3B 到 3M）及外层麸皮等中毒素含量的变化，特级粉中，DON 和 NIV 降低 4%～74%，ZEN 的去除效果与 DON 和 NIV 不同（Zheng et al.，2014）。对意大利小麦进行研究发现，净麦中 DON 含量是毛麦中的 77%，磨粉后只剩下原含量的 37%（Visconti et al.，2004）。陈飞（2012）分析了实验磨粉和工业磨粉后 DON 含量变化，磨粉后 DON 的含量明显降低，DON 含量仅为籽粒的 30.85%～51.43%。以分层碾磨技术制粉加工赤霉病小麦，全部的 13 个组分中都含有 DON，以头、二碾麦皮中含量最高，为 1.56～2.00mg/kg，分层碾磨使面粉中 DON 的含量比原麦减少了 52.4%（张慧杰和王步军，2012）。由于镰刀菌的生长及 DON 的渗透是由外向内延伸，同样，毒素浓度由外向内逐渐降低，因此，剥皮制粉及分层碾磨技术将更有助于 DON 的去除。

2. 湿法磨粉

湿法磨粉（湿磨）是玉米的主要碾磨方式，主要用于生产食品级产品，如玉米淀粉和葡萄糖浆。单端孢霉烯族毒素是水溶性化合物，因此在浸泡液中和谷蛋白中出现，少量转移至淀粉和糖浆中。由于 DON 易溶于水，湿法磨粉中，DON 主要转移至溶液中，从而降低了淀粉中 DON 的含量，商品湿磨法工艺淀粉中 DON 含量为初始含量的 30%（Pestka and Smolinski，2005）。

（三）焙烤食品

焙烤食品主要包括发酵食品如面包、馒头，非发酵食品如饼干、蛋糕等，焙烤食品加工的主要特点是需要经过高温处理，高温也成为 DON 降解或去除的主要途径。由于发酵制品的物理和化学反应相对复杂（Bergamini et al.，2010），目前得出的面包焙烤对 DON 的影响的结论是相互矛盾的（Giménez et al.，2014；Hazel and Patel，2004）。一部分研究认为，焙烤工艺可降低 DON 的含量（Pacin et al.，2010），根据不同的工艺条件，DON 的含量可降至 24%～71%，其中，焙烤温度、时间、含水量、面粉的品质和类型，以及配方等对 DON 都会产生影响，而焙烤温度和时间具有重要作用（Kushiro，2008；Scudamore et al.，2009；Bergamini et al.，2010）。另有研究认为加工过程中 DON 相当稳定，即使以 350℃焙烤，DON 含量也没有发生显著的变化（Sugita-Konishi et al.，2006；Lancova et al.，2008a）。同样关于发酵对于 DON 含量变化的影响的观点也不相同，有报道显示发酵过程中 DON 含量降低，中试规模焙烤法国和维也纳面包，50℃发酵，DON 含量分别降低 41%和 56%（Wu and Wang，2015）；反之，也有人通过研究认为发酵对 DON 没有任何影响（Valle-Algarra et al.，2009），甚至有人发现在含酵母的产品中 DON 含量会增加（Zhang and Wang，2015），这些不一致的结论可能由几个原因引起。例如，酵母对 DON 的降解或酵母吸附作用及发酵过程中其他微生物如乳酸杆菌等对 DON 的降解作用；而对于发酵过程中 DON 含量增加的原因可能是 DON 的前体物质或结合物在发酵过程中发生水解生成游离态 DON，从而增加了 DON 的总量。最近也有研究认为，焙烤后的面包中 DON 含量降低，DON 不是以降解产物的形式出现，而是在面包焙烤的过程中形成了新的化合物，如 DON 与蛋白质的结合态或 DON 与碳水化合物结合，其毒性低于 DON（Sugita-Konishi et al.，2006）。因此，分析原料和成品中 DON 及 DON 的衍生物与降解产物对于充分了解 DON 在加工中的变化规律具有重要作用。Banu 等（2014）利用选好的乳酸菌进行酸面包发酵，DON 的含量下降了 58.6%～66.5%，而自然发酵的毒素含量下降了 26.2%～29.1%，焙烤后与发酵后相比，DON 下降 11.4%～15.5%。对于面包加工中添加剂的作用，Boyacioğlu 等（1993）的检测结果表明：溴酸钾和 L-抗坏血酸无效，但亚硫酸氢钠和 L-半胱氨酸及磷酸铵可将 DON 含量降低至 40%（Boyacioğlu et al.，1993），但其使用的安全性还需进行分析。因此，有效降低面包中 DON 含量的方式除寻找安全的添加剂外，筛选或驯化可降解 DON 的微生物可直接用于食品发酵，成为 DON 脱毒的有效方法。

非酵母发酵的焙烤食品主要有蛋糕和饼干，商业方法焙烤的饼干 DON 含量被去除 35%。在蛋糕加工中，DON 含量的下降率高于面包，主要原因是面粉在蛋糕中的比例只有 25%左右，DON 的浓度受到了其他成分的稀释。在咸饼干的加工过程中，焙烤阶段是降低 DON 及 DON-3G 含量的最重要阶段（Suman et al.，2012），曲奇饼干 DON 含量为面粉含量的 61%，苏打饼干的为 70%，椒盐脆饼干 DON 的含量为面粉的 111%（Voss and Snook，2010）。

很少有人研究食品加工中 DON 的降解或代谢产物。在早期加拿大的研究中，在面包中鉴别出 DON 同分异构体的含量占 DON 初始含量的 3%～13%。同样的产物在小麦早餐食品中也被鉴别出来，对其他焙烤食品研究较少。Bretz 等（2006）检测了 43 份热加工食品，其中 32 份检测到 DON，21 份检测到 norDON A，12 份检测到 norDON B，10 份检测到 norDON C。

（四）面条

由于 DON 易溶于水，研究认为面条及意大利面的加工有助于去除 DON。对 9 个污染 DON 的硬质小麦进行清理、磨粉及意大利细面条的加工与煮制，将其加工为面条后 DON 含量为初始含量的 33%，煮制后为初始含量的 20%。并且随着用水的增加，其去除率增加，其结果与前期研究结果一致，即硬质小麦加工为意大利面后，DON 含量为初始含量的 25% 或更低（Visconti et al.，2004）。分析两种亚洲类型的面条，即黄碱挂面及速食面，其中，二者的 DON 去除率分别为 66.6% 和 43.2%，且不管是煮制还是油炸，黄碱挂面和速食面的 DON 去除率都有显著性差异，碱是存在差异的主要原因，煮制使 DON 去除的主要原因是 DON 进入到面汤中。意大利面加工过程中，干燥和煮制分别使 DON 含量减少 8% 和 41%（Brera et al.，2013）。研究食品添加剂对汽蒸及油炸速食面 DON 的影响，这些添加剂包括 L-抗坏血酸，L-半胱氨酸及亚硫酸氢钠，通过实验优化，得到去除 DON 的最佳条件是亚硫酸氢钠 167mg/kg，L-半胱氨酸 254mg/kg，L-抗坏血酸 23mg/kg。感官评价结果表明，其品质与对照相比没有显著性差异，最佳的条件下，DON 去除率为 67%（Moazami et al.，2014）。从 DON 溶于水的特性来看，煮制是去除 DON 更有效的方式。

（五）其他

在啤酒加工过程中，大麦浸泡可降低 DON 含量；而发芽过程中由于镰刀菌的生长和繁殖，麦芽中 DON 及 DON-3-葡萄糖苷（DON-3-G）含量增加，尤其是 DON-3-G 增加显著；酿造过程中 DON 含量进一步增加，原因是 DON-3-G 在啤酒中转化为 DON。最终，DON 和 ZEN 含量最多可降低 30%（Lancova et al.，2008b）。通过对 176 份啤酒的调查，发现 DON-3-G 在啤酒中广泛存在，其含量甚至超过了 DON，最高为 37μg/L，除了 DON-3-G，乙酰基 DON 也广泛存在（Kostelanska et al.，2011）。酿造所用的辅料（玉米糁、糖浆、大米、大麦和小麦）可能会对终产品中的 DON 产生影响，而对啤酒花的影响研究较少。

挤压是食品加工的主要方式之一，如早餐食品和小吃。通常来讲，挤压涉及高温和高压。当含水量为 15%～30% 时，挤压是有效的去除 DON 的方式，DON 标准品在挤压出的玉米糁和宠物食品中是稳定的，在高压蒸汽处理的奶油玉米中，DON 含量降低了 12%（Castells et al.，2005）。对添加了焦亚硫酸钠的玉米粉（人工添加 DON）（5mg/kg）进行挤压试验，DON 产生降解，玉米粉经过挤压处理后，其中的 DON 含量可减少 95% 以上（Cazzaniga et al.，2001），用 HPLC、ELISA 和 MTT 法分析了挤压玉米糁中 DON 含量的变化情况，结果发现挤压对 DON 具有一定的去除效果（Cetin and Bullerman，2006）。

油炸也可降低食品中的 DON 含量，但尚未获得热处理后 DON 的转化产物，至于 DON 是被分解还是与谷物的其他物质结合依然未知（Bullerman and Bianchini，2007）。在 169℃、205℃ 和 243℃ 油炸温度下，DON 的去除率分别为 28%（15min）、21%（2.5min）和 20%（1min），其降解程度取决于油炸的温度和时间（Samar et al.，2007）。

自然界 DON 除以游离态形式存在外，结合态 DON 也广泛存在，如 DON-3-G、乙酰化 DON、半胱氨酸-DON 及其他可能存在的结合方式（Vidal et al.，2015），在加工过程中可能转化为 DON；DON 在加热、碱性条件下及微生物作用下也可发生降解（Zhang and Wang，2015），因此除 DON 造成的健康风险外，其他 DON 的存在方式也应引起相应的重视，对其在食品加工中的变化和转化带来的潜在风险需进行更多的研究。

关于 DON 的控制，除田间防控，食品与饲料的物理、化学及微生物脱毒外，加工方法不同，DON 的去除效果不同，对食品进行合理加工，成为保障食品安全、降低 DON 毒性的重要途径。DON 具有较强的耐高温、耐酸及抗氧化性能，但 DON 易溶于水，在碱性条件及还原剂存在的条件下不稳定，因此，食品加工过程中要充分考虑 DON 的性质，并利用其性质选择合适的加工方式，如利用纯碱与加热的方式可显著提高 DON 的降解率，并开展超高压及过热蒸汽等食品加工新技术对 DON 的降解效果研究。

参 考 文 献

陈飞. 2012. 加工工艺去除小麦中脱氧雪腐镰刀菌烯醇(DON)的研究. 北京: 中国农业科学院硕士学位论文.

崔贵金. 2013. 赤霉病麦粒光电分选技术研究. 郑州: 河南工业大学硕士学位论文.

戴学敏, 何学超. 1992. 赤霉病毒素(DON)去毒技术的研究. 粮食储藏, (4): 36-40.

邓波, 万晶, 徐子伟, 等. 2014. 脱氧雪腐镰刀菌烯醇吸附剂对断奶仔猪生长性能、血清生化指标及肠道形态的影响. 动物营养学报, 26(5): 1294-1301.

邓舜洲, 游淑珠, 许杨. 2007. 脱氧雪腐镰刀菌烯醇人工抗原的研制. 食品科学, 28(2): 149-152.

樊平声, 沙国栋, 沈培银, 等. 2010. 脱氧雪腐镰刀菌烯醇毒性和检测方法研究进展. 检验检疫科学, 20(1): 39-41.

冯敏, 王玲, 朱佳廷, 等. 2016. 辐照降解溶液及粮谷中的脱氧雪腐镰刀菌烯醇. 核农学报, 30(9): 1738-1743.

侯海峰, 陈龙明, 韩纪举, 等. 2010. 大骨节病病区粮食中脱氧雪腐镰刀菌烯醇和硒元素检测报告. 中华预防医学杂志, 44(7): 663-664.

李斌. 1999. 镰刀菌毒素 DON, NIV 的细胞毒性和致突变, 致畸, 致癌研究进展. 癌变·畸变·突变, 11(4): 206-207.

李凤琴, 于钏钏, 邵兵, 等. 2011. 2007—2008 年中国谷物中隐蔽型脱氧雪腐镰刀菌烯醇及多组分真菌毒素污染状况. 中华预防医学杂志, 45(1): 57-63.

李海军, 孙苏阳, 王永军, 等. 2008. 小麦赤霉病发生原因与防治措施. 农技服务, 25(9): 78, 87.

李萌萌, 卜科, 关二旗, 等. 2013. 辐射降解脱氧雪腐镰刀菌烯醇(DON)的研究. 食品研究与开发, 34(1): 1-4.

李萌萌, 关二旗, 卜科. 2015. ^{60}Co-γ 辐照对赤霉病小麦中 DON 的降解效果. 中国粮油学报, 30(10): 1-5, 14.

李群伟, 侯海峰, 李亚鲁, 等. 2007. 脱氧雪腐镰刀菌烯醇致家兔多脏器损伤的实验观察. 中国地方病防治杂志, 22(1): 19-22.

李荣佳, 李治忠, 周闯, 等. 2015. 新型复合吸附剂 HG 对黄曲霉毒素 B_1 和呕吐毒素的吸附脱毒研究. 南京农业大学学报, 38(1): 113-119.

李月红, 张祥宏, 王俊灵, 等. 2002. 脱氧雪腐镰刀菌烯醇对小鼠胸腺细胞凋亡和增殖的影响. 中国病理生理杂志, 18(7): 778-781.

李月红, 张祥宏, 邢凌霄, 等. 2005. 脱氧雪腐镰刀菌烯醇对人外周血单个核细胞 TAP21 表达的抑制作用. 细胞与分子免疫学杂志, 21(2): 246-248.

林林, 孙树秋. 2005. 脱氧雪腐镰刀菌烯醇致 Vero 细胞核基因组 DNA 损伤与修复的彗星实验观察. 中国地方病防治杂志, 19(3): 139-141.

刘大钧. 2001. 小麦抗赤霉病育种——一个世界性的难题. 21 世纪小麦遗传育种展望——小麦遗传育种国际学术讨论会文集. 北京: 中国农业科学技术出版社.

陆刚, 高永清, 秦树阳. 1998. 小麦中致吐毒素的去毒研究. 卫生研究, 27(S1): 77.

陆刚, 李李, 薛英. 1994. 安徽省谷物及制品中脱氧雪腐镰刀菌烯醇的污染调查. 中华预防医学杂志, (1): 27-30.

陆刚, 薛英, 洪加浩. 1986. 安徽省赤霉病麦中镰刀菌种的研究. 安徽医科大学学报, 21(2): 101-106.

陆维忠, 程顺和, 王裕中. 2001. 小麦赤霉病研究. 北京: 中国科学技术出版社.

彭双清, 杨进生. 2005. 镰刀菌毒素脱氧雪腐镰刀菌烯醇对心肌细胞 Ca^{2+} 通道的阻滞作用. 中国预防医学杂志, 5(4): 241-243.

全国小麦赤霉病研究协作组. 1984. 我国小麦赤霉病穗部镰刀菌种类、分布和致病性. 上海师范学院学报, (3): 69-82.

王会艳, 张祥宏. 2000. 常见镰刀菌素与细胞凋亡的研究进展. 卫生研究, 29(3): 181-183.

王松雪, 鲁沙沙, 张艳, 等. 2011. 国内外真菌毒素检测标准制修订现状与进展. 食品工业科技, 32(3): 408-412, 416.

王晓春, 刘晓端, 杨永亮, 等. 2010. 谷物中重要单端孢霉烯族毒素的检测方法. 环境化学, 29(5): 802-809.

谢茂昌, 王明祖. 1999. 小麦赤霉病发病程度与 DON 含量的关系. 植物病理学报, 29(1): 41-44.

徐剑宏, 祭芳, 王宏杰, 等. 2010. 脱氧雪腐镰刀菌烯醇降解菌的分离和鉴定. 中国农业科学, 43(22): 4635-4641.

薛伟龙, 陆仕华, 魏春妹, 等. 1991. DON 在小麦赤霉病菌早期侵染中的作用. 上海农业学报, 7(增刊): 30-34.

尹珺. 2006. 脱氧雪腐镰刀菌烯醇(DON)检测方法的研究. 南京: 南京农业大学硕士学位论文.

余以刚, 马涵若, 侯芮, 等. 2016. 臭氧和紫外降解面粉中的 DON 及对面粉品质的影响. 现代食品科技, 32(9): 196-202.

张从宇, 王敏, 陈茂敏. 2003. 小麦赤霉病菌生物学特性研究. 安徽农业科学, 31(5): 753-754.

张慧杰, 王步军. 2012. 真菌毒素在小麦类食品加工过程中的消解与转移. 农产品质量与安全, (3): 59-64.

张昆, 卞科, 关二旗, 等. 2014. 电子束辐照降解脱氧雪腐镰刀菌烯醇的研究. 粮食与饲料工业, (2): 13-16.

周兵. 2008. 赤霉病污染大麦作物中结合态脱氧雪腐镰刀菌烯醇检测体系构建研究. 杭州: 浙江大学博士学位论文.

Abramson D, House J D, Nyachoti C M. 2005. Reduction of deoxynivalenol in barley by treatment with aqueous sodium carbonate and heat. Mycopathologia, 160(4): 297-301.

Alkadri D, Rubert J, Prodi A, et al. 2014. Natural co-occurrence of mycotoxins in wheat grains from Italy and Syria. Food Chemistry, 157: 111-118.

Altalhi A D, El-Deeb B. 2009. Localization of zearalenone detoxification gene (s) in *pZEA-1* plasmid of *Pseudomonas putida ZEA-1* and expressed in *Escherichia coli*. Journal of Hazardous Materials, 161(2-3): 1166-1172.

Avantaggiato G, Greco D, Damascelli A, et al. 2014. Assessment of multi-mycotoxin adsorption efficacy of grape pomace. Journal of Agricultural and Food Chemistry, 62(2): 497-507.

Avantaggiato G, Havenaar R, Visconti A. 2007. Assessment of the multi-mycotoxin-binding efficacy of a carbon/aluminosilicate-based product in an *in vitro* gastrointestinal model. Journal of Agricultural and Food Chemistry, 55(12): 4810-4819.

Aziz N, Attia E S, Farag S. 1997. Effect of gamma-irradiation on the natural occurrence of *Fusarium* mycotoxins in wheat, flour and bread. Food/Nahrung, 41(1): 34-37.

Banu I, Dragoi L, Aprodu I. 2014. From wheat to sourdough bread: a laboratory scale study on the fate of deoxynivalenol content. Quality Assurance and Safety of Crops and Foods, 6(1): 53-60.

Basílico M L, Pose G, Ludemann V, et al. 2010. Fungal diversity and natural occurrence of fusaproliferin, beauvericin, deoxynivalenol and nivalenol in wheat cultivated in Santa Fe Province, Argentina. Mycotoxin Research, 26(2): 85.

Bensassi F, Zaied C, Abid S, et al. 2010. Occurrence of deoxynivalenol in durum wheat in Tunisia. Food Control, 21(3): 281-285.

Bergamini E, Catellani D, Dall'asta C, et al. 2010. Fate of *Fusarium* mycotoxins in the cereal product supply chain: the deoxynivalenol (DON) case within industrial bread-making technology. Food Additives and Contaminants Part A-Chemistry Analysis Control Exposure and Risk Assessment, 27(5): 677-687.

Berthiller F, Dall'asta C, Corradini R, et al. 2009. Occurrence of deoxynivalenol and its 3-β-D-glucoside in wheat and maize. Food Additives and Contaminants, 26(4): 507-511.

Binder E, Tan L, Chin L, et al. 2007. Worldwide occurrence of mycotoxins in commodities, feeds and feed ingredients. Animal Feed Science and Technology, 137(3): 265-282.

Boyacioğlu D, Heltiarachchy N S, D'appolonia B L. 1993. Additives affect deoxynivalenol (vomi-toxin) flour during breadbaking. Journal of Food Science, 58(2): 416-418.

Brera C, Peduto A, Debegnach F, et al. 2013. Study of the influence of the milling process on the distribution of deoxynivalenol content from the caryopsis to cooked pasta. Food Control, 32(1): 309-312.

Bretz M, Beyer M, Cramer B, et al. 2006. Thermal degradation of the *Fusarium* mycotoxin deoxynivalenol. Journal of Agricultural and Food Chemistry, 54(17): 6445-6451.

Bullerman L B, Bianchini A. 2007. Stability of mycotoxins during food processing. International Journal of Food Microbiology, 119(1-2): 140-146.

Castells M, Marin S, Sanchis V, et al. 2005. Fate of mycotoxins in cereals during extrusion cooking: a review. Food Additives and Contaminants, 22(2): 150-157.

Cavret S, Laurent N, Videmann B, et al. 2010. Assessment of deoxynivalenol (DON) adsorbents and characterisation of their efficacy using complementary *in vitro* tests. Food Additive and Contaminants Part A-Chemistry Analysis Control Exposure Risk Assessment, 27(1): 43-53.

Cazzaniga D, Basilico J C, Gonzalez R J, et al. 2001. Mycotoxins inactivation by extrusion cooking of corn flour. Letters in Applied Microbiology, 33(2): 144-147.

Cendoya E, Monge M P, Palacios S A, et al. 2014. Fumonisin occurrence in naturally contaminated wheat grain harvested in Argentina. Food Control, 37: 56-61.

Cenkowski S, Pronyk C, Zmidzinska D, et al. 2007. Decontamination of food products with superheated steam. Journal of Food Engineering, 83(1): 68-75.

Cetin Y, Bullerman L B. 2005. Cytotoxicity of *Fusarium* mycotoxins to mammalian cell cultures as determined by the MTT bioassay. Food and Chemical Toxicology, 43(5): 755-764.

Cetin Y, Bullerman L B. 2006. Confirmation of reduced toxicity of deoxynivalenol in extrusion-processed corn grits by the MTT bioassay. Journal of Agricultural and Food Chemistry, 54(5): 1949-1955.

Champeil A, Dore T, Fourbet J, 2004. *Fusarium* head blight: epidemiological origin of the effects of cultural practices on head blight attacks and the production of mycotoxins by *Fusarium* in wheat grains. Plant Science, 166(6): 1389-1415.

Chełkowski J, Gromadzka K, Stepien L, et al. 2012. *Fusarium* species, zearalenone and deoxynivalenol content in preharvest scabby wheat heads from Poland. World Mycotoxin Journal, 5(2): 133-141.

Cheng B C, Wan C X, Yang S L, et al. 2010. Detoxification of deoxynivalenol by *Bacillus strains*. Journal of Food Safety, 30(3): 599-614.

Chu F S. 1996. Recent studies on immunoassays for mycotoxins. ACS Symposium Series eBooks, 621: 292-313.

Cui L, Selvaraj J N, Xing F G, et al. 2013. A minor survey of deoxynivalenol in *Fusarium* infected wheat from Yangtze-Huaihe river basin region in China. Food Control, 30(2): 469-473.

Dall'Asta C, Dall'Erta A, Mantovani P, et al. 2013. Occurrence of deoxynivalenol and deoxyniva-lenol-3-glucoside in durum wheat. World Mycotoxin Journal, 6(1): 83-91.

Dänicke S, Kersten S, Valenta H, et al. 2012. Inactivation of deoxynivalenol-contaminated cereal grains with sodium metabisulfite: a review of procedures and toxicological aspects. Mycotoxin Research, 28(4): 199-218.

Dänicke S, Pahlow G, Goyarts T, et al. 2009. Effects of increasing concentrations of sodium metabisulphite ($Na_2S_2O_5$, SBS) on deoxynivalenol (DON) concentration and microbial spoilage of triticale kernels preserved without and with propionic acid at various moisture contents. Mycotoxin Research, 25(4): 215-223.

de Girolamo A, Lippolis V, Nordkvist E, et al. 2009. Rapid and non-invasive analysis of deoxynivalenol in durum and common wheat by Fourier-Transform Near Infrared (FT-NIR) spectroscopy. Food Additives and Contaminants, 26(6): 907-917.

Desjardins A E, McCormick S P, Appell M. 2007. Structure-activity relationships of trichothecene toxins in an *Arabidopsis thaliana* leaf assay. Journal of Agricultural and Food Chemistry, 55(16): 6487-6492.

Devreese M. 2014. Efficacy of active carbon towards the absorption of deoxynivalenol in pigs. Toxins, 6(10): 2998-3004.

Dodd J G, Vegi A, Vashisht A, et al. 2011. Effect of ozone treatment on the safety and quality of malting barley. Journal of Food Protection, 74(12): 2134-2141.

Dubin H J, Gilchrist L, Reeves J, et al. 1997. *Fusarium* Head Scab: Global Status and Future Prospects. Mexico: CIMMYT.

Dvořáček V, Prohasková A, Chrpová J, et al. 2012. Near infrared spectroscopy for deoxynivalenol content estimation in intact wheat grain. Plant and Soil Environment, 58(4): 196-203.

Ennouari A, Sanchis V, Marín S, et al. 2013. Occurrence of deoxynivalenol in durum wheat from Morocco. Food Control, 32(1): 115-118.

Eriksen G S, Alexander J. 1998. Fusarium toxins in cereals—a risk assessment. Tema Nord Food, 502: 7-44.

Frobose H L, Stephenson E W, Tokach M D, et al. 2017. Effects of potential detoxifying agents on growth performance and deoxynivalenol (DON) urinary balance characteristics of nursery pigs fed DON-contaminated wheat. Journal of Animal Science, 95(1): 327.

Fuchs E, Binder E M, Heidler D, et al. 2002. Structural characterization of metabolites after the microbial degradation on type A trichothecenes by the bacterial strain BBSH 797. Food Additives and Contaminants, 19(4): 379-386.

Garda-Buffon J, Badiale-Furlong E. 2010. Kinetics of deoxynivalenol degradation by *Aspergillus oryzae* and *Rhizopus oryzae* in submerged fermentation. Journal of the Brazilian Chemical Society, 21(4): 710-714.

Gardiner S A, Boddu J, Berthiller F, et al. 2010. Transcriptome analysis of the barley-deoxynivalenol interaction: evidence for a role of glutathione in deoxynivalenol detoxification. Molecular Plant-Microbe Interactions, 23(7): 962-976.

Garvey G S, McCormick S P, Rayment I. 2008. Structural and functional characterization of the TRI101 trichothecene 3-O-acetyltransferase from *Fusarium sporotrichioides* and *Fusarium graminearum*: kinetic insights to combating *Fusarium* head blight. Journal of Biological Chemistry, 283(3): 1660-1669.

Giménez I, Blesa J, Herrera M, et al. 2014. Effects of bread making and wheat germ addition on the natural deoxynivalenol content in bread. Toxins (Basel), 6(1): 394-401.

Giménez I, Herrera M, Escobar J, et al. 2013. Distribution of deoxynivalenol and zearalenone in milled germ during wheat milling and analysis of toxin levels in wheat germ and wheat germ oil. Food Control, 34(2): 268-273.

Giraud F, Pasquali M, Jarroudi M E, et al. 2010. *Fusarium* head blight and associated mycotoxin occurrence on winter wheat in Luxembourg in 2007/2008. Food Additives and Contaminants, 27(6): 825-835.

Gourdain E, Piraux F, Barrier-Guillot B. 2011. A model combining agronomic and weather factors to predict occurrence of deoxynivalenol in durum wheat kernels. World Mycotoxin Journal, 4(2): 129-139.

Guan S, He J W, Young J C, et al. 2009. Transformation of trichothecene mycotoxins by microorganisms from fish digesta. Aquaculture, 290(3-4): 290-295.

Hassan M M S. 2011. Efficacy of some adsorbent materials against deoxynivalenol toxicity in laboratory animals. http: //agris.fao.org/agris-search/search.do?recordID=EG2012000658 [2017-03-18].

Hazel C M, Patel S. 2004. Influence of processing on trichothecene levels. Toxicology Letters, 153(1): 51-59.

He C, Fan Y, Liu G, et al. 2008. Isolation and identification of a strain of *Aspergillus tubingensis* with deoxynivalenol biotransformation capability. International Journal of Molecular Sciences, 9(12): 2366-2375.

He J W, Zhou T, Young J C, et al. 2010. Chemical and biological transformations for detoxification of trichothecene mycotoxins in human and animal food chains: a review. Trends in Food Science and Technology, 21(2): 67-76.

He P, Young L G, Forsberg C. 1993. Microbially detoxified vomitoxin-contaminated corn for young pigs. Journal of Animal Science, 71(4): 963-967.

Hj F K, de Rijk T C, Booij C J, et al. 2012. Occurrence of *Fusarium* head blight species and

Fusarium mycotoxins in winter wheat in the Netherlands in 2009. Food Additives and Contaminants Part A-Chemistry Analysis Control Exposure and Risk Assessment, 29(11): 1716-1726.

Hsia C C, Wu Z Y, Li Y S, et al. 2004. Nivalenol, a main *Fusarium toxin* in dietary foods from high-risk areas of cancer of esophagus and gastric cardia in China, induced benign and malignant tumors in mice. Oncology Reports, 12(2): 449-456.

Ibanez-Vea M, Lizarraga E, Gonzalez-Penas E. 2011. Simultaneous determination of type-A and type-B trichothecenes in barley samples by GC-MS. Food Control, 22(8): 1428-1434.

Ikunaga Y, Sato I, Grond S, et al. 2011. *Nocardioides* sp. strain WSN05-2, isolated from a wheat field, degrades deoxynivalenol, producing the novel intermediate 3-epi-deoxynivalenol. Applied Microbiology and Biotechnology, 89(2): 419-427.

Islam M R, Pauls K P, Zhou T. 2008. Isolation and characterization of soil bacteria capable of detoxifying mycotoxin deoxynivalenol. Phytopathology, 98: S72.

Iverson F, Armstrong C, Nera E, et al. 1995. Chronic feeding study of deoxynivalenol in B6C3F1 male and female mice. Teratogenesis Carcinogenesis and Mutagenesis, 15(6): 283-306.

Jard G, Liboz T, Mathieu F, et al. 2011. Review of mycotoxin reduction in food and feed: from prevention in the field to detoxification by adsorption or transformation. Food Additives and Contaminants, 28(11): 1590-1609.

Jennings P. 2010. *Fusarium* mycotoxins: chemistry, genetics and biology-by Anne E. Desjardins. Plant Pathology, 56(2): 337.

Ji F, Xu J, Liu X, et al. 2014. Natural occurrence of deoxynivalenol and zearalenone in wheat from Jiangsu province, China. Food Chemistry, 157(157): 393-397.

Karlovsky P. 2011. Biological detoxification of the mycotoxin deoxynivalenol and its use in genetically engineered crops and feed additives. Applied Microbiology and Biotechnology, 91(3): 491-504.

Khatibi P A, Newmister S A, Rayment I, et al. 2011. Bioprospecting for trichothecene 3-O-acetyltransferases in the fungal genus *Fusarium* yields functional enzymes with different abilities to modify the mycotoxin deoxynivalenol. Applied and Environmental Microbiology, 77(4): 1162-1170.

Kong C, Shin S Y, Kim B G. 2014. Evaluation of mycotoxin sequestering agents for aflatoxin and deoxynivalenol: an *in vitro* approach. Springerplus, 3(1): 346-349.

Kostelanska M, Dzuman Z, Malachova A, et al. 2011. Effects of milling and baking technologies on levels of deoxynivalenol and its masked form deoxynivalenol-3-glucoside. Journal of Agricultural and Food Chemistry, 59(17): 9303-9312.

Kottapalli B, Wolf-Hall C E, Schwarz P. 2006. Effect of electron-beam irradiation on the safety and quality of *Fusarium*-infected malting barley. International Journal of Food Microbiology, 110(3): 224-231.

Kubena L F, Huff W E, Harvey R B, et al. 1989. Individual and combined toxicity of deoxynivalenol and T-2 toxin in broiler chicks. Poultry Science, 68(5): 622-626.

Kushiro M. 2008. Effects of milling and cooking processes on the deoxynivalenol content in wheat. International Journal of Molecular Science, 9(11): 2127-2145.

Lambert L, Hines F, Eppley R. 1995. Lack of initiation and promotion potential of deoxynivalenol for skin tumorigenesis in Sencar mice. Food and Chemical Toxicology, 33(3): 217-222.

Lancova K, Hajslova J, Kostelanska M, et al. 2008a. Fate of trichothecene mycotoxins during the processing: milling and baking. Food Additives and Contaminants Part A-Chemistry Analysis

Control Exposure and Risk Assessment, 25(5): 650-659.

Lancova K, Hajslova J, Poustka J, et al. 2008b. Transfer of *Fusarium* mycotoxins and 'masked' deoxynivalenol (deoxynivalenol-3-glucoside) from field barley through malt to beer. Food Additives and Contaminants, 25(6): 732-744.

Li D, Ye Y, Deng L, et al. 2013. Gene expression profiling analysis of deoxynivalenol-induced inhibition of mouse thymic epithelial cell proliferation. Environmental Toxicology and Pharmacology, 36(2): 557-566.

Li F Q, Wang W, Ma J J, et al. 2012. Natural occurrence of masked deoxynivalenol in Chinese wheat and wheat-based products during 2008–2011. World Mycotoxin Journal, 5(3): 221-230.

Li M M, Guan E Q, Bian K. 2014. Effect of ozone treatment on deoxynivalenol and quality evaluation of ozonised wheat. Food Additives and Contaminants Part A-Chemistry Analysis Control Exposure and Risk Assessment, 32(4): 544-553.

Lippolis V, Pascale M, Cervellieri S, et al. 2014. Screening of deoxynivalenol contamination in durum wheat by MOS-based electronic nose and identification of the relevant pattern of volatile compounds. Food Control, 37: 263-271.

Liu Y, Delwiche S R, Dong Y. 2009. Feasibility of FT-Raman spectroscopy for rapid screening for DON toxin in ground wheat and barley. Food Additives and Contaminants Part A-Chemistry Analysis Control Exposure and Risk Assessment, 26(10): 1396-1401.

Lulin M, Yi S, Aizhong C, et al. 2010. Molecular cloning and characterization of an up-regulated UDP-glucosyltransferase gene induced by DON from *Triticum aestivum* L. cv. *Wangshuibai*. Molecular Biology Reports, 37(2): 785-795.

Manoharan M, Dahleen L S, Hohn T M, et al. 2006. Expression of 3-OH trichothecene acetyltransferase in barley (*Hordeum vulgare* L.) and effects on deoxynivalenol. Plant Science, 171(6): 699-706.

Marleen P, Janine W, Susanne K, et al. 2015. Studies on the bioavailability of deoxynivalenol (DON) and DON sulfonate (DONS) 1, 2, and 3 in pigs fed with sodium sulfite-treated DON-contaminated maize. Toxins, 7(11): 4622-4644.

Miller J D, Taylor A, Greenhalgh R. 1983. Production of deoxynivalenol and related compounds in liquid culture b. Canadian Journal of Microbiology, 29(9): 1171-1178.

Mishra S, Ansari K M, Dwivedi P D, et al. 2013. Occurrence of deoxynivalenol in cereals and exposure risk assessment in Indian population. Food Control, 30(2): 549-555.

Mishra S, Dixit S, Dwivedi P D, et al. 2014. Influence of temperature and pH on the degradation of deoxynivalenol (DON) in aqueous medium: comparative cytotoxicity of DON and degraded product. Food Additives and Contaminants Part A-Chemistry Analysis Control Exposure and Risk Assessment, 31(1): 121-131.

Moazami F E, Jinap S, Mousa W, et al. 2014. Effect of food additives on deoxynivalenol (DON) reduction and quality attributes in steamed-and-fried instant noodles. Cereal Chemistry, 91(1): 88-94.

Monbaliu S, van P C, Detavernier C, et al. 2010. Occurrence of mycotoxins in feed as analyzed by a multi-mycotoxin LC-MS/MS method. Journal of Agricultural and Food Chemistry, 58(1): 66-71.

Murata H, Mitsumatsu M, Shimada N. 2008. Reduction of feed-contaminating mycotoxins by ultraviolet irradiation: an *in vitro* study. Food Additives and Contaminants Part A-Chemistry Analysis Control Exposure and Risk Assessment, 25(9): 1107-1110.

Murata H, Yamaguchi D, Nagai A, et al. 2011. Reduction of deoxynivalenol contaminating corn silage by short-term ultraviolet irradiation: a pilot study. Journal of Veterinary Medical Science,

73(8): 1059-1060.

Mylona K. 2012. *Fusarium* species in grains: dry matter losses, mycotoxin contamination and control strategies using ozone and chemical compounds. Bedfordshire: Cranfield University.

Nakamura Y, Ohta M, Ueno Y. 1977. Reactivity of 12,13-epoxytrichothecenes with epoxide hydrolase, glutathione-S-transferase and glutathione. Chemical and Pharmaceutical Bulletin, 25(12): 3410-3414.

Niderkorn V, Morgavi D P, Boudra H. 2006. Binding of *Fusarium* mycotoxins by fermentative bacteria *in vitro*. Journal of Applied Microbiology, 101(4): 849-856.

Niderkorn V, Morgavi D P, Pujos E, et al. 2007. Screening of fermentative bacteria for their ability to bind and biotransform deoxynivalenol, zearalenone and fumonisins in an *in vitro* simulated corn silage model. Food Additives and Contaminants, 24(4): 406-415.

Nowicki T, Gaba D, Dexter J, et al. 1988. Retention of the *Fusarium mycotoxin* deoxynivalenol in wheat during processing and cooking of spaghetti and noodles. Journal of Cereal Science, 8(2): 189-202.

O'connell T W. 2013. Apparatus and method for treating stored crops infected with toxins. US, 2013/0071287 A1.

O'Neill K, Damoglou A P, Patterson M F. 1993. The stability of deoxynivalenol and 3-acetyl deoxynivalenol to gamma irradiation. Food Additives and Contaminants, 10(2): 209-215.

Ouyang Y L, Li S, Pestka J J. 1996. Effects of vomitoxin (deoxynivalenol) on transcription factor NF-kappa B/Rel binding activity in murine EL-4 thymoma and primary CD4$^+$ T cells. Toxicology and Applied Pharmacology, 140(2): 328-336.

Pacin A, Bovier E C, Cano G, et al. 2010. Effect of the bread making process on wheat flour contaminated by deoxynivalenol and exposure estimate. Food Control, 21(4): 492-495.

Park B J, Takatori K, Sugita-Konishi Y, et al. 2007. Degradation of mycotoxins using microwave-induced argon plasma at atmospheric pressure. Surface and Coatings Technology, 201(9-11): 5733-5737.

Paulick M, Rempe I, Kersten S, et al. 2015. Effects of increasing concentrations of sodium sulfite on deoxynivalenol and deoxynivalenol sulfonate concentrations of maize kernels and maize meal preserved at various moisture content. Toxins, 7(3): 791-811.

Pedrosa K, Borutova R. 2011. Synergistic effects of mycotoxins discussed. Feedstuffs, 83(19): 1-3.

Pestka J J. 2007. Deoxynivalenol: toxicity, mechanisms and animal health risks. Animal Feed Science and Technology, 137(3): 283-298.

Pestka J J, Smolinski A T. 2005. Deoxynivalenol: toxicology and potential effects on humans. Journal of Toxicology and Environmental Health Part B Critical Reviews, 8(1): 39-69.

Pleadin J, Vahčić N, Perši N, et al. 2013. *Fusarium*, mycotoxins'occurrence in cereals harvested from Croatian fields. Food Control, 32(1): 49-54.

Pojić M, Mastilović J. 2013. Near infrared spectroscopy-advanced analytical tool in wheat breeding, trade, and processing. Food and Bioprocess Technology, 6(2): 330-352.

Prom L K, Horsley R D, Steffenson B J, et al. 1999. Development of *Fusarium* head blight and accumulation of deoxynivalenol in barley sampled at different growth stages. Journal of the American Society of Brewing Chemists, 57(2): 60-63.

Qiang Z, Truong M, Meynen K, et al. 2011. Efficacy of a mycotoxin binder against dietary fumonisin, deoxynivalenol, and zearalenone in rats. Journal of Agricultural and Food Chemistry, 59(13): 7527-7533.

Raymond S L, Smith T K, Swamy H V. 2005. Effects of feeding a blend of grains naturally contaminated with *Fusarium* mycotoxins on feed intake, metabolism, and indices of athletic performance of exercised horses. Journal of Animal Science, 83(6): 1267-1273.

Rempe I, Brezina U, Kersten S. 2013b. Effects of a *Fusarium* toxin-contaminated maize treated with sodium metabisulphite, methylamine and calcium hydroxide in diets for female piglets. Archives of Animal Nutrition, 67(4): 314-329.

Rempe I, Kersten S, Valenta H, et al. 2013a. Hydrothermal treatment of naturally contaminated maize in the presence of sodium metabisulfite, methylamine and calcium hydroxide: effects on the concentration of zearalenone and deoxynivalenol. Mycotoxin Research, 29(3): 169-175.

Rizzo A F, Atroshi F, Hirvi T, et al. 1992. The hemolytic activity of deoxynivalenol and T-2 toxin. Natural Toxins, 1(2): 106-110.

Rocha O, Ansari K, Doohan F M. 2005. Effects of trichothecene mycotoxins on eukaryotic cells: a review. Food Additives and Contaminants, 22(4): 369-378.

Rodrigues I, Naehrer K. 2012. A three-year survey on the worldwide occurrence of mycotoxins in feedstuffs and feed. Toxins, 4(9): 663-675.

Sabater-Vilar M, Malekinejad H, Selman M H, et al. 2007. *In vitro* assessment of adsorbents aiming to prevent deoxynivalenol and zearalenone mycotoxicoses. Mycopathologia, 163(2): 81-90.

Samar M, Resnik S, González H, et al. 2007. Deoxynivalenol reduction during the frying process of turnover pie covers. Food Control, 18(10): 1295-1299.

Savi G D, Piacentini K C, Bittencourt K O, et al. 2014a. Ozone treatment efficiency on *Fusarium graminearum* and deoxynivalenol degradation and its effects on whole wheat grains (*Triticum aestivum* L.) quality and germination. Journal of Stored Products Research, 59: 245-253.

Savi G D, Piacentini K C, Tibola C S, et al. 2014b. Mycoflora and deoxynivalenol in whole wheat grains (*Triticum aestivum* L.) from Southern Brazil. Food Additives and Contaminants Part B Surveillance, 7(3): 232-237.

Schwartz H E, Hametner C, Slavik V, et al. 2013. Characterization of three deoxynivalenol sulfonates formed by reaction of deoxynivalenol with sulfur reagents. Journal of Agricultural and Food Chemistry, 61(37): 8941-8948.

Scudamore K A, Hazel C M, Patel S, et al. 2009. Deoxynivalenol and other *Fusarium* mycotoxins in bread, cake, and biscuits produced from UK-grown wheat under commercial and pilot scale conditions. Food Additives and Contaminants, 26(8): 1191-1198.

Shang Q H, Yang Z B, Yang W R, et al. 2016. Toxicity of mycotoxins from contaminated corn with or without yeast cell wall adsorbent on broiler chickens. Asian Australasian Journal of Animal Sciences, 29(5): 674-680.

Sifuentes D S J, Souza T M, Ono E Y, et al. 2013. Natural occurrence of deoxynivalenol in wheat from Parana State, Brazil and estimated daily intake by wheat products. Food Chemistry, 138(1): 90-95.

Škrbić B, Malachova A, Živančev J, et al. 2011. *Fusarium* mycotoxins in wheat samples harvested in Serbia: a preliminary survey. Food Control, 22(8): 1261-1267.

Sobrova P, Adam V, Vasatkova A, et al. 2010. Deoxynivalenol and its toxicity. Interdisciplinary Toxicology, 3(3): 94-99.

Souza A F D, Borsato D, Lofrano A D, et al. 2015. *In vitro* removal of deoxynivalenol by a mixture of organic and inorganic adsorbents. World Mycotoxin Journal, 8(1): 113-119.

Stanković S, Lević J, Ivanović D, et al. 2012. Fumonisin B_1, and its co-occurrence with other fusariotoxins in naturally-contaminated wheat grain. Food Control, 23(2): 384-388.

Stepanik T, Kost D, Nowickiâ T, et al. 2007. Effects of electron beam irradiation on deoxynivalenol levels in distillers dried grain and solubles and in production intermediates. Food Additives and Contaminants, 24(9): 1001-1006.

Sugita-Konishi Y, Park B J, Kobayashi-Hattori K, et al. 2006. Effect of cooking process on the deoxynivalenol content and its subsequent cytotoxicity in wheat products. Bioscience Biotechnology and Biochemistry, 70(7): 1764-1768.

Suman M, Manzitti A, Catellani D. 2012. A design of experiments approach to studying deoxynivalenol and deoxynivalenol-3-glucoside evolution throughout industrial production of wholegrain crackers exploiting LC-MS/MS techniques. World Mycotoxin Journal, 5(3): 241-249.

Sun C, Ji J, Wu S, et al. 2016. Saturated aqueous ozone degradation of deoxynivalenol and its application in contaminated grains. Food Control, 69: 185-190.

Sundstøl E G, Pettersson H, Lundh T. 2004. Comparative cytotoxicity of deoxynivalenol, nivalenol, their acetylated derivatives and deepoxy metabolites. Food and Chemical Toxicology, 42(4): 619-624.

Szkudelska K, Szkudelski T, Nogowski L. 2002. Short-time deoxynivalenol treatmentinduces metabolic distrebances in the rat. Toxicology Letters, 136(1): 25-31.

Tajima O, Schoen E D, Feron V, et al. 2002. Statistically designed experiments in a tiered approach to screen mixtures of *Fusarium* mycotoxins for possible interactions. Food and Chemical Toxicology, 40(5): 685-695.

Theisen S, Berger S. 2005. Screening of epoxide hydrolase producing microorganisms for biotransformation of deoxynivalenol. Mycotoxin Research, 21(1): 71-73.

Thuvander A, Wikman C, Gadhasson I. 1999. *In vitro* exposure of human lymphocytes to trichothecenes: individual variation in sensitivity and effects of combined exposure on lymphocyte function. Food and Chemical Toxicology, 37(6): 639-648.

Tiemann U, Viergutz T, Jonas L, et al. 2003. Influence of the mycotoxins alpha- and beta-zearalenol and deoxynivalenol on the cell cycle of cultured porcine endometrial cells. Reproductive Toxicology, 17(2): 209-218.

Tiwari B K, Brennan C S, Curran T, et al. 2010. Application of ozone in grain processing. Journal of Cereal Science, 51(3): 248-255.

Ueno Y, Nakajima M, Sakai K, et al. 1973. Comparative toxicology of trichothec mycotoxins: inhibition of protein synthesis in animal cells. Journal of Biochemistry, 74(2): 285-296.

Valle-Algarra F M, Mateo E M, Medina A, et al. 2009. Changes in ochratoxin A and type B trichothecenes contained in wheat flour during dough fermentation and bread-baking. Food Additives and Contaminants Part A-Chemistry Analysis Control Exposure and Risk Assessment, 26(6): 896-906.

van der Fels-Klerx H, de Rijk T, Booij C, et al. 2012. Occurrence of *Fusarium* head blight species and *Fusarium* mycotoxins in winter wheat in the Netherlands in 2009. Food Additives & Contaminants: Part A, 29(11): 1716-1726.

Vandenbroucke V, Croubels S, Verbrugghe E, et al. 2009. The mycotoxin deoxynivalenol promotes uptake of *Salmonella typhimurium* in porcine macrophages, associated with ERK1/2 induced cytoskeleton reorganization. Veterinary Research, 40(6): 64.

Veselý D, Veselá D. 1995. Embryotoxic effects of a combination of zearalenone and vomitoxin (4-dioxynivalenole) on the chick embryo. Veterinární Medicína, 40(9): 279-281.

Vidal A, Sanchis V, Ramos A J, et al. 2015. Thermal stability and kinetics of degradation of deoxynivalenol, deoxynivalenol conjugates and ochratoxin a during baking of wheat bakery products. Food Chemistry, 178: 276-286.

Visconti A, Haidukowski E M, Pascale M, et al. 2004. Reduction of deoxynivalenol during durum wheat processing and spaghetti cooking. Toxicology Letters, 153(1): 181-189.

Völkl A, Vogler B, Schollenberger M, et al. 2004. Microbial detoxification of mycotoxin deoxynivalenol. Journal of Basic Microbiology, 44(2): 147.

Voss K, Snook M. 2010. Stability of the mycotoxin deoxynivalenol (DON) during the production of flour-based foods and wheat flake cereal. Food Additives and Contaminants: Part A, 27(12): 1694-1700.

Wang L, Luo Y, Luo X, et al. 2016a. Effect of deoxynivalenol detoxification by ozone treatment in wheat grains. Food Control, 66: 137-144.

Wang L, Shao H, Luo X, et al. 2016b. Effect of ozone treatment on deoxynivalenol and wheat quality. PLoS ONE, 11(1): e0147613.

Wang L, Wang Y, Shao H, et al. 2017. *In vivo* toxicity assessment of deoxynivalenol-contaminated wheat after ozone degradation. Food Additives and Contaminants Part A-Chemistry Analysis Control Exposure and Risk Assessment, 34(1): 103-112.

Wang Y Z, Miller J D. 1988. Effects of *Fusarium graminearum* metabolites on wheat tissue in relation to *Fusarium* head blight resistance. Journal of Phytopathology, 122(2): 118-125.

Weaver A C, See M T, Kim S W. 2014. Protective effect of two yeast based feed additives on pigs chronically exposed to deoxynivalenol and zearalenone. Toxins, 6(12): 3336-3353.

Wolf C E, Bullerman L B. 1998. Heat and pH alter the concentration of deoxynivalenol in an aqueous environment. Journal of Food Protection, 61(3): 365-367.

Wu L, Wang B. 2015. Evaluation on levels and conversion profiles of DON, 3-ADON, and 15-ADON during bread making process. Food Chemistry, 185: 509-516.

Wu Q, Kuča K, Humpf H U, et al. 2016. Fate of deoxynivalenol and deoxynivalenol-3-glucoside during cereal-based thermal food processing: a review study. Mycotoxin Research, 33(1): 79-91.

Yamaguchi I, Kimura M, Takatsuki A, et al. 2000. Trichothecene 3-O-acetyltransferase gene. Japanese Patent, No.200032985.

Young J C, Subryan L M, Potts D, et al. 1986. Reduction in levels of deoxynivalenol in contaminated wheat by chemical and physical treatment. Journal of Agricultural & Food Chemistry, 34(3): 465-467.

Young J C, Zhou T, Yu H, et al. 2007. Degradation of trichothecene mycotoxins by chicken intestinal microbes. Food & Chemical Toxicology, 45(1): 136-143.

Young J C, Zhu H, Zhou T. 2006. Degradation of trichothecene mycotoxins by aqueous ozone. Food and Chemical Toxicology, 44(3): 417-424.

Yu H, Zhou T, Gong J, et al. 2010. Isolation of deoxynivalenol-transforming bacteria from the chicken intestines using the approach of PCR-DGGE guided microbial selection. BMC Microbiology, 10(1): 182-192.

Yuen G Y, Schoneweis S D. 2007. Strategies for managing *Fusarium* head blight and deoxynivalenol accumulation in wheat. International Journal of Food Microbiology, 119(1-2): 126-130.

Zhang H, Wang B. 2015. Fates of deoxynivalenol and deoxynivalenol-3-glucoside during bread and noodle processing. Food Control, 50: 754-757.

Zhang X, Xie T, Li S, et al. 1995. Preventive detection of fungi and mycotoxins in corn from high risk area of esophageal cancer in Cixian county. Chinese Journal of Cancer Research, 7(3): 172-176.

Zhao Z, Liu N, Yang L, et al. 2015. Cross-linked chitosan polymers as generic adsorbents for simultaneous adsorption of multiple mycotoxins. Food Control, 57: 362-369.

Zheng Y, Hossen S M, Sago Y, et al. 2014. Effect of milling on the content of deoxynivalenol, nivalenol, and zearalenone in Japanese wheat. Food Control, 40(2): 193-197.

Zhou H R, Harkema J R, Hotchkiss J A, et al. 2000. Lipopolysaccharide and the trichothecene vomitoxin (deoxynivalenol) synergistically induce apoptosis in murine lymphoid organs. Toxicological Sciences, 53(2): 253-263.

Zhou T, Gong J, Yu H, et al. 2014. Bacterial isolate and methods for detoxification of trichothecene mycotoxins. US, US8642317 B2.

第二章　DON 脱毒技术原理

第一节　禾谷镰刀菌侵染小麦的过程

一、禾谷镰刀菌对小麦穗部的侵染

康振生等（2004）采用扫描和透射电镜技术系统地观察了禾谷镰刀菌（*Fusarium graminearum*）在小麦穗部的侵染过程。在小麦扬花盛期，用 $5×10^5$ 个/mL 孢子悬浮液喷雾接种小麦穗部。接种后 6~12h，分生孢子在小麦穗部的任何部位均可萌发，每个孢子可产生一至多个芽管，新产生的芽管并不立即入侵寄主组织，而是在寄主体表生长扩展；接种后 36~48h 观察，小穗颖片、外稃、内稃的内侧和子房的表面形成了密集的菌丝网，然而在小麦穗轴表面、颖片和内稃的外表面，菌丝生长缓慢、分布稀疏，但颖片外表边缘的菌丝可跨越边缘扩展到颖片的内表皮上；接种后 36h，寄主体表的菌丝产生入侵菌丝，以直接入侵的方式由颖片、外稃、内稃的内侧及子房的顶部侵入寄主组织体内，随后，菌丝以胞间和胞内生长的方式向下扩展；接种后 4~5 天，菌丝由上述组织扩展到达穗轴后，在穗轴内沿维管束组织和皮层组织向上和向下扩展，延伸到相邻小花，禾谷镰刀菌随菌丝在小麦穗部组织内不断地生长扩展，使得寄主细胞坏死、解体，并最终导致整个麦穗枯死。

二、感病品种小麦籽粒菌丝分布特点

王文龙（2008）利用盆栽的方式，对两种易感品种进行人工禾谷镰刀菌接种，并对成熟期小麦籽粒菌丝分布进行观察，具体过程包括小麦的栽培、禾谷镰刀菌的培养、禾谷镰刀菌的接种及采样、电镜观察。

（一）小麦的栽培

本试验进行了 1 个小麦生长周期的研究，采用盆栽试验，选择 M5 和 T4 两个品种，每个品种 30 盆。播种前先将种子进行晒种处理（赵广才，2006），晒种能加速种子的后熟作用，增强种子的生活力，提高种子的发芽势和发芽率，使种子出苗整齐。在阳光较强的天气里，将各品种小麦种子连续晒 2 天。对经过精选和晒种的种子进行发芽试验：随机取出 3 组，每组 100 粒，用温水浸泡，在平皿内

平铺滤纸，把已泡过的种子均匀地摆在平皿中的滤纸上，每个平皿放 100 粒种子，共做 3 次重复。浇适量水（以不淹没种子为宜），放于温暖通风处。经常加水，保持水分，并检查发芽情况，当胚根达到种子的长度，幼芽达到种子长度的一半时可计数（大约 7 天）。发芽率（%）=（全部发芽种子数/供试的种子数）×100，通常要求种子发芽率在 90% 以上。M5 发芽率为 98%，T4 发芽率为 96%，均大于 90%，符合小麦栽培要求。

将这两种对赤霉病感病的小麦品种分别播种在 11L 的盆内，每种各 30 盆。在生长期 25（GS25）后定期施肥[划分标准参考 Zadoks 等（1974）]，在生长期 31（GS31），剪去所有的分蘖苗，只留下主苗，每盆留 15 株主苗。每个品种留 20 盆用于接种，其余 10 盆作为下年度种子，远离接种盆进行栽培。

（二）禾谷镰刀菌的培养

在超净工作台内操作，将保存于平板中的禾谷镰刀菌 Fg18.7 接种至马铃薯琼脂葡萄糖（PDA）固体平板，25℃活化培养 7 天。将 PDA 平板中培养的菌种接种至合成低营养琼脂（SNA）液体培养基（0.1% KH_2PO_4、0.1% KNO_3、0.05% $MgSO_4\cdot7H_2O$、0.05% KCl、0.02%葡萄糖、0.02%蔗糖）中，28℃振荡培养 7 天。通过显微镜观察进行孢子计数：取孢子悬浮液数滴，滴于细胞计数器载玻片上，将载玻片置于光学显微镜下观察计数，重复 5 次，计算平均值，并根据以下公式计算每毫升孢子数：

$$Y= X/W \tag{2-1}$$
$$W=V\times400 \tag{2-2}$$
$$V=0.10\times1/400\text{mm}^3=0.000\,25\text{mm}^3=2.5\times10^{-7}\text{cm}^3=2.5\times10^{-7}\text{mL} \tag{2-3}$$

式中，Y 表示每毫升孢子数；X 表示显微镜下观察 400 小格内孢子数；W 表示细胞计数器上 400 小格总体积；V 表示细胞计数器上每一小格体积。

由图 2-1 可见，禾谷镰刀菌在 PDA 平板上于 25℃培养 5 天，气生菌丝生长旺盛，呈白色，菌落基质呈白色，部分基质呈红色；培养 7 天后，气生菌丝生长旺盛，菌落基质呈红色，部分基质呈深红色。由图 2-2 可见，禾谷镰刀菌在 SNA 液体培养基中于 28℃振荡培养 7 天后，孢子数量有了显著增加，孢子计数结果为 3×10^5 个/mL，符合接种条件。

（三）禾谷镰刀菌的接种及采样

在小麦扬花中期（GS65），将 3×10^5 个/mL 的禾谷镰刀菌（*Fusarium graminearum*）孢子悬浮液均匀喷洒至小麦穗部，使麦穗上形成雾珠。接种后分别用一次性环保塑料袋罩住每一株苗，保湿培养 3 天，保证孢子萌发、侵染对湿度的要求。

在小麦籽粒接种后 7 天、14 天、21 天和籽粒成熟后期分别取样（剪取接种穗），样品先于 80℃下烘干，后放置于冰箱-20℃保存。

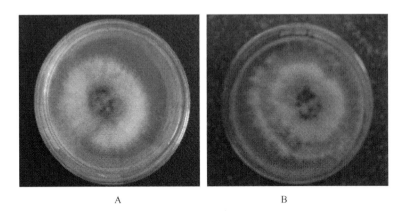

图 2-1　禾谷镰刀菌在 PDA 平板上培养 5 天（A）、7 天（B）的菌落（另见图版）

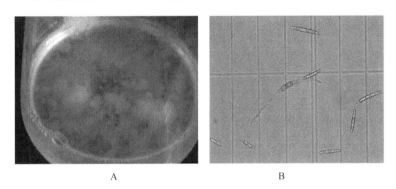

图 2-2　禾谷镰刀菌的孢子悬浮液（A）及孢子形态（B）（另见图版）

（四）电镜观察

四分法挑取成熟期籽粒各 10 粒，用锋利的双面刀将其切成厚度为 0.2mm 的薄片，备用；将样品薄片放于超临界点干燥器，干燥 4h；将样品薄片粘在样品台上，用日立 ID-5 型离子溅射仪喷金 5min，使其导电；将喷金后的样品放入样品室，用日立 S-570 型扫描电子显微镜观察、拍照，见图 2-3。接菌后的易感小麦，在不同放大倍数下（110×、290×、300×、350×）进行电镜扫描，可以看到镰刀菌菌丝紧密附着在籽粒表皮外侧，并有向内延伸的趋势，进一步确定了镰刀菌是从小麦籽粒外部向内部侵染，同时确定了镰刀菌菌丝在小麦籽粒内层的存在。

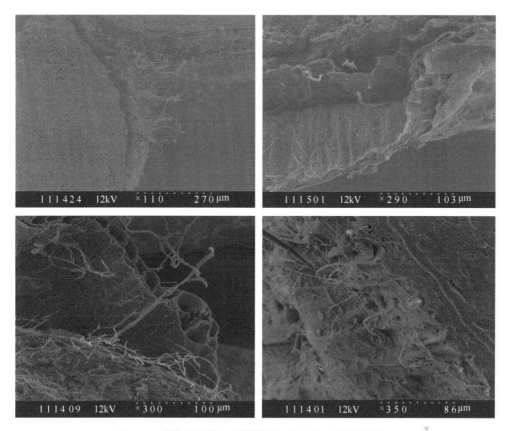

图 2-3　成熟期易感小麦籽粒的扫描电镜（另见图版）

第二节　接种禾谷镰刀菌小麦 DON 的产生

一、结合态 DON、游离态 DON、总 DON 的检测

（一）高效液相分析条件选择

1. 流动相的选择

采用水/乙腈/甲醇（体积比 90：5：5）作为流动相时（隋凯等，2006；Sugita-Konsihi，2006），可实现 DON 的理想分离效果，避免了样品中杂质的干扰，DON 的保留时间为 6.113min。

2. 检测波长的确定

采用紫外分光光度计对 DON 的标准溶液进行光谱扫描，得到光谱图，如图 2-4 所示，DON 在 220nm 处有 1 个强吸收峰，在该波长下测定，既保证了检测灵敏度的要求，又无干扰杂质影响。

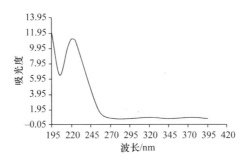

图 2-4　DON 紫外吸收光谱图

3. 色谱柱的选择

选择重现性优异的 HPLC 柱是至关重要的，所选色谱柱应当能够在整个检测过程中提供重现的色谱结果。重现性是 Symmetry 色谱柱突出的优点，该色谱柱具有高达 18%的载碳量，同时色谱柱寿命长，具有比普通 C_{18} 柱和 C_8 柱更低的硅羟基活性而对化合物具有更短的保留时间。采用 Symmetry C_{18} 色谱柱，在所建立的色谱条件下，检测样品时间短，目标物质能有效地被分离，避免了与样品中杂质混淆，达到了检测分析的要求。

4. 柱温的选择

分别在 30℃、40℃、50℃的柱温条件下，观察色谱峰面积、保留值的变化及分离度的改变，结果显示柱温对色谱峰面积的影响不大，但是会影响保留时间及分离度，柱温升高时，保留时间降低，但变化幅度不大（隋凯等，2006；Sugita-Konsihi，2006）。柱温在 40℃时，DON 与杂质峰的分离较为理想，故选择柱温为 40℃。

（二）DON 的萃取

分别采用不同处理方法提取可萃取 DON 和不可萃取 DON（表 2-1），处理方法分别如下。

表 2-1　不同分离方法比较

DON 提取方法	样品	溶解条件	可能被检测到的 DON 种类
SOP	滤液	无	可萃取 DON
SP I	滤液	加 1mL CCl_3COOH，140℃，40min，0.5mL KOH	可萃取 DON 和可萃取的结合态 DON
SP II	过滤后残渣	加 1mL CCl_3COOH，140℃，40min，0.5mL KOH	不可萃取 DON

SOP（Walker and Meier，1998；Liu，2004）：四分法取样，准确称取 2g 小麦籽粒（重复 5 次），经粉碎机碾碎，置于 100mL 烧杯中，加入 35mL 乙腈/水溶液（84：16，*V*/*V*）用分散器振荡 3min，混合均匀后，倒入茄形瓶中，将乙腈/水溶液（84：16，*V*/*V*）定容至 50mL，经定性滤纸过滤，上清液与残渣分别待用。

SP Ⅰ (a)：在 10mL 耐高温具塞试管中，加入 SOP 所得上清液 5mL、蒸馏水 2mL 和 1mol/L 的三氯乙酸 1mL，振荡 1min 混匀，加塞密封，置于电热恒温鼓风干燥箱中，140℃加热 40min。

SP Ⅰ (b)：取出 10mL 耐高温具塞试管，冷却，加入 1mol/L 的 KOH 0.5mL，用乙腈调整体积至 10mL，振荡 1min 混匀，备用。

SP Ⅱ (a)：将 SOP 所得过滤后残渣转移至 10mL 耐高温具塞试管内，加入 4mL 乙腈/水溶液（84：16，*V*/*V*）、2mL 蒸馏水和 1mol/L 的三氯乙酸 1mL，振荡 1min 混匀，加塞密封，置于电热恒温鼓风干燥箱中，140℃加热 40min。

SP Ⅱ (b)：取出 10mL 耐高温具塞试管，冷却，加入 1mol/L 的 KOH 0.5mL，用乙腈调整体积至 10mL，振荡 1min 混匀，备用。

（三）DON 的净化

分别准确吸取不同处理方法[SOP、SP Ⅰ (b)、SP Ⅱ (b)]得到的样品提取液 4mL，过 Bond Elut® Mycotoxin 净化柱。目标分析物通过净化柱不被保留，样品中的干扰基质被保留，从而达到样品净化的目的。该净化柱可同时净化处理 12 种单端孢霉烯族毒素，也可以对 ZEN 进行净化，尤其对于极性毒素，可以同时完成多个化合物的净化。与利用传统方法对单种毒素分别净化相比，此方法过程简单，节约时间，最低检出限（LOD）是 0.3～5ng/g（每种毒素），在 7 种谷物类基质中回收率可以高达 65%～104%。研究显示 Bond Elut® Mycotoxin 净化柱与免疫亲和柱的净化效果接近，比 Mycosep#227 柱（一种固相萃取柱）有更好的回收率，而价格只是它们的 1/3 左右，因此被广泛使用。

精确吸取以上净化液 2mL，将其转移至有刻度试管中，用氮气吹扫仪在 50℃条件下，缓慢吹扫至干燥。加入 1mL 流动相，振荡 1min 混匀后，转入 1.5mL 离心管，10 000r/min 高速离心 5min。准确吸取 800μL 离心上清液至 2mL 微量进样瓶内，待测。

（四）DON 的测定

采用 HPLC 检测方法，色谱条件为 C_{18} 色谱柱，3.9mm×150mm，5μm；流动相为乙腈/甲醇/水（5：5：90，*V*/*V*/*V*）；流速为 1.0mL/min；柱温为 40℃；进样量为 20μL；紫外检测波长为 220nm。

采用外标法进行定性定量，先逐个将各个样品峰的保留时间与标准品的保留时间对比，确定样品中 DON 的保留时间与出峰位置，然后将样品色谱峰和其标准色谱峰比较，对样品中的 DON 定性。

经色谱工作站的数据处理系统计算峰面积，进行积分。根据标准品的峰面积和浓度作出标准曲线，将样品峰面积的平均值代入标准曲线，即可算出样品中 DON 的浓度。

DON 浓度按照式（2-4）至式（2-6）计算。

1）SOP 方法

$$DON 浓度 （\mu g/g）=C（V_T/V_1）×（1/W）×F_1 \tag{2-4}$$

式中，C 表示液相色谱仪上所测得的 DON 的质量（μg），根据标准曲线求得；V_T 表示测试体积（1000μL）；V_1 表示进量体积（20μL）；W 表示测试样品重量（2.0g×4mL/50mL=0.16g）；F_1 表示稀释因子。

2）SP I 方法

$$DON 浓度 （\mu g/g）=C（V_T/V_1）×（1/W）×F_2 \tag{2-5}$$

式中，C 表示液相色谱仪上所测得的 DON 的质量（μg），根据标准曲线求得；V_T 表示测试体积（1000μL）；V_1 表示进量体积（20μL）；W 表示测试样品重量（2.0g×5mL/50mL=0.2g）；F_2 表示稀释因子。

3）SP II 方法

$$DON 浓度 （\mu g/g）=C（V_T/V_1）×F_3 \tag{2-6}$$

式中，C 表示液相色谱仪上所测得的 DON 的质量（μg），根据标准曲线求得；V_T 表示测试体积（1000μL）；V_1 表示进量体积（20μL）；F_3 表示稀释因子。

标准曲线与检出限的建立：取 200$\mu g/mL$ 的 DON 标准储备液，经流动相甲醇/乙腈/水（5∶5∶90，$V/V/V$）稀释，配制浓度为 0.1$\mu g/mL$、0.2$\mu g/mL$、0.5$\mu g/mL$、1.0$\mu g/mL$、2.0$\mu g/mL$、5.0$\mu g/mL$ 的标准工作液，按上述色谱条件进样检测（每个浓度进样 3 次，取平均值，结果见表 2-2），根据浓度 X（横坐标）与峰面积 Y（纵坐标）的关系进行线性回归，绘制标准曲线（图 2-5），回归方程为 $Y=14\,216X-373.0$，相关系数 $r=0.9995$，线性关系良好。在本试验条件下，根据 3 倍噪声的峰响应值，计算出 DON 的方法检出限为 0.135$\mu g/g$。

表 2-2　DON 标准溶液测试结果

DON 标准液浓度/（$\mu g/mL$）		0.1	0.2	0.5	1	2	5
峰面积	测值 1	1528	2865	6712	14 171	28 371	71 125
	测值 2	1435	2784	6405	13 912	27 406	69 371
	测值 3	1368	2632	6536	13 130	26 282	72 534
平均值		1444	2760	6551	13 738	27 353	71 010

（五）HPLC 方法验证

在无 DON 本底的小麦样品中，做 3 个浓度水平的 DON 加标回收率试验，即

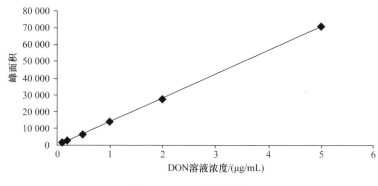

图 2-5 DON 标准曲线

3 个水平（0.5μg/mL、1μg/mL、2μg/mL）、5 个重复的回收率试验，每个样品进样 3 次，取平均值，计算回收率。

该方法具有较高的回收率，在 3 个浓度水平的 DON 加标回收率试验中，各浓度平均回收率均大于 85%，相对标准偏差（RSD）均小于 5%（表 2-3）。

表 2-3 回收率试验结果

项目		1	2	3	4	5	平均值	RSD/%
水平 1	DON 浓度/（μg/mL）	0.4301	0.4297	0.4531	0.4324	0.4428	0.4376	2.32
	回收率/%	86.01	85.93	90.61	86.47	88.56	87.52	
水平 2	DON 浓度/（μg/mL）	0.8419	0.9017	0.8562	0.8828	0.8781	0.8721	2.68
	回收率/%	84.19	90.17	85.62	88.28	87.81	87.21	
水平 3	DON 浓度/（μg/mL）	1.6778	1.7034	1.6586	1.7922	1.7352	1.7134	3.07
	回收率/%	83.89	85.17	82.93	89.61	86.76	85.67	

选择 2 个不同时期（不同浓度范围）的小麦样品进行精密度试验，分别平行测定 7 次，计算相对标准偏差，在 2 个 DON 浓度水平的小麦测试中，相对标准偏差均小于 5%，该方法具有较高的精密度（表 2-4）。

表 2-4 精密度试验结果

项目	DON 浓度/（μg/mL）							RSD/%
	1	2	3	4	5	6	7	
样品 1	0.1707	0.1697	0.1654	0.1719	0.1688	0.1703	0.1691	1.21
样品 2	1.0671	1.0608	1.0548	1.0577	1.0745	1.0782	1.0494	0.99

二、结合态 DON、游离态 DON、总 DON 的含量变化

（一）接种后不同时间的籽粒中 DON 的变化

在接种后第 7 天，两种小麦品种籽粒中均检测到结合态 DON，结合态 DON 含

量见表 2-5。M5 籽粒中结合态 DON 含量高于 T4 籽粒中结合态 DON 含量（图 2-6）。

表 2-5 两种小麦籽粒中初次检测到的结合态 DON 含量

小麦品种	结合态 DON 含量/（μg/g）
M5	0.4620
T4	0.3091

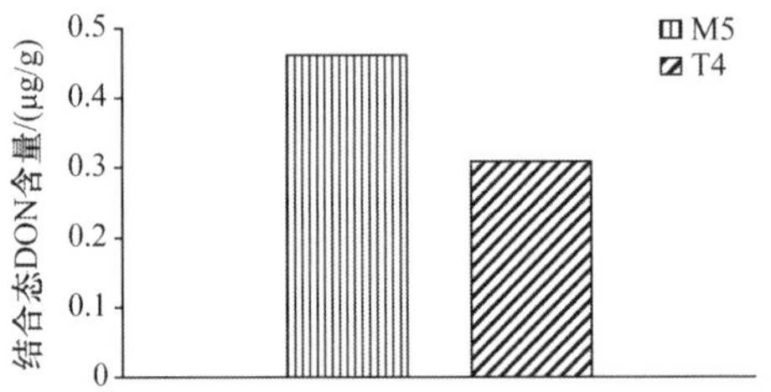

图 2-6 两种小麦籽粒中初次检测到的结合态 DON 含量比较

接种后第 7 天，通过 SOP、SP Ⅰ、SP Ⅱ 方法在小麦籽粒中都检测到了 DON，且 SP Ⅰ、SP Ⅱ 两种方法检测到的含量之和 SP（SP=SP Ⅰ+SP Ⅱ）都大于 SOP 方法检测到的 DON 含量，DON 含量见表 2-6。M5、T4 籽粒内结合态 DON 含量分别是其总 DON 含量的 72.63%、45.31%，二者对比见图 2-7。

表 2-6 接种后第 7 天各方法测得 DON 含量   （单位：μg/g）

小麦品种	SP Ⅰ	SP Ⅱ	SP	SOP	SP–SOP
M5	0.4981	0.1380	0.6361	0.1741	0.4620
T4	0.5082	0.1740	0.6822	0.3731	0.3091

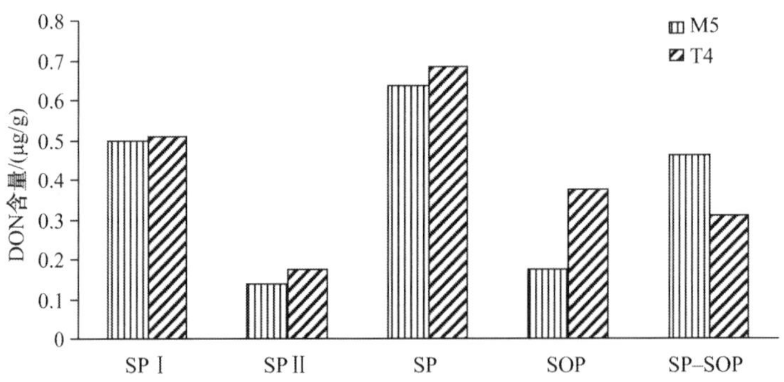

图 2-7 接种后第 7 天各方法测得 DON 含量对比

接种后第 14 天，通过 SOP、SP Ⅰ、SP Ⅱ 方法在小麦籽粒中都检测到了 DON，且 SP Ⅰ、SP Ⅱ 两种方法检测到的含量之和 SP（SP=SP Ⅰ+SP Ⅱ）都大于 SOP 方法检测到的 DON 含量，DON 含量见表 2-7。M5、T4 籽粒内结合态 DON 含量分别是其总 DON 含量的 54.52%、32.51%，二者对比见图 2-8。

表 2-7　接种后第 14 天各方法测得 DON 含量　（单位：μg/g）

小麦品种	SP I	SP II	SP	SOP	SP–SOP
M5	1.5368	0.2997	1.8365	0.8352	1.0013
T4	1.0156	0.1748	1.1904	0.8034	0.3870

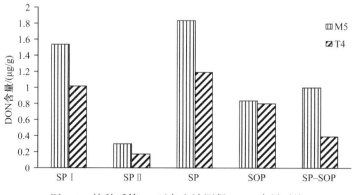

图 2-8　接种后第 14 天各方法测得 DON 含量对比

接种后第 21 天，通过 SOP、SP I、SP II 方法在小麦籽粒中都检测到了 DON，且 SP I、SP II 两种方法检测到的含量之和 SP（SP=SP I+SP II）都大于 SOP 方法检测到的 DON 含量，DON 含量见表 2-8。M5、T4 籽粒内结合态 DON 含量分别是其总 DON 含量的 56.48%、32.12%，二者对比见图 2-9。

表 2-8　接种后第 21 天各方法测得 DON 含量　（单位：μg/g）

小麦品种	SP I	SP II	SP	SOP	SP–SOP
M5	1.5610	0.6480	2.2090	0.9613	1.2477
T4	1.2069	0.4738	1.6807	1.1409	0.5398

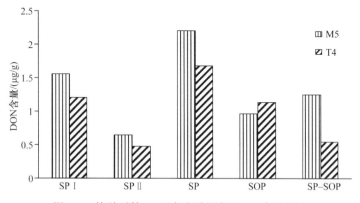

图 2-9　接种后第 21 天各方法测得 DON 含量对比

（二）两种小麦籽粒中 DON 含量比较

接种后第 7 天、第 14 天和第 21 天，通过 SOP 方法在小麦籽粒中都检测到了游离态 DON，M5、T4 籽粒内游离态 DON 含量见表 2-9。接种后，M5 籽粒内游离态 DON 在第 14 天含量高于 T4 籽粒对应时间的游离态 DON 含量，M5 籽粒内游离态 DON 在第 7 天、第 21 天含量都分别低于 T4 籽粒对应时间的游离态 DON 含量。接种后前三周游离态 DON 在两种小麦中含量都是逐渐增加的（图 2-10）。

表 2-9　接种后测得游离态 DON 含量　　　　　　　（单位：μg/g）

小麦品种	第 7 天	第 14 天	第 21 天
M5	0.1741	0.8352	0.9613
T4	0.3731	0.8034	1.1409

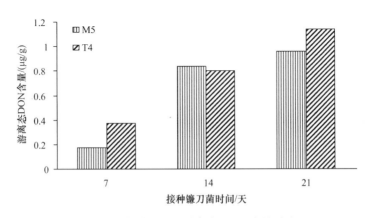

图 2-10　接种后测得游离态 DON 含量对比

接种后第 7 天、第 14 天和第 21 天，通过 SP Ⅰ、SP Ⅱ 方法在小麦籽粒中都检测到了结合态 DON，M5、T4 籽粒内结合态 DON 含量见表 2-10。接种后，M5 籽粒内结合态 DON 在第 7 天、第 14 天和第 21 天含量都分别高于 T4 籽粒对应时间的结合态 DON 含量。接种后前三周结合态 DON 在两种小麦中含量都是逐渐增加的（图 2-11）。

表 2-10　接种后测得结合态 DON 含量　　　　　　　（单位：μg/g）

小麦品种	第 7 天	第 14 天	第 21 天
M5	0.4620	1.0013	1.2478
T4	0.3091	0.3870	0.5398

接种后第 7 天、第 14 天和第 21 天，在小麦籽粒中都检测到了结合态 DON 和游离态 DON，M5、T4 籽粒内总 DON 含量见表 2-11。接种后，M5 籽粒内总 DON 在第 7 天时含量低于 T4 籽粒第 7 天时的总 DON 含量，而在第 14 天、第 21 天时含量都分别高于 T4 籽粒对应时间的总 DON 含量。接种后前三周总 DON 在两种小麦中含量都是逐渐增加的（图 2-12）。

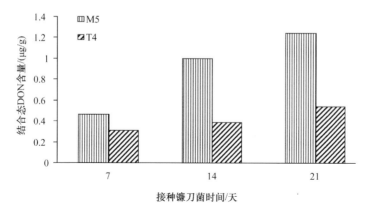

图 2-11　接种后测得结合态 DON 含量对比

表 2-11　接种后测得总 DON 含量　　　　　　（单位：μg/g）

小麦品种	第 7 天	第 14 天	第 21 天
M5	0.6361	1.8365	2.2091
T4	0.6822	1.1904	1.6807

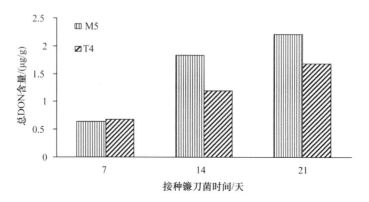

图 2-12　接种后测得总 DON 含量对比

第三节　小麦籽粒中 DON 的产生规律和分布

一、人工接菌小麦籽粒中 DON 的产生规律和分布

（一）小麦籽粒接菌

称取小麦籽粒 700g，紫外灯下灭菌，每 30min 翻动一次，共 3 次，于超净台中放入经 121℃灭菌的锥形瓶，加入无菌水，振荡摇匀，调整含水量为 10%（测定参照 GB 5009.3—2016 方法进行）。菌株的活化培养及计数同第一节，接种孢子

液 30mL，振荡摇匀，于恒温培养箱中培养，设 15℃、20℃、25℃，每个温度 3 个重复，培养过程中要经常振荡摇匀，以免结块。接种后每 6 天取样一次，无菌操作，样品–20℃保存。

（二）小麦籽粒制粉

采用布勒实验磨（MLU-202），参照《小麦实验制粉 第 1 部分：设备、样品制备和润麦》（NY/T 1094.1—2006）；《小麦实验制粉 第 2 部分：布勒氏法用于硬麦》（NY/T 1094.2—2006）。

小麦样品清理后，取 1000g 净麦，按照 GB 5009.3—2016 推荐的 105℃恒重法测定净麦含水量，计算润麦所需的水分，通过两步润麦法，润麦 24h，使小麦的含水量达到 16%。磨粉间的温度为 20～24℃、相对湿度为 60%～70%，以保证实验条件的一致性和结果的稳定性。每个样品磨粉之前要将磨空转 30min，进行清理，以避免样品间的交叉感染。清理完毕后，将样品倒入磨料斗中，重新开动实验磨。将每个粉路得到的样品分别进行收集，经皮磨和心磨的所有皮粉和心粉混合得到面粉，共得到面粉、细麸和麸皮 3 个组分（陈飞等，2011）。

（三）DON 的提取与检测

1. 样品前处理

（1）小麦籽粒中 DON 的提取

四分法取样，取小麦籽粒用粉碎机碾碎，准确称取 5g，置于 100mL 锥形瓶中，加 50mL 乙腈/水溶液（84∶16，V/V），振荡提取 30min，将定量滤纸折叠，过滤样品液，上清液检测游离态 DON，残渣加入 50mL 乙腈/水溶液（84∶16，V/V），第二次振荡提取 30min，清洗去除游离态 DON，5000r/min 离心 10min，40℃烘干，待用，检测结合态 DON。

（2）结合态 DON 的水解

Liu 等（2005）首次建立了结合态 DON 的水解检测方法：用乙腈/水溶液（84∶16，V/V）提取小麦后，在提取液和提取后的样品残渣中分别加入三氯乙酸，140℃处理 40min 后水解结合态 DON，经净化后，衍生处理，采用 GC/MS 检测。Zhou 等（2007）在 Liu 的方法的基础上改用三氟乙酸进行水解，建立的最优提取条件为：小麦籽粒粉碎后，经乙腈/水溶液（84∶16，V/V）提取，加入 1.25mol/L 的三氟乙酸，133℃水解 54min，采用 GC/ECD 检测。由于气相色谱检测 DON 需要进行衍生化处理，因此采用 HPLC，这样可简化检测方法。2011 年，Tran 和 Smith 研究报道了用 0.5mol/L 的三氟甲烷磺酸（TFMSA），40℃处理 40min 可使小麦中总 DON 含量比未经酸水解处理时增加，该方法可用于检测小麦籽粒中的结合态 DON。比较了以下 3 种方法，采用第一种，即残渣加入 7.5mL 1mol/L 的三氯乙酸，

140℃水解 40min，提取结合态 DON。

1）将残渣转移至 100mL 耐高温玻璃试剂瓶中，加入 30mL 乙腈/水溶液（84∶16，*V/V*）、15mL 蒸馏水和 7.5mL 1mol/L 的三氯乙酸，振荡 1min 混匀后，加塞密封，放入电热恒温鼓风干燥箱中干燥，140℃，40min。取出 100mL 耐高温玻璃试剂瓶，冷却，加入 1mol/L 的 KOH 3.75mL，并用乙腈调整体积至 60mL，振荡 1min 混匀，备用。

2）将残渣转移至 100mL 耐高温玻璃试剂瓶中，加入 40mL 乙腈/水溶液（84∶16，*V/V*）、1.25mol/L 的三氟乙酸 1mL，振荡 1min 混匀后，加塞密封，放入电热恒温鼓风干燥箱中干燥，133℃，54min。取出 100mL 耐高温玻璃试剂瓶，冷却至室温，备用。

3）将残渣转移至 100mL 密封玻璃试剂瓶中，加 36mL 去离子水，振荡混匀，加入 0.5mol/L 的 TFMSA 1mL，剧烈振荡混合均匀后，40℃加热反应 40min，加入 1mol/L 的碳酸钠 0.5mL。过滤，离心（5000r/min，5min），待用。

（3）DON 的净化

比较了多功能净化柱（Mycosep#227、Bond Elut® Mycotoxin）和 DON 免疫亲和柱（IAC）对游离态 DON 的净化效果。

1）多功能净化柱（Bond Elut® Mycotoxin）净化：用移液器准确吸取样品提取液 3mL，缓慢过净化柱，用移液枪分别精确吸取 2mL 净化液，转移至氮吹管中，于通风橱内经氮气缓慢吹干，氮吹仪设置温度为 40℃。加入 1.5mL 流动相（乙腈/甲醇/水，5∶5∶90，*V/V/V*），剧烈振荡 3min，移液至 1.5mL 离心管内，10 000r/min 高速离心 5min，精确吸取 1mL 离心上清液，转至微量进样瓶中，待测。

2）多功能净化柱（Mycosep#227）净化：用移液器准确吸取样品提取液 4mL，加入到净化柱所配的玻璃试管中，将柱子缓慢匀速压入试管中，使提取液通过净化柱的柱芯进入柱子上部，从中移取 2mL 洗脱液经氮气吹干，加入 1.5mL 流动相（乙腈/甲醇/水，5∶5∶90，*V/V/V*），剧烈振荡 3min，移液至 1.5mL 离心管内，10 000r/min 高速离心 5min，精确吸取 1mL 离心上清液，转至微量进样瓶中，待测。

3）免疫亲和柱净化：4mL 滤液过 Romer 免疫亲和柱，10mL 磷酸盐缓冲液（PBS）清洗后，取 6mL 甲醇洗脱于氮吹管中，氮气吹干，加入 1.5mL 流动相（乙腈/甲醇/水，5∶5∶90，*V/V/V*），剧烈振荡 3min，移液至 1.5mL 离心管内，10 000r/min 高速离心 5min，精确吸取 1mL 离心上清液，转至微量进样瓶中，待测。

从液相色谱图看（图 2-13），几种净化柱处理后，色谱图均基线平稳，峰形对称，无分叉和拖尾现象，呈正态分布，免疫亲和柱杂质峰最少，净化效果最好。

将 DON 标准储存溶液加入到不含单端孢霉烯族毒素的清洁小麦样品中，使样品中 DON 含量分别为 0.5μg/g、5μg/g、15μg/g，分别过免疫亲和柱、Mycosep#227

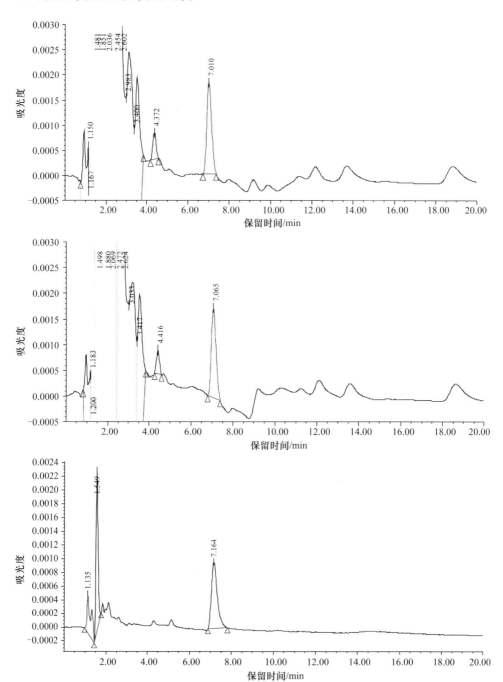

图 2-13　不同净化柱的图谱比较

由上至下依次为 Mycosep#227、Bond Elut® Mycotoxin、IAC

柱、Bond Elut® Mycotoxin 柱净化，每个浓度水平重复 3 次，分别计算回收率和相对标准偏差（RSD）。结果如表 2-12 所示。

免疫亲和柱净化处理后回收率最低，试验中小麦籽粒基质较简单，经多功能净化柱即可达到较好的净化效果，同时可保证较高的回收率，Mycosep#227 柱与 Bond Elut® Mycotoxin 柱净化效果相似，回收率都在 85% 以上。Vega 和 Castillo（2006）比较了 MycoSep™225 和 Bond Elut® Mycotoxin 两种多功能净化柱，两者结果没有显著性差异，而且免疫亲和柱和 Mycosep#227 柱成本相对较高，因而选择 Bond Elut® Mycotoxin 吸附净化柱用于 DON 的净化处理。

表 2-12 不同净化处理方法下的 DON 的回收率及 RSD

净化方法	添加水平/（μg/g）	回收率/%	RSD/%
	0.5	65.32	3.36
免疫亲和柱	5	70.40	3.02
	15	73.85	2.14
	0.5	85.67	2.39
Mycosep#227 柱	5	87.52	2.56
	15	90.24	0.64
	0.5	84.46	2.70
Bond Elut® Mycotoxin 柱	5	89.31	3.07
	15	89.80	0.58

2. DON 含量的检测

（1）游离态 DON 的检测

采用 HPLC 测定，自动进样器进样，外标法定量。液相色谱条件为：C_{18} 色谱柱，3.9mm×150mm，5μm；流动相为乙腈/甲醇/水（5：5：90，$V/V/V$）；流速为 1.0mL/min；柱温为 40℃；进样量为 10μL；紫外检测波长为 220nm。

采用乙腈/甲醇/水的混合液作为流动相，比较研究了不同配比、梯度洗脱、等度洗脱的不同方式的分离效果，结果表明，采用流动相配比 5：5：90（乙腈：甲醇：水，$V/V/V$）时，等度洗脱即可获得较好的分离效果，DON 保留时间为 7.1min（图 2-14）。

（2）HPLC 标准曲线的绘制

取 DON 标准品 1mg，用流动相定容于 10mL 容量瓶中，配成浓度为 100μg/mL 的标准母液，按比例稀释成 50μg/mL、25μg/mL、5μg/mL、1μg/mL 的浓度，分别进样 10μL，做 3 个平行，以进样浓度为横坐标，峰面积为纵坐标，绘制标准曲线，计算得回归方程（图 2-15）。表明在 1～100μg/mL 时二者线性关系良好。信噪比为 3/1 时，小麦样品 DON 的最低检出限（LOD）为 0.1mg/kg。

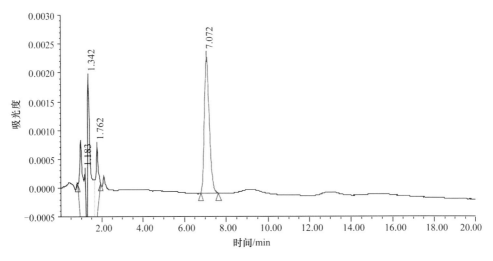

图 2-14   DON 标准品的高效液相色谱图

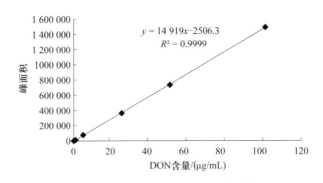

图 2-15   HPLC 检测 DON 的标准曲线

（3）结合态 DON 的检测

采用 ELISA 法，取小麦籽粒用粉碎机碾碎，准确称取 5g 于 100mL 锥形瓶中，加入 50mL 蒸馏水，振荡提取 30min，10 000r/min 离心 5min，上清液待测。测定步骤分别按照试剂盒公司提供的说明书方法进行，检测方法如下。

1）将试剂盒内试剂及微孔板从 4℃冷藏环境中取出，置于 25℃下回温平衡 30min 以上。

2）用移液枪取标准品或样本 50μL，加入到对应的微孔中，再用移液枪移取 DON 酶标物 50μL，加入到相同的微孔，最后每个孔加入 DON 抗试剂 50μL，轻轻振荡混匀，用盖板膜盖板后置于 25℃避光环境中反应 30min。

3）小心揭开盖板膜，将孔内液体甩干，用洗涤工作液按照 250μL/孔，充分洗涤 4～5 次，每次间隔 10s，用吸水纸拍干（拍干后未被清除的气泡可用未使用过的枪头戳破）。每个孔加入底物液 A 液 50μL，再加入底物液 B 液 50μL，轻轻振荡混匀，用盖板膜盖板后置于室温避光环境反应 20min。

4）每个孔中加入终止液 50μL，轻轻振荡混匀，孔内液体将会变成黄色，设定酶标仪波长于 450nm 处，测定每孔 OD 值。

（4）百分吸光率的计算

标准品或样本的百分吸光率等于标准品或样本的百分吸光度值的平均值（双孔）除以第一个标准（0 标准）的吸光度值，再乘以 100%，即

$$百分吸光率（\%）=\frac{B}{B_0}\times100 \tag{2-7}$$

式中，B 表示标准品或样本溶液的平均吸光度值；B_0 表示 0ng/mL 标准品的平均吸光度值。

（5）ELISA 法标准曲线的绘制

取浓度分别为 0ng/mL、10ng/mL、20ng/mL、45ng/mL、135ng/mL、405ng/mL 的标准品溶液，经 ELISA 法检测，以标准品百分吸光率为纵坐标，以 DON 标准品浓度的半对数为横坐标，绘制标准曲线（图 2-16），R^2=0.9989，线性关系良好。

（四）游离态 DON 的产生规律

采用 HPLC 检测不同温度下接菌培养的小麦籽粒中游离态 DON 的含量，结果如图 2-17 所示，15℃、20℃时游离态 DON 含量均随着培养时间的延长逐渐增加，20℃与 15℃时相比增加缓慢，25℃时游离态 DON 含量先增加，30 天后开始减少，该镰刀菌菌株在小麦籽粒中所产毒素含量变化趋势为：在前 30 天时，25℃时高于 15℃和 20℃，15℃时略高于 20℃时。

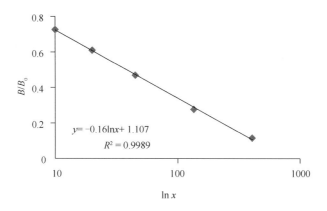

$$y=-0.16\ln x+1.107$$
$$R^2=0.9989$$

图 2-16　ELISA 法检测 DON 的标准曲线

Greenhalgh 等（1983）的研究显示禾谷镰刀菌 DAOM 180378 在 25℃，含水量为 28%、30%、35%、48%的条件下在大米中培养 41 天，游离态 DON 的含量

均先增加后减少；28℃培养禾谷镰刀菌 DAOM 180379，在大米和玉米中产 DON 的量也是随着培养时间的延长先增加后减少。Maria 等（2006）报道将两株禾谷镰刀菌 RC17-2 和 RC22-2 接种至小麦籽粒，在水分活度为 0.995，温度为 15℃、25℃、30℃条件下培养 49 天，游离态 DON 含量均表现出随着培养时间的延长先增加后减少的趋势，与本研究中游离态 DON 的规律一致。

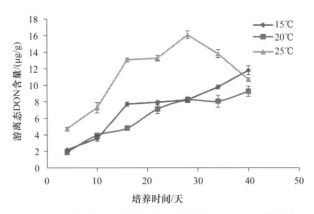

图 2-17　不同温度对禾谷镰刀菌产游离态 DON 的影响

为了在此条件下模拟小麦籽粒内部组织的自然状态，在小麦籽粒接菌前采用紫外线灭菌，未进行高压彻底灭菌，同时大部分禾谷镰刀菌产 DON 量最高的温度为 28～30℃（Greenhalgh et al.，1983；Martins and Martins，2002；Lorens et al.，2004；Hope et al.，2005；Ramirez et al.，2006），本研究湿度、温度等培养条件选择的不是镰刀菌最适宜生长和产毒素的条件，而是使镰刀菌处于较慢的生长状态下，以便更好地观察检测游离态 DON 产生的规律和趋势，因而图 2-17 中 DON 的含量与文献中报道的最高产毒素量相比较低。

（五）结合态 DON 的产生规律

残渣水解后经 ELISA 试剂盒检测，结合态 DON 含量如图 2-18 所示，15℃、20℃、25℃时结合态 DON 含量均随着培养时间的延长逐渐增加，最高含量分别为 129.20ng/g、79.66ng/g、112.13ng/g，可见禾谷镰刀菌 18.7 在小麦籽粒中生长产生游离态 DON 的同时，也会产生不可溶的结合态 DON。

为了更好地分析结合态 DON 的产生变化规律，比较了结合态 DON 与游离态 DON 的比值，如表 2-13 所示，15℃、20℃、25℃时结合态 DON 与游离态 DON 的比值均随着培养时间的延长逐渐增加，15℃时增加最快。有关人工接菌产 DON 的研究显示温度是影响 DON 产量的最主要的因素（Hope et al.，2005），25～30℃ 是产游离态 DON 的较适宜条件，从结合态 DON 与游离态 DON 的含量比值看，15℃更适宜结合态 DON 的产生。

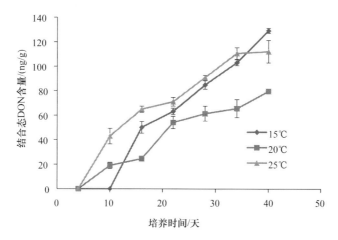

图 2-18　不同温度对禾谷镰刀菌产结合态 DON 的影响

表 2-13　人工培育小麦籽粒中结合态 DON 与游离态 DON 含量的比值

培养时间/天	结合态 DON/游离态 DON/%		
	15℃	20℃	25℃
4	0.00	0.00	0.00
10	0.00	0.48	0.59
16	0.65	0.51	0.50
22	0.80	0.76	0.54
28	1.03	0.75	0.56
34	1.06	0.81	0.80
40	1.09	0.86	1.05

二、自然染病小麦籽粒中 DON 的产生规律和分布

（一）样品的收集

根据 2010 年我国赤霉病发病趋势分析，我国长江下游地区赤霉病偏重流行，其次为长江中游地区及黄河下游地区，以省为单位收集小麦籽粒样品，赤霉病偏重流行区域有安徽、江苏，赤霉病偏轻流行区域以山东为例，每个省以县为采样点，每个区域确定的采样点尽量均匀分布，采样时小麦样品为当地种植面积较大的主栽品种。

采用入户收集的方法，对当年农户家所收获的小麦或种子收购站收购的小麦进行随机采样。于每个农户或收购站收集样品 1 份，每份样品质量不少于 2kg，将样品置于丝网采样袋内，并调查当地小麦种植过程中，特别是扬花期的气候信息。

根据气候及地理条件，安徽省和江苏省属于长江中下游麦区，这一地区处于亚热带季风区，气候温暖湿润，年平均气温 15.2～17.7℃，典型的耕作制度为水稻和小麦轮作；山东省属于黄淮海麦区，比较显著的气候特点是夏季炎热干燥，冬季寒冷，主要种植制度为小麦和玉米轮作（庄巧生，2003）。

（二）自然染病小麦籽粒中游离态 DON 的分布

在安徽省共采集小麦样品 24 份，赤霉病发病率为 100%，样品平均病粒率为 25.7%，最高达 60.3%。24 份样品中，22 份样品检测到 DON，20 份样品 DON 含量超过 1μg/g 的国家最高限量标准（GB 2761—2017），样品 DON 超标率为 83.3%。样品 DON 平均含量为 3.7μg/g，是国家小麦 DON 最高限量标准的 3.7 倍，样品 DON 最高含量为 8.0μg/g，含量结果如图 2-19 所示。

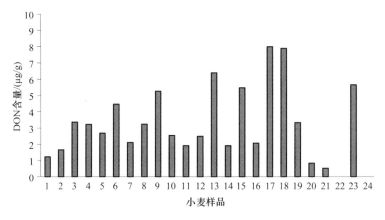

图 2-19　安徽省小麦样品 DON 含量

在江苏省收集小麦样品 36 份，赤霉病发病率为 100%，样品平均病粒率为 11.7%，最高达 32.3%。36 份样品中，32 份样品检测到 DON，19 份样品 DON 含量超过国家最高限量标准，样品 DON 超标率为 52.8%，样品 DON 的平均含量为 2.4μg/g，样品 DON 最高含量为 7.9μg/g，含量结果如图 2-20 所示。

分别以病粒率为横坐标（x），DON 含量为纵坐标（y），将安徽、江苏小麦样品的 DON 含量与病粒率进行线性回归分析，结果如图 2-21，回归方程相关系数 R^2=0.6605，可见小麦籽粒中的 DON 含量与病粒率之间有一定的相关性。

江苏省淮河流域，特别是淮安市，小麦赤霉病发病严重，江苏省南部主要是油菜种植和水产养殖，小麦种植面积较少，因而主要选择江苏省中部和北部进行样品采集。共收集到样品 36 个，所有小麦样品中均有病粒存在，淮安市小麦样品中明显发白、发红的病粒较多，北部由于降水量相对较少，发病较轻，在该区域采集的样品病粒较少。江苏省农业科学院对江苏省部分样品进行检测，结果显示南部南通市等地的小麦样品中毒素含量较低，淮安市及周边地区的小麦样品中毒素含量较高。

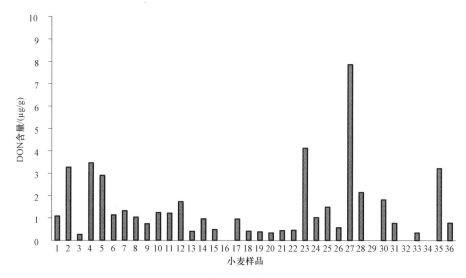

图 2-20 江苏省小麦样品 DON 含量

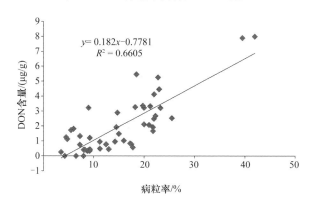

图 2-21 DON 含量与病粒率的相关性

对江苏和安徽的小麦样品中 DON 含量进行统计分析，如表 2-14 所示，所有小麦样品中 DON 的平均检出率达 90%，江苏北部、中部、南部检出率分别为 81.8%、100%、91.7%，安徽东部、中部、西部检出率分别为 100%、100%、50%。阳性样品中 DON 的含量为 0.26～7.99μg/g，平均含量为 2.31μg/g，江苏北部、中部、南部阳性样品中 DON 的平均含量分别为 2.20μg/g、1.51μg/g、1.02μg/g，安徽东部、中部、西部阳性样品中 DON 的平均含量分别为 4.30μg/g、2.53μg/g、3.10μg/g。

表 2-14 安徽和江苏小麦样品中 DON 污染情况统计

地区	样品数量	阳性样品数量	检出率/%	DON 含量 [a]/（μg/g）	平均值 [a]/（μg/g）
江苏北部	11	9	81.8	0.3～7.9	2.20
江苏中部	13	13	100	0.3～3.5	1.51
江苏南部	12	11	91.7	0.3～4.1	1.02
安徽东部	9	9	100	1.9～8.0	4.30
安徽中部	11	11	100	0.8～4.5	2.53
安徽西部	4	2	50.0	0.5～5.7	3.10
总计或平均值	60	55	90	0.26～7.99	2.31

a 阳性样品的 DON 含量

　　小麦赤霉病的发生主要取决于小麦扬花期的阴雨天数及空气湿度，2010 年我国小麦产区，特别是江淮流域的天气条件很适合小麦赤霉病的发生，根据我国气象局的统计，当年我国长江和淮河中下游地区，4 月和 5 月的月平均气温较常年偏低，小麦生育期推迟，扬花期持续时间长，增加了感染的机会，阴雨天气较多，特别是江苏、安徽等省的很多地方出现了 3 天左右的连续降雨，且降水量较常年同期偏多，田间湿度大。

　　江苏中部、安徽东部及中部检出率最高，均达到了 100%，这些地区位于淮河下游；江苏北部和安徽西部检出率低，这两个区域均距离淮河下游较远。江苏北部检出率比中部、南部低，但 DON 平均含量最高，这是因为该地区发病情况不均匀，连云港市灌南县等在小麦扬花期连续 3 天降雨，导致发病严重，DON 含量很高，赣榆县等在扬花期没有降雨，很多小麦并未发病，因而平均检出率相对较低。江苏省与安徽省相比，安徽省样品的毒素含量普遍高于江苏省。

　　在山东省泰安市和济宁市共收集到 9 个小麦籽粒样品，且都是感染赤霉病较严重的样品，通过检测分析山东省部分感染赤霉病的小麦籽粒中 DON 含量概况（图 2-22）。

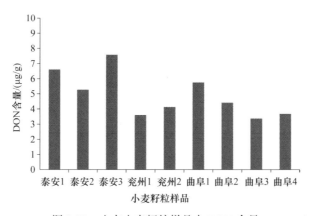

图 2-22 山东小麦籽粒样品中 DON 含量

对不同地区的小麦籽粒样品进行 DON 含量的频度分布分析，结果如表 2-15 所示，阳性样品总计 50 份，其中 DON 含量＜1μg/g 的有 15 份，占到 30%；32% 的样品中 DON 含量在 1～2μg/g；30%的样品 DON 含量在 2～4μg/g；8.0%的样品 DON 含量大于 4μg/g。

（三）自然染病小麦籽粒中结合态 DON 的分布

选择 DON 含量不同的自然感染赤霉病的小麦籽粒样品 25 个，检测游离态 DON、结合态 DON 含量，并计算两者的比值，按照游离态 DON 含量逐渐增加的 顺序排列，如表 2-16、表 2-17 所示，江苏、安徽两省样品中游离态 DON 含量平

表 2-15 小麦籽粒样品中 DON 含量频度分布统计

区域	阳性样品数	频度分布		
		＜1μg/g	1～2μg/g	2～4μg/g
江苏北部	7	4	1	2
江苏中部	13	3	7	3
江苏南部	11	6	4	1
江苏总计	31	13	12	6
安徽东部	9	1	2	5
安徽中部	8	0	2	4
安徽西部	2	1	0	0
安徽总计	19	2	4	9
总计	50	15	16	15

表 2-16 江苏省赤霉病小麦籽粒中 DON 的含量

江苏省样品编号	游离态 DON/(ng/g)	结合态 DON/(ng/g)	结合态 DON/游离态 DON/%
1	260	19.57	7.53
21	330	10.75	3.26
9	380	12.47	3.28
22	410	9.00	2.20
25	480	8.35	1.74
10	740	28.28	3.82
11	950	22.48	2.37
12	960	30.02	3.13
27	1020	20.00	1.96
28	1030	24.94	2.42

江苏省样品编号	游离态 DON/(ng/g)	结合态 DON/(ng/g)	结合态 DON/游离态 DON/%
14	1240	18.76	1.51
16	1320	12.20	0.92
30	1480	22.98	1.55
5	1820	73.45	4.04
18	2900	91.26	3.15
平均	1021.3	26.97	2.86

表 2-17 安徽省赤霉病小麦籽粒中 DON 的含量

安徽省样品编号	游离态 DON/(ng/g)	结合态 DON/(ng/g)	结合态 DON/游离态 DON/%
47	520	58.40	11.23
33	1220	21.06	1.73
41	1920	84.18	4.38
35	2110	98.39	4.66
44	2490	41.69	1.67
45	2540	33.69	1.33
36	2680	39.02	1.46
37	3220	42.62	1.32
39	3360	10.79	0.32
40	4160	19.47	0.47
平均	2422	44.93	2.86

均值分别为 1021.3ng/g 和 2422ng/g，全部平均值为 1581.6ng/g；结合态 DON 的含量为 8.35～98.39ng/g，全部平均含量为 34.15ng/g；结合态 DON 与游离态 DON 的比值为 0.32%～11.23%。

为研究 DON 在小麦籽粒不同部分的分布情况，采用实验磨粉设备对不同地区收集得到的自然感染 DON 的小麦籽粒进行磨粉处理，得到麸皮、面粉（皮粉+心粉）、细麸 3 个部分。分别检测各部分游离态 DON 和结合态 DON 含量，结果（图 2-23）显示麸皮中游离态 DON 和结合态 DON 含量均最高，游离态 DON 和结合态 DON 在各组分中的含量趋势一致，依次为麸皮＞细麸＞面粉。

A、B、C 三种小麦籽粒中 DON 的含量分别为（9.78±0.36）μg/g、（4.21±0.23）μg/g、（2.22±0.16）μg/g，其面粉中 DON 的含量分别为小麦籽粒 DON 含量的 74.95%、

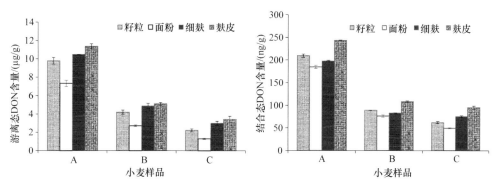

图 2-23　小麦籽粒各组分中游离态 DON 和结合态 DON 的含量

64.37%、58.56%，分别减少 25.05%、35.63%、41.44%，感染程度越严重的小麦（A），籽粒中 DON 含量越高，且各组分之间 DON 含量的差异越小，因而小麦磨粉可有效降低小麦籽粒中的 DON 含量，可得到 DON 含量较低的面粉，减少其毒性，此方法对于污染较轻的小麦中 DON 的去除效果更好。

　　1983 年 Miller 等发现因镰刀菌感染而发生赤霉病的小麦中 DON 的含量会先达到一个最大值（580mg/kg），随后减少（430mg/kg），直至收获，推测这是小麦表现出来的一种对赤霉病的抗性。Berthiller 等（2007）报道了在 1984 年 Young 等研究发现酵母发酵生产的食品中 DON 的含量高于生产该食品所用的被污染的面粉中的含量。近年来普遍认为 DON 会与某些成分结合而形成结合物，在作物生长及谷物加工过程中都可能形成这些结合物或使其降解。植物本身受到外源物质（毒素等）侵害时，会进行自我保护，把非极性的毒素与糖、氨基酸或硫酸盐等结合起来，将其转化为极性更强的代谢产物，储藏在液泡中或结合在器官、组织、细胞器等的生物大分子上（如细胞壁中的组分等），从而产生 DON 的结合物（Berthiller，2009）。由于形成 DON 结合物的代谢途径不同，DON 与植物中不同成分结合形成了性质不同的结合物。

　　比较游离态 DON 和结合态 DON 含量的变化趋势，25℃时游离态 DON 含量 28～40 天减少了 5.42μg/g，而结合态 DON 增加很少，仅为 21.25ng/g，推测除了结合态 DON，游离态 DON 可能与小麦籽粒中某些成分结合形成某些可溶性的结合物，如目前国际上研究较多的隐蔽型 DON：DON-3-葡萄糖苷（deoxynivalenol-3-glucoside，DON-3-G）和 DON-15-葡萄糖苷（deoxynivalenol-15-glucoside，DON-15-G）。Berthiller 等（2005）检测镰刀菌侵染处理过的小麦麦穗，56 个样品中均检测到 DON-葡萄糖苷，其中 DON-3-G 的浓度为 81～455μg/g，另外在自然染病的 2 个玉米和 5 个小麦样品中也检测到 DON-葡萄糖苷。Kostelanska 等（2009）调查了不同品牌的啤酒样品，结果显示样品中普遍存在 DON-3-G，检测到的最高含量为 37ng/mL。Galaverna 等（2009）在市售面粉中检测到微量的 DON，未检出 DON-3-G, 在人工接种镰刀菌的小麦籽粒样品中检测到 DON-3-G, 其含量为 8～2009ng/g, 占游离态 DON 含量的 2%～30%。

因而推测人工接菌培养的小麦籽粒, 在产生不可溶的结合态 DON 的同时, 游离态 DON 可能会与葡萄糖等成分结合生成可溶性的结合物; 禾谷镰刀菌在小麦籽粒中产生 DON 的规律为先产生游离态 DON, 随着培养时间的延长, 游离态 DON 含量不断增加, 之后游离态 DON 会与籽粒中某些成分结合产生结合态 DON。

参 考 文 献

陈飞, 刘阳, 邢福国. 2011. 制粉及面筋加工工艺去除小麦中脱氧雪腐镰刀菌烯醇(DON)的研究. 农产品质量安全与现代农业发展专家论坛论文集: 337-344.

国家粮食局. 2007. 谷物及谷物制品水分的测定: GB-T 21305—2007. 北京: 中国标准出版社: 12.

康振生, 黄丽丽, Buchenauer H, 等. 2004. 禾谷镰刀菌在小麦穗部侵染过程的细胞学研究. 植物病理学报, 34(4): 329-335.

隋凯, 李军, 卫锋. 2006. 多功能柱净化-高效液相色谱法同时检测小麦中雪腐镰刀菌烯醇和脱氧雪腐镰刀菌烯醇. 分析测试学报, 25(3): 56-59.

王文龙. 2008. 小麦籽粒中脱氧雪腐镰刀菌烯醇及镰刀菌菌丝分布研究. 呼和浩特: 内蒙古农业大学硕士学位论文.

赵广才. 2006. 小麦优质高效栽培答疑. 北京: 中国农业出版社: 26-28.

中华人民共和国国家卫生和计划生育委员会. 2016. 食品安全国家标准食品中水分的测定: GB 5009.3—2016. 北京: 中国标准出版社: 1.

中华人民共和国农业部. 2006a. 小麦实验制粉　第1部分: 设备、样品制备和润麦: NY/T 1094.1—2006. 北京: 中国农业出版社: 14.

中华人民共和国农业部. 2006b. 小麦实验制粉　第2部分: 布勒氏法用于硬麦: NY/T 1094.2—2006. 北京: 中国农业出版社: 10.

中华人民共和国卫生部. 2017. 食品安全国家标准　食品中真菌毒素限量: GB 2761—2017. 北京: 中国标准出版社: 3.

庄巧生. 2003. 中国小麦品种改良及谱系分析. 北京: 中国农业出版社.

Berthiller F, Dallasta C, Schuhmacher R. 2005. Masked mycotoxins: determination of a deoxynivalenol glucoside in artificially and naturally contaminated wheat by liquid chromatography-tandem mass spectrometry. Journal of Agricultural and Food Chemistry, 53(9): 3421-3425.

Berthiller F, Schuhmacher R, Adam G, et al. 2009. Formation, determination and significance of masked and other conjugated mycotoxins. Analytical and Bioanalytical Chemistry, 395(5): 1243.

Berthiller F, Sulyok M, Krska R, et al. 2007. Chromatographic methods for the simultaneous determination of mycotoxins and their conjugates in cereals. International Journal of Food

Microbiology, 119(1-2): 33-37.

Galaverna G, Dallasta C, Mangi M. 2009. Masked mycotoxins: an emerging issue for food safety. Czech Journal of Food Sciences, 27: s89-s92.

Greenhalgh R, Neish G A, Miller J D. 1983. Deoxynivalenol, acetyl deoxynivalenol, and zearalenone formation by canadian isolates of *Fusarium graminearum* on solid substrates. Applied and Environmental Microbiology, 46(3): 625-629.

Hope R J, Aldred D, Magan N. 2005. Comparison of environmental profiles for growth and deoxynivalenol production by *Fusarium culmorum* and *F. graminearum* on wheat grain. Letters in Applied Microbiology, 40: 295-300.

Kostelanska M, Hajslova J, Zachariasova M. 2009. Occurrence of deoxynivalenol and its major conjugate, deoxynivalenol-3-glucoside, in beer and some brewing intermediates. Journal of Agricultural and Food Chemistry, 57(8): 3187-3194.

Liu Y. 2004. Interaction of Barley yellow dwarf virus (*Luteoviridae*) and *Fusarium* species on *Fusarium* head blight development in wheat: morphological, physiological and cytological studies. Verlag Grauer Stuttgart: 1-138.

Liu Y, Walker F, Hoeglinger B, et al. 2005. Solvolysis procedures for the determination of bound residues of the mycotoxin deoxynivalenol in *Fusarium* species infected grain of two winter wheat cultivates and pre-infected with *barley yellow dwarf virus*. Journal of Agricultural and Food Chemistry, 53(17): 6864-6869.

Lorens A, Mateo R, Hinojo M J, et al. 2004. Influence of environmental factors on biosynthesis of type B trichothecenes by isolates of *Fusarium* spp. from Spanish crops. International Journal of Food Microbiology, 94(1): 43-54.

Martins M L, Martins H M. 2002. Effect of water activity, temperature and incubation time on the simultaneous production of deoxynivalenol and zearalenone in corn (*Zea mays*) by *Fusarium graminearum*. Food Chemistry, 79(3): 315-318.

Miller J D, Young J C, Trenholm H L. 1983. *Fusarium* toxins in field corn I: parameters associated with fungal growth and production of deoxynivalenol and other mycotoxins. Canadian Journal of Botany, 61: 3080-3087.

Ramirez M L, Chulze S, Magan N. 2006. Temperature and water activity effects on growth and temporal deoxynivalenol production by two Argentinean strains of *Fusarium graminearum* on irradiated wheat grain. International Journal of Food Microbiology, 106(3): 291-296.

Sugita-Konsihi Y, Tanaka T, Tabata S, et al. 2006. Validation of an HPLC analytical method coupled to a multifunctional clean-up column for the determination of deoxynivalenol. Mycopathologia, 161(4): 239-243.

Tran S T, Smith T K. 2011. Determination of optimal conditions for hydrolysis of conjugated deoxynivalenol in corn and wheat with trifluoromethanesulfonic acid. Animal Feed Science and Technology, 163(2-4): 84-92.

Tran S T, Smith T K, Girgis G N. 2012. A survey of free and conjugated deoxynivalenol in the 2008 corn crop in Ontario, Canada. Journal of the Science of Food and Agriculture, 92(1): 37-41.

Vega M, Castillo D. 2006. Determination of deoxynivalenol in wheat by validated GC/ECD method: comparison with HPTLC/FLD. Electronic Journal of Food and Plants Chemistry, 1(1): 16-20.

Walker F, Meier B. 1998. Determination of the *Fusarium mycotoxins* nivalenol, deoxynivalenol, 3-acetyldecxynivalenol and 15-O-acetyl-4-deoxynivalenol in contaminated whole wheat flour by liquid chromatography with diode array detection and gas chromatography with electron capture detection. Journal of AOAC International, 81(4): 741-748.

Zadoks J C, Chang T T, Konzak C F. 1974. A decimal code for the growth stages of careals. Weed Research, 14: 415-421.

Zhou B, Li Y, Gillespie J. 2007. Doehlert matrix design for optimization of the determination of bound deoxynivalenol in barley grain with trifluoroacetic acid (TFA). Journal of Agricultural and Food Chemistry, 55(25): 10141-10149.

第三章 DON污染小麦重力分选原理及重力分选机设计

第一节 重力分选机简介及其在小麦清理中的作用

一、重力分选机简介

重力分选机是目前谷物和种子清理过程中常用的设备之一，主要是利用物料间的相对密度差异，在外形、尺寸相近的种子中将未成熟的、霉变的或者是被虫子咬过的不合格种子及小石子（重杂）等从好的种子中分选出来，因此又被称为密度分选机，被认为是提高种子净度、等级的关键设备（中国农业机械化科学研究院，2007）。

1. 重力分选机的结构特点及分类

重力分选机一般由振动台面、纵横向角度调整机构、振动无级变速机构和供风系统等构成。振动台的筛面可依据分选作物品种的差异选用不同目数和尺寸的网孔；振动无级变速机构用以改变筛面的振动频率；供风系统保障籽粒分选时的流化状态，控制台面各点形成成梯度的风速而使筛面籽粒分层，若是采用多风机系统，台面风量的分布会更合理，噪声也低；台面可调的纵、横向角度能满足分选不同种子的要求。

重力分选机可按气流形式和台面形式两个方面进行分类。按气流方式可分为正压式和负压式，正压式有单台或多台风机，负压式则为供风类型。负压式的种子清选效果理想，但能耗高，噪声大，振动难平衡，操作不便，目前已逐步被淘汰（李毅念等，2005），正压式占据市场主导地位。按台面方式可将重力分选机分为三角形台面、矩形台面及混合台面，其中三角形结构的台面侧重于去除种子中的重杂；矩形结构台面侧重于去除种子中的轻杂，生产效率高，平衡性能好，且有利于风机的布置（图3-1）；混合型台面则性能适中。在大规模加工和谷物种子清选过程中基本使用矩形台面，在小规模生产和以清除重杂为主的小籽粒种子清选中则使用三角形台面（马继光，2001）。

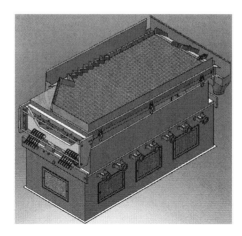

图 3-1　XZ-3.0 型重力分选机三维效果图（彩图请扫封底二维码）

2. 重力分选机的工作原理

从重力分选机的设计制造到实际的广泛应用，大量的理论研究表明不同相对密度物料的运动学特性和空气动力学特性的差异是实现重力分选的关键（汪裕安和吕秋瑾，1983；陈侍良，1985；胡志超等，2007；刘海生，2008）。工作时，物料在入料点均匀、连续地进入工作台面的筛面上，在重力、倾斜筛面的往复振动，以及穿过筛面由下而上的气流的共同作用下，物料按相对密度层化后，相对于台面做复杂的三向流动（纵向环流、横向顺流和偏析流动），其中相对密度大的物料产生正偏析而下沉与筛面接触，在摩擦力作用下逐步向筛面高端移动，相对密度小的物料则浮于最上层而不与振动的台面接触，悬浮着向筛面低端方向移动，中间层为混料区。当物料整体上从喂入端向工作台的卸料端方向流动时，高方向的层化逐渐地被台面的振动作用转化为水平方向的分选，即环流将不同层次的物料沿纵向分离，顺流将各等物料在各横向出料口收集，当筛面稳定时，物料在台面的理想分布是较重的物料集中在高边，较轻的物料集中在低边，中等的物料则位于两者之间，至此完成分选过程（图 3-2）。依据重力分选机的这种工作原理，尺寸相同但相对密度有微小差别的物料可以进行分选，相对密度相同但尺寸不同的物料可按其尺寸进行分级，尺寸与相对密度都不同的物料则不能按相对密度进行有效的分选。

为了满足不同物料的有效分选，重力分选机一般均有 6 个可变调节参数，包括喂入量、台面振动频率、振幅、横向倾角、纵向倾角及空气流量。喂入量决定设备的分选能力；台面振动频率是单位时间内筛面往复运动的次数，决定物料在筛面上的跳动次数和物料的透筛概率；振幅是指筛面振动一次时离开平衡位置的最大距离，决定了抛物的距离；横向倾角是进料端与出料端的斜率，决定物料在

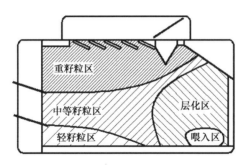

图 3-2　重力分选机工作台面上物料理想分布状态俯视图

台面上的停留时间；纵向倾角是工作台面高边与低边之间的高度差，决定物料在筛面上的流动速率；空气流量在重力分选中不是作为风力中介而是作为重力中介，是一个重要的调整参数，必须控制气流使筛面物料层化。对不同的谷物进行重力分选时，需要根据不同物料的特性进行上述参数的适宜调整（苏迎晨等，1992）。

3. 重力分选机的国内外研究状况

国内外有关重力分选机的研究工作多数集中在其工作原理的分析和性能的提升方面。对于重力分选机工作原理的研究，大多数基于物料在筛面的运动规律和工作参数与分选效果之间的关系。陈侍良（1985）在纯理论上从散粒体的物理学特性、筛体的运动分析及筛面上物料的运动分析 3 个方面对重力分选机的工作原理作了较为详细的阐述。汪裕安和吕秋瑾（1983）通过理论分析和试验验证，获知重力式清选机有效分选的三要素是籽粒沿倾斜筛网振动上滑、合理的风速分布及籽粒成层，并采用正交试验设计法研究了振动筛网的 5 个机械参数对不同谷物分选质量的影响，得到振动频率和风速对分选的质量影响较大的结论。许乃章等（1986）以单颗籽粒为对象，研究及分析了其在筛面上的运动，从而在理论上提出了重力式精选机的有效分选原则，在验证小型重力式精选机主要参数的设计是否合理的基础上提出了重力式精选机主要参数配合设计法。吴守一和方如明（1988）通过对物料在台面上运动规律的试验和分析，得到一些可供研究和设计重力式精选机时的参考概念，如物料在移动过程中，台面低端的千粒重递减，高端则是递增，从而沿出料边呈现自低端向高端物料相对密度递增的有序排列；欲使物料通过振动和气流共同作用，按相对密度及粒径实现上轻下重、上小下大的正偏析，必须以气流作用为主，采用低频和小振幅获得较好的偏析分层效果等。类似的研究结果和结论在同时期内得到了众多研究者较为一致的支持（刘鹏郎等，1983；陈海庆等，1986；赵如芬等，1986；许乃章等，1987；苏迎晨等，1992；魏永立和曲长渝，1996；应卫东和刘文波，1998）。另外有少数工作原理的研究则以重力分选机的模型为出发点，如 Balascio 等（1987a，1987b）提出了颗粒物料在重力分选机台面上的距离移动唯一地由 Markov 过程控制，并通过试验证明 Markov 过程是颗粒在重力分选机台面上运动的适当模型。李毅念（2005）借助计算机模拟技术，利用离散单元法对重力分选机分选小麦籽粒的动态过程进行了数值模拟，模拟结果基本能够表明相对密度存在差异的颗粒物料在网面上分层和分离的过程。

关于重力分选机性能提升方面，目前主要是从结构和生产能力上进行研究。从结构上看，丹麦 Westrup 公司的产品采用三角形台面及单风机的正压式结构，其重杂清理效果较好；美国 Oliver 公司的产品采用三角形或矩形的台面及多联的离心风机，虽然噪声略高但分选效果明显，该公司后期又研发出液压调节装置，操作灵便，较适用于大型设备的操作；奥地利 HEID 公司的产品采用矩形的台面及多联风机的双质点平衡结构，具有较少的无效振动及较低的噪声；Crippen 公司的产品采用矩形的台面及多联前弯曲的多叶片风机，其风机出风口具有一定的角度，噪声小；我国研究人员研制出振动系统采用等惯量反向配置设计，风机系统采用多台离心风机同轴横向组配的重力精选机，以小麦作为原料的性能试验结果表明其各项技术指标明显优于同类产品（胡志超等，2007）。在欧美发达国家，重力式清选机的生产能力为 1～15t/h 不等，如美国 Oliver 公司一直以来不断地进行产品更新和升级，对其产品的生产能力进行标准化与系列化（马继光，2001）。我国也已设计研制出实际生产率达 12.5t/h 的高效重力式精选设备（胡志超等，2010）。

二、重力分选机在小麦清理中的应用

小麦是我国最重要的粮食作物之一，多年以来其产量和消费量一直位居世界第一，对小麦进行质量分级，既是满足市场对小麦质量多元化和多层次的需求，也是保障食品加工安全的基础。在小麦的各种清理中，重力分选机已是不可缺少的设备（李毅念和王俊，2010），既可以在加工线中配套使用，如在麦路中与风选机、粒筛选机等串联（于德水和葛志勇，1990；李树高，2008；温纪平等，2010），也可用于单机作业，如用于小麦种子的精选（田鸿，2008；薛志成，2009）。重力分选机在小麦的清理中主要用于清除瘪粒、不饱满籽粒等，以提高种子的发芽率等（Khan and Keith，2005；Moshatati and Gharineh，2012）。Tkachuk 等（1990）发现 5 个品种的加拿大红麦经重力机分选后，所得到的最重部分的麦粒颗粒大，具有最佳的磨粉特性、面团特征和焙烤性能。相较于清选机和粒径分级机，运用重力分选机能更高程度地提高小麦种子的质量，经重力分选机清除 1.72%的瘪麦后，麦粒的净度、容重、发芽率和种子活力分别增加 0.39%、9.83、9.0%和 15%（Lohan et al.，2012）。与未经重力分选的样品相比，经重力分选后，从接料斗重质到轻质的容重和发芽率依次减小（李毅念等，2005）。利用重力分选机分选出收获期受雨害的小麦中的萌动籽粒可以改善原样的品质，且建立了重力分选萌动小麦的模型，并分析了不同萌动时间小麦籽粒的分选效果（卢大新，2001；李毅念等，2006a，2006b）。

被 DON 污染的小麦往往颗粒不饱满，与正常麦粒的千粒重存在差异（Atanassov et al.，1994；Jackson and Bullerman，1999），可利用重力分选技术来将其清除（Hazel and Patel，2004；Jouany，2007）。DON 污染严重的小麦经重力分选后毒素水平显著降低，如 DON 含量为 7.1mg/kg 的加拿大硬质红麦经重力分选后，所得净麦 DON 含量降低至 4.6mg/kg，杂质中 DON 含量高达 16.7mg/kg，软质小麦经重力分选结合风筛选后 DON 含量可降低 16%（Scott et al.，1983；Abbas et al.，1985；Scudamore，2008）。Tkachuk 等（1991）利用重力分选机将 DON 污染的小麦分为了 5 个等级，最重一级的毒素含量在 1.0mg/kg 以下。陈飞（2012）调查了工业化小麦清理过程中 DON 的变化，发现重力分级过程能较高程度地去除 DON 含量较高的轻质小麦。这些研究结果阐明了重力分选清除小麦中 DON 污染籽粒的可行性，但真正将重力分选技术应用到 DON 污染小麦处理的实践还较少，仅仅是基于现有技术的简单使用，缺乏对 DON 污染小麦分选影响因素的研究，因此有必要借鉴现有的成果和技术，研制更高效的分选设备，确保用于加工的小麦的安全性。

第二节　DON 污染小麦重力分选原理

一、小麦 DON 含量与千粒重的相关性

受镰刀菌及 DON 的影响，被其污染的小麦籽粒外观皱缩，相对密度较正常籽粒小，通过对来自安徽省蚌埠市及周边县市自然污染 DON 小麦样品的分析，研究了其 DON 含量与千粒重之间的相关性。图 3-3 为在蚌埠市及其周边部分地区采集的包括烟农 19、济麦 22、许农 5 号等 9 个品种在内的 22 份小麦样品中 DON 含量结果，DON 的检出率为 100%，最高含量达到 30.11mg/kg，最低含量为 0.42mg/kg，平均含量为 3.43mg/kg，是国家最高限量标准的 3.43 倍，超标率为 72.7%。据调查，2012 年在沿淮及淮北小麦开始扬花的主要时期（4 月 25 日至 5 月 8 日），该地区先连续高温后又多雨，这种干干湿湿的气候条件极有利于镰刀菌子囊孢子的释放、侵染和萌发，从而导致小麦赤霉病大规模暴发，大部分小麦品种的自然病穗率在 20% 以上，比 2010 年赤霉病影响范围更广、危害更大（戴四基，2013），因此该批检测小麦受 DON 污染严重。小麦赤霉病的发生与 DON 污染程度的相关性在已有的研究结果中具有较高程度的一致性（Miller et al.，1983；谢茂昌和王明祖，1999）。

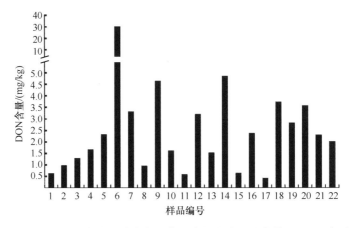

图 3-3   2012 年安徽省蚌埠市及其周边部分地区小麦样品 DON 含量

烟农 19 为该地区的主栽小麦品种，所检测的同一种植地区 7 份该品种样品的 DON 含量与其千粒重的关系表明两者之间呈显著的负相关（$R^2=0.9998$）（图 3-4），验证了赤霉病或 DON 污染会导致小麦千粒重的下降（杨敦科和刘兴昌，1991），也为利用重力分选技术进行毒素污染籽粒的清理奠定了理论依据。

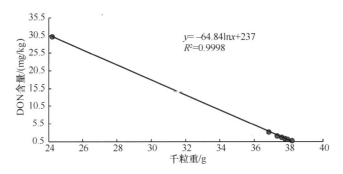

图 3-4   小麦烟农 19 的 DON 含量与其千粒重的相关性

二、不同 DON 含量小麦重力分选的作用

1. 重力分选用 DON 污染小麦毒素含量及其千粒重

7 份烟农 19 小麦原料经过风筛选初步清除尘土、秕壳、颖壳、麦芒及秸秆等杂物后，选定 4 个 DON 超标的样品进行重力分选试验。对于 DON 含量超标的小麦，原则上是不允许进入食物链，只有经过清理后毒素能降低至国家限量标准以下的原料才有清理的必要性，为了考察重力分选技术对 DON 污染小麦的清理效果及机械参数影响因素，选定的 4 个重力分选用小麦的 DON 含量为 1.5～3.0mg/kg，且从低至高每相邻两个样品之间的含量差异较相近，所对应的千粒重

呈明显下降趋势（图 3-5）。

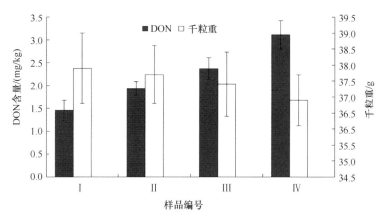

图 3-5　重力分选用 DON 污染小麦烟农 19 DON 含量与千粒重

选用 DON 含量为（1.46±0.22）mg/kg 的小麦，小麦加工量生产能力为 200kg/h 的重力分选机（其台面为三角形，共有 5 个出料口，沿纵向从高端到低端依次定为 1 口到 5 口，分选后从 1 口到 5 口所得小麦的相对密度理论上是依次减小），在进料量 4kg/min 的设置下，分析 5 个机械参数（筛面振动频率、筛面风速、筛面横向倾角、筛面纵向倾角和筛面振幅）对 DON 污染小麦的分选效果。

2. 筛面不同振动频率对分选效果的影响

在筛面振幅 9mm、风速 2.8m/s、筛面角 1.8°、振动角 3.6° 的设置条件下，计算了筛面不同振动频率下 5 个接料斗中小麦的获选率和千粒重，结果见表 3-1。

表 3-1　不同振动频率下 5 个接料斗中小麦获选率及其千粒重

	振动频率/（r/min）	5°（轻质）	4°	3°	2°	1°（重质）
获选率/%	300	52.3±0.6a	30.5±0.2c	12.4±0.4d	4.4±0.1e	0.4±0.1e
	350	50.3±0.5b	30.1±0.1d	13.0±0.3d	5.5±0.1d	1.1±0.1d
	400	41.2±0.6c	32.3±0.1b	16.8±0.2c	7.7±0.3c	2.0±0.1c
	450	21.1±0.4d	33.1±0.2a	25.5±0.3b	15.6±0.2b	4.7±0.1b
	500	7.3±0.3e	26.6±0.2e	29.8±0.2a	26.3±0.1a	10.0±0.0a
千粒重/g	300	36.8±0.2a	38.0±0.3a	39.6±0.4a	40.5±0.1ab	43.4±0.5a
	350	36.1±0.2a	37.5±0.4ab	38.9±0.1ab	40.5±0.5ab	43.0±0.1ab
	400	34.4±0.4b	37.2±0.2b	38.2±0.1ab	41.1±1.0a	42.5±0.1bc
	450	31.8±0.7c	36.1±0.1c	37.8±0.1b	39.2±0.4b	42.2±0.2c
	500	31.6±0.0c	34.4±0.1d	37.6±1.6b	39.0±0.9b	42.1±0.1c

注：同一列中不同小写字母表示同一出料口在不同振动频率下小麦获选率之间、获选小麦千粒重之间在 0.05 水平上具有显著性差异

在同一振动频率下，从轻质出料口到重质出料口所获得的小麦的千粒重依次

增加，验证了重力分选机基于相对密度差异的分选原理。在所设定的 5 个振动频率下，轻质出料口的获选率随振动频率的加大而降低，重质出料口的获选率则随振动频率的加大而升高；当筛面振动频率低于 300r/min 时，麦粒与筛面相对运动弱，50% 以上的麦粒从轻质出料口落出，较难达到分选的目的。轻质出料口获选麦粒的千粒重随振动频率的加大呈现降低趋势，说明在选定的 5 个振动频率中，频率越大越能满足分选的要求。

小麦经重力分选后的理想结果是其被分为三部分：第一部分是高 DON 污染籽粒，为废弃物；第二部分是 DON 污染籽粒与正常麦粒的混料，需进行二次或多次的再分选；第三部分是 DON 含量在国家限量标准以下的籽粒，用于后续加工。基于此，将第 5 接料斗收集的麦粒归位高 DON 污染籽粒，第 4 接料斗收集的归位混料，剩余 3 个接料斗所收集的为正常麦粒。在进行重力分选时，既要考虑高效去除 DON 污染小麦中的高毒素含量籽粒，又要考虑分选的经济性，即三部分小麦的获选率，为此测定了所得三部分小麦籽粒的 DON 含量，并结合各自的获选率分析重力分选效果。

在其他 4 个机械参数一定时，图 3-6 显示，筛面振动频率从 300r/min 增加至 500r/min，小麦经分选后获得的 DON 污染籽粒的获选率逐渐降低，获得的混料的获选率先增加后降低，但其 DON 含量则均呈上升趋势，且都高于我国最高限量标准（1.0mg/kg）。所获得的正常麦粒的获选率及其 DON 含量均随振动频率的加大而升高，其 DON 含量最高值在振动频率为 500r/min 处，为 0.21mg/kg，在我国最高限量标准（1.0mg/kg）以下。小麦经重力分选后所获得的三部分小麦的获选率与 DON 含量的整体相反变化趋势说明，较大的振动频率适于将 DON 污染籽粒从正常小麦中分选出来，筛面振动频率越大，底层正常麦粒与筛面相对运动越强，因此在较大的振动

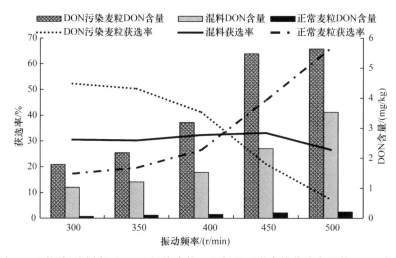

图 3-6　不同振动频率下 DON 污染麦粒、混料及正常麦粒获选率及其 DON 含量

频率时，底层正常麦粒向高端出料口的位移大，与 DON 污染籽粒分开的间距大，分选效果明显。在考察其他机械参数的设置时，筛面的振动频率选定 500r/min。

3. 筛面不同风速对分选效果的影响

在筛面振幅 9mm、振动频率 500r/min、横向倾角 1.8°、纵向倾角 3.6°的设置条件下，计算了筛面不同风速下 5 个接料斗中小麦的获选率和千粒重，结果见表 3-2。

表 3-2　不同风速下 5 个接料斗中小麦获选率及其千粒重

	风速/（m/s）	5°（轻质）	4°	3°	2°	1°（重质）
获选率/%	1.2	14.8±0.0a	28.4±0.3a	25.4±0.5c	21.8±0.0b	9.6±0.2c
	2.0	8.3±1.7b	26.9±1.0ab	28.4±0.5b	25.7±1.4a	10.6±0.7bc
	2.8	7.3±0.3b	26.6±0.2b	29.8±0.2a	26.3±0.1a	10.0±0.0c
	3.2	6.8±1.1b	24.2±0.7cd	30.3±0.1a	27.3±0.2a	11.3±0.1ab
	4.0	8.0±1.0b	23.0±1.2d	30.2±0.4a	26.8±1.0a	12.0±0.8a
	4.8	8.9±0.2b	24.8±0.1c	29.5±0.2a	25.6±0.2a	11.2±0.2ab
千粒重/g	1.2	34.9±0.9a	36.7±0.2a	36.1±0.0a	36.4±0.5d	40.8±0.4b
	2.0	31.1±0.9b	35.3±1.1b	36.5±1.0a	40.7±0.1ab	41.3±0.9ab
	2.8	31.6±0.0b	34.4±0.1b	37.6±1.6a	39±0.9c	42.1±0.1ab
	3.2	32.4±0.5b	35±0.3b	36.9±1.3a	41.2±0.3a	42.4±0.8a
	4.0	35.3±0.4a	35.0±0.0b	35.9±0.7a	36.3±0.9d	40.1±0.3c
	4.8	34.2±0.5a	35.5±0.6ab	36.6±1.4a	39.6±0.6bc	40.4±0.6c

注：同一列中不同小写字母表示同一出料口在不同风速下小麦获选率之间、获选小麦千粒重之间在 0.05 水平上具有显著性差异

在所设定的 6 个风速下，轻质出料口的获选率随风速的加大呈现先降后升的趋势：风速从 1.2m/s 升至 2.0m/s 再升至 3.2m/s 时，随着风速的加大，筛面上较重的麦粒受到的推力越大，有利于向重质出料口端集结；风速从 3.2m/s 升至 4.0m/s 再升至 4.8m/s 时，过大的风力使得较重的麦粒漂离筛面，未能在筛面的摩擦力和后续麦粒的推动下向重质出料口端集结。轻质出料口获选麦粒的千粒重随着风速加大，变化的趋势同样表现出先降后升，说明过低或过高的风速均较难将不饱满麦粒分选出来。

在其他 4 个机械参数一定时，分选后获得的 DON 污染籽粒与混料的获选率随筛面风速的加大分别先降低后升高，而所获得的饱满籽粒的获选率与此相反，表现为先升后降（图 3-7）。分选后获得的 DON 污染籽粒与混料的 DON 含量在风速 4.0m/s 以内变化趋势一致，均为先升后降，当风速高于 4.0m/s 时，获得的混料的 DON 含量继续降低，而获得的 DON 污染籽粒的 DON 含量则呈现升高趋势。分选获得的饱满籽粒的 DON 含量随风速的增加表现为先降低后升高而后又降低。

当风速从 1.2m/s 升至 3.2m/s 时，随着风速的加大，筛面上较重的饱满籽粒受到的推力加大，有利于其与 DON 污染籽粒的分开；当风速从 3.2m/s 升至 4.8m/s 时，过大的风力使得较重的饱满籽粒漂离筛面，不利于其与 DON 污染籽粒的分开。

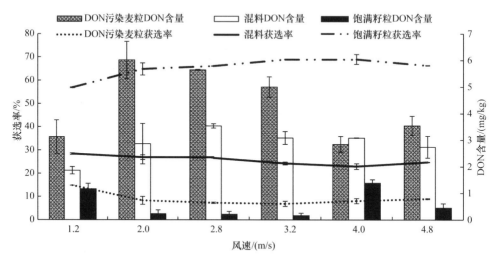

图 3-7　不同风速下 DON 污染麦粒、混料及饱满籽粒获选率及其 DON 含量

4. 筛面不同横向倾角对分选效果的影响

在筛面振幅 9mm、振动频率 500r/min、风速 2.0m/s、纵向倾角 3.6°的设置条件下，计算了筛面不同横向倾角下 5 个接料斗中小麦的获选率和千粒重，结果见表 3-3。

表 3-3　不同横向倾角下 5 个接料斗中小麦获选率及其千粒重

	横向倾角/（°）	5°（轻质）	4°	3°	2°	1°（重质）
获选率/%	0	3.3±0.2e	19.5±0.3e	29.9±0.0a	33.6±0.2a	13.7±0.3a
	1.8	7.3±0.3d	26.6±0.2d	29.8±0.2a	26.3±0.1b	10.0±0.0b
	2.7	9.9±0.1c	29.9±0.0c	30.2±0.3a	21.8±0.1c	8.2±0.1c
	3.6	14.2±0.9b	33.8±0.1b	28.9±0.4b	17.3±0.2d	5.9±0.2d
	5.4	20.0±0.6a	39.6±0.2a	26.7±0.3c	11.7±0.1e	2.0±0.1e
千粒重/g	0	25.8±0.1d	32.1±1.3d	35.9±1.6a	38.0±0.3a	40.6±0.5c
	1.8	31.6±0.0c	34.4±0.1bc	37.6±1.6a	39.0±0.9a	42.1±0.1a
	2.7	30.5±0.5c	34.2±0.3c	36.6±0.1a	39.4±0.6a	41.6±0.1ab
	3.6	33.4±0.8b	36.2±0.8ab	36.9±0.1a	38.4±0.6a	40.2±0.6c
	5.4	35.2±0.8a	36.6±0.4a	37.5±0.5a	39.0±0.5a	41.0±0.3bc

注：同一列中不同小写字母表示同一出料口在不同横向倾角下小麦获选率之间、获选小麦千粒重之间在 0.05 水平上具有显著性差异

在设定的 5 个横向倾角下，轻质出料口端麦粒的获选率和获选麦粒的千粒重均随横向倾角的增大而增加：横向倾角越大，麦粒受自身重力的影响越大，越倾向于横向运动，向重质出料口端的纵向位移越短。

横向倾角的变化对小麦分选后获得的三部分麦粒的获选率及其 DON 含量的影响见图3-8，横向倾角较大时，分选后获得的 DON 污染籽粒和混料的获选率较高，而其 DON 含量较低，在 5.4°时最低，分别为 2.93mg/kg 和 1.97mg/kg，均高于我国最高限量标准（1.0mg/kg）。分选后所获得的饱满籽粒的获选率随横向倾角的增大而降低，其 DON 含量则先降后升而后再降，其最大值是在横向倾角为 0°时的 0.91mg/kg，在我国最高限量标准（1.0mg/kg）以下。横向倾角越大，饱满籽粒受自身重力的影响越大，越倾向于与 DON 污染籽粒做相似的横向运动，从低端第 1 出料口落出，DON 污染籽粒分选较难。

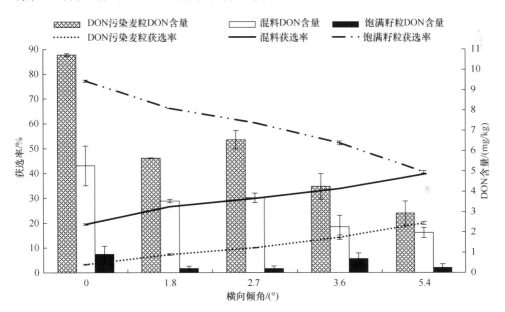

图3-8　不同横向倾角下DON污染麦粒、混料及饱满籽粒获选率及其DON含量

5. 筛面不同纵向倾角对分选效果的影响

在筛面振幅9mm、振动频率500r/min、风速 2.0m/s、横向倾角 1.8°的设置条件下，计算了筛面不同纵向倾角下 5 个接料斗中小麦的获选率和千粒重，结果见表3-4。

在设定的 5 个纵向倾角下，轻质出料口端麦粒的获选率和获选麦粒的千粒重均随纵向倾角的增大而增加：纵向倾角越大，麦粒向重质出料口移动时受到的阻力越大，纵向位移越短，在自身重力的影响下倾向于横向运动。

表 3-4　不同纵向倾角下 5 个接料斗中小麦获选率及其千粒重

纵向倾角/（°）		5°（轻质）	4°	3°	2°	1°（重质）
获选率/%	1.5	0.0±0.0c	11.1±0.0c	25.1±2.2bc	39.1±0.4a	24.7±1.8a
	2.9	2.4±1.7d	19.2±1.6d	29.5±0.4a	32.9±1.8b	16.1±1.0b
	3.6	7.3±0.3c	26.6±0.2c	29.8±0.2a	26.3±0.1c	10.0±0.0c
	4.3	17.0±0.0b	32.1±0.0b	27.5±0.2ab	17.9±0.2d	5.5±0.0d
	5.0	25.1±0.2a	34.4±0.1a	24.8±0.0c	12.5±0.1e	3.3±0.0d
千粒重/g	1.5	0.0±0.0d	32.3±0.4c	34.5±0.7b	36.9±0.9b	40±0.2c
	2.9	29.0±0.7c	32.5±0.7c	35.1±0.5b	36.3±0.9b	40.2±0.3c
	3.6	31.6±0.0b	34.4±0.1b	37.6±1.6a	39.0±0.9a	42.1±0.1b
	4.3	31.4±0.6b	37.0±0.9a	37.6±0.3a	39.3±0.6a	40.1±0.4c
	5.0	33.1±0.2a	37.8±0.4a	39.4±0.3a	41.1±0.8a	43.6±0.6a

注：同一列中不同小写字母表示同一出料口在不同纵向倾角下小麦获选率之间、获选小麦千粒重之间在 0.05 水平上具有显著性差异

　　纵向倾角的变化对小麦分选后获得的三部分麦粒的获选率及其 DON 含量的影响规律与横向倾角的影响规律较相似，图 3-9 显示，纵向倾角越大，饱满籽粒向高端运动受到的阻力越大，受自身重力的影响落入轻质段第 1 出料口，与 DON 污染籽粒重新混合，不利于分选出 DON 污染籽粒。

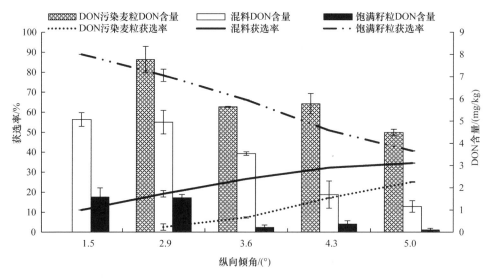

图 3-9　不同纵向倾角下 DON 污染麦粒、混料及饱满籽粒获选率及其 DON 含量

6. 筛面不同振幅对分选效果的影响

在筛面振动频率 500r/min、风速 2.0m/s、横向倾角 1.8°、纵向倾角 3.6°设置条

件下，计算了筛面不同振幅下 5 个接料斗中小麦的获选率和千粒重，结果见表 3-5。

表 3-5　不同振幅下 5 个接料斗中小麦获选率及其千粒重

	振幅/mm	5°（轻质）	4°	3°	2°	1°（重质）
获选率/%	3	53.6±0.8a	31.8±0.2c	11.3±0.4d	3.3±0.2e	0.0±0.0e
	5	40.9±0.2b	34.2±0.1a	16.5±0.0c	7.1±0.2d	1.3±0.0d
	7	19.7±0.7c	32.8±0.2b	26.0±0.4b	16.8±0.4c	4.7±0.2c
	9	7.3±0.3d	26.6±0.2d	29.8±0.2a	26.3±0.1b	10.0±0.0b
	11	3.2±0.1e	20.1±0.2e	30.1±0.0a	32.0±0.2a	14.5±0.1a
千粒重/g	3	37.1±0.2a	37.9±0.4a	37.9±1.0a	40.1±0.6a	0.0±0.0a
	5	36.1±1.0a	37.6±0.1a	37.8±0.6a	40.3±0.2a	43.6±.6a
	7	32.4±1.3b	36.2±0.5ab	37.2±1.4a	39.1±0.2ab	40.1±0.2a
	9	31.6±0.0b	34.4±0.1bc	37.6±1.6a	39.0±0.9ab	42.1±0.1a
	11	31.1±0.2b	32.8±1.5c	36.9±1.6a	38.4±0.5b	40.2±0.3a

注：同一列中不同小写字母表示同一出料口在不同振幅下小麦获选率之间、获选小麦千粒重之间在 0.05 水平上具有显著性差异

　　在设定的 5 个振幅下，轻质出料口端麦粒的获选率和获选麦粒的千粒重均随振幅的增大呈现降低的趋势：振幅越大，紧贴筛面的麦粒在一次振动下离开原先位置的距离越大，在相同的时间内向重质出料口端的位移越大。

　　不同振幅下小麦分选后获得的 DON 污染籽粒的获选率及其 DON 含量、获得的饱满籽粒的获选率及获得的混料的 DON 含量的变化趋势与不同振动频率的变化趋势一致（图 3-10）。随着振幅的增加，分选获得的混料的获选率先略微升高后

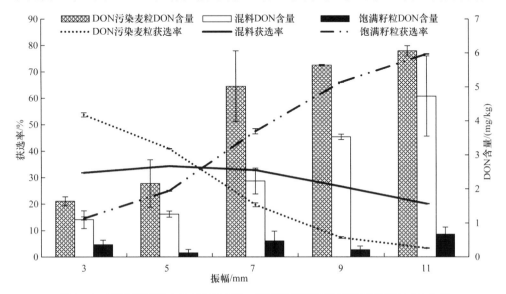

图 3-10　不同振幅下 DON 污染麦粒、混料及饱满籽粒获选率及其 DON 含量

逐渐降低，而获得的饱满籽粒的 DON 含量变化复杂，在振幅为 11mm 时的最大值 0.67mg/kg 仍低于我国最高限量标准（1.0mg/kg）。振幅越大，底层饱满籽粒在一次振动时离开原先位置的距离越大，因此在较大的振动振幅时，底层饱满籽粒与 DON 污染籽粒分开的间距大，分选效果明显。

7. 正交旋转组合试验分选效果

利用重力分选技术对 DON 污染籽粒进行分选的最终目标是将其中的 DON 污染籽粒尽可能地选别出来，因此在单因素的基础上，以能获得的毒素污染籽粒为考察目标，按 5 因素 5 水平，采用 SAS 软件设计正交旋转组合，因素水平编码见表 3-6。DON 含量为 1.46mg/kg 的小麦烟农 19 经不同机械参数组合进行重力分选后获得的 DON 污染籽粒的获选率及其对应的 DON 含量结果见表 3-7。

表 3-6　正交旋转试验设计

因素	编码水平				
	−2	−1	0	1	2
振动频率（X_1）/（r/min）	400	425	450	475	500
风速（X_2）/（m/s）	2.0	2.8	3.2	4.0	4.8
振幅（X_3）/mm	3	5	7	9	11
横向倾角（X_4）/（°）	0	0.9	1.8	2.7	3.6
纵向倾角（X_5）/（°）	1.5	2.2	2.9	3.6	4.3

表 3-7　正交旋转试验结果

No.	X_1	X_2	X_3	X_4	X_5	DON 污染籽粒	
						获选率/%	DON 含量/（mg/kg）
1	1	1	1	1	1	10.5	3.29
2	1	1	1	−1	−1	0.0	0.00
3	1	1	−1	1	−1	24.6	2.09
4	1	1	−1	−1	1	30.9	2.64
5	1	−1	1	1	−1	0.0	0.00
6	1	−1	1	−1	1	8.3	8.05
7	1	−1	−1	1	1	49.4	2.43
8	1	−1	−1	−1	1	25.2	3.21
9	−1	1	1	1	−1	5.7	4.32
10	−1	1	1	−1	1	15.2	5.16
11	−1	1	−1	1	1	53.8	1.75
12	−1	1	−1	−1	−1	31.5	2.23
13	−1	−1	1	1	1	32.7	2.02
14	−1	−1	1	−1	−1	14.8	4.17

续表

No.	X_1	X_2	X_3	X_4	X_5	DON污染籽粒	
						获选率/%	DON含量/（mg/kg）
15	−1	−1	−1	1	−1	44.5	2.36
16	−1	−1	−1	−1	1	55.1	2.36
17	2	0	0	0	0	9.4	5.24
18	−2	0	0	0	0	39.4	2.50
19	0	2	0	0	0	15.3	3.65
20	0	−2	0	0	0	28.0	2.72
21	0	0	2	0	0	5.7	6.85
22	0	0	−2	0	0	48.6	2.23
23	0	0	0	2	0	28.2	2.72
24	0	0	0	−2	0	15.3	4.85
25	0	0	0	0	2	39.6	3.87
26	0	0	0	0	−2	6.6	5.48
27	0	0	0	0	0	21.6	3.72
28	0	0	0	0	0	21.8	3.87
29	0	0	0	0	0	21.6	3.65
30	0	0	0	0	0	20.6	4.17
31	0	0	0	0	0	21.1	4.62
32	0	0	0	0	0	21.3	4.85
33	0	0	0	0	0	22.5	3.07
34	0	0	0	0	0	22.3	3.58
35	0	0	0	0	0	21.0	3.95
36	0	0	0	0	0	20.9	2.43

　　DON污染籽粒经重力分选后，期望DON污染籽粒最大限度地从轻质端第1出料口选出，而为了保证重力分选的经济性，该口的获选率要尽可能低，而当饲料中含10%病粒时动物就会出现中毒现象，即待分选小麦的DON污染籽粒的含量应低于10%，因此对其获选率目标值定为小于10%，权重系数为0.6，DON含量目标值最大，权重系数为0.4，在优化过程中运用隶属度的综合评分法（张黎骅等，2011）和权重赋予法进行加权求和得到各处理的综合评分（表3-8）。以综合评分为判定指标建立回归方程，表3-9数据显示，综合评分受重力分选机振动频率、风速、振幅和纵向倾角的影响极显著（$P<0.01$），横向倾角、二次项及交互项影响不显著（$P>0.05$），在$P=0.05$显著水平剔除不显著项后，简化后的回归方程为 $Y=0.4275-0.0688X_1-0.0404X_2-0.1067X_3+0.0923X_5$，式中 Y 为分选后获得的DON污染籽粒的获选率与其毒素含量的综合评分；X_1、X_2、X_3 和 X_5 分别为振动

频率、风速、振幅和纵向倾角的编码。

表 3-8 指标综合评分

No.	获选率隶属度	DON 含量隶属度	综合分	No.	获选率隶属度	DON 含量隶属度	综合分
1	0.1906	0.4087	0.7173	19	0.2777	0.4534	0.3627
2	0.0000	0.0000	0.6018	20	0.5082	0.3379	0.4401
3	0.4465	0.2596	0.3684	21	0.1034	0.8509	0.3480
4	0.5608	0.3280	0.4565	22	0.8820	0.2770	0.6400
5	0.0000	0.0000	0.4538	23	0.5118	0.3379	0.4024
6	0.1506	1.0000	0.6728	24	0.2777	0.6025	0.4076
7	0.8966	0.3019	0.4219	25	0.7187	0.4807	0.4422
8	0.4574	0.3988	0.2767	26	0.1198	0.6807	0.3442
9	0.1034	0.5366	0.4339	27	0.3920	0.4621	0.6235
10	0.2759	0.6410	0.6587	28	0.3956	0.4807	0.4201
11	0.9764	0.2174	0.4904	29	0.3920	0.4534	0.4297
12	0.5717	0.2770	0.0000	30	0.3739	0.5180	0.4166
13	0.5935	0.2509	0.4677	31	0.3829	0.5739	0.4315
14	0.2686	0.5180	0.3717	32	0.3866	0.6025	0.4593
15	0.8076	0.2932	0.0000	33	0.4083	0.3814	0.4729
16	1.0000	0.2932	0.2778	34	0.4047	0.4447	0.3976
17	0.1706	0.6509	0.5533	35	0.3811	0.4907	0.4207
18	0.7151	0.3106	0.7173	36	0.3793	0.3019	0.4249

表 3-9 多项回归方程系数

系数对应的考察指标	系数	系数对应的考察指标	系数
X_1	0.0688***	X_2*X_4	0.0343
X_2	−0.0404***	X_2*X_5	−0.0113
X_3	−0.1067***	X_3*X_3	0.0167
X_4	0.0013	X_3*X_4	−0.0314
X_5	0.0923***	X_3*X_5	0.0216
X_1*X_1	0.0009	X_4*X_4	−0.0073
X_1*X_2	−0.0092	X_4*X_5	−0.0016
X_1*X_3	−0.0151	X_5*X_5	0.0074
X_1*X_4	−0.0081	F	8.5446
X_1*X_5	0.0326	R^2	0.9588
X_2*X_2	−0.0150	P	<0.0001
X_2*X_3	0.0067		

注：表中 X_1、X_2、X_3、X_4 和 X_5 分别为振动频率、风速、振幅、横向倾角和纵向倾角编码；X_1*X_2 表示 X_1 与 X_2 编码的机械参数之间的交互作用，表中其余类同。

***显著水平 $P<0.01$

根据单因素实验，在 DON 污染籽粒获选率低于 10%而 DON 含量最大的机械参数取值范围内，振动频率、风速、振幅和纵向倾角的编码水平分别为 0.781、0.675、1.246 和 1.589，对应的实际值分别为振动频率 470r/min、风速 2.9m/s、振幅 7mm、纵向倾角 4.0°，横向倾角取 0.7°，按上述机械参数进行实际分选，获得占总分选小麦 8%、DON 含量为 8.14mg/kg 的 DON 污染麦粒，混料和正常麦粒混合后的 DON 含量为 0.84mg/kg，低于我国最高限量标准（1.0mg/kg），可安全用于后续的加工。

8. 不同 DON 含量小麦重力分选的作用

按照上述方法，对 DON 含量分别为（1.94±0.15）mg/kg、（2.37±0.24）mg/kg 和（3.11±0.31）mg/kg 的小麦进行重力分选，各自的优化机械参数组合、分选后获得的 DON 污染麦粒的获选率及其对应的毒素含量见表 3-10。

表 3-10　不同 DON 含量小麦重力分选优化机械参数组合及分选效果

分选前小麦 DON 含量/ (mg/kg)	重力分选机优化机械参数组合						DON 污染籽粒		混料和正常麦粒	
	进料量/ (kg/min)	振动频率/ (r/min)	风速/ (m/s)	振幅 /mm	横向倾 角/ (°)	纵向倾 角/ (°)	获选率/%	DON 含量/ (mg/kg)	获选率/%	DON 含量/ (mg/kg)
1.94	4	450	2.6	7	0.5	3.5	10	11.23	90	0.86
2.37	4	425	2.3	7	0.3	3.1	9	14.62	91	0.88
3.11	4	400	2.0	7	0.3	2.7	12	17.41	88	0.93

为了使获得的重质麦粒的 DON 含量低于我国限量标准，在利用重力分选机分选 DON 污染程度不同的小麦时，随着污染程度的升高，在相同的进料速率下，筛面的振动频率和风速的取值呈减小趋势，这是因为 DON 污染程度越高的小麦，其千粒重相对越低，因而所需的驱动力相应降低；筛面横向倾角和纵向倾角也呈降低趋势，毒素污染程度越高的小麦，其中的赤霉病病粒越多，随着所需驱动力的下降，筛面角也应适当降低；筛面振幅的选择一般是由被筛物料的粒度和性质决定，且太大的振幅对机器或设备的破坏性较大，因此应根据实际选择一个适中值。

第三节　DON 污染小麦重力分选机的研制

小麦清理过程中所使用的重力分选设备属于通用型，在分选过程中上层毒素污染籽粒往往以发射状的运动方式从工作台筛面下料处向出料边移动，需多次反复调整筛面振幅、振动频率、筛面倾角及风速等机械参数来寻找分选效果明显的参数设置，过程较烦琐，且效果并不理想，污染籽粒总以一定的面积分布在筛面低端。振动筛是重力分选机的核心部件，基于重力分选的基础原理，对其进行改进设计，使被分选的 DON 污染小麦按相对密度在筛面形成更理想的分布，以便更高效、简便地分选出小麦中的 DON 污染籽粒，保障粮食的安全。

一、重力分选机振动筛设计

1. 振动筛及出料装置结构

如图 3-11 所示，设计的振动筛具有一个直角梯形的筛面 1，且相平行的两边中的长边为出料边 2。在该出料边 2 上连接一个分离板 3，该分离板 3 与筛面 1 为垂直连接。出料边 2 的外侧连接一个出料槽 11，该出料槽 11 的底部设有 3 个排料口（图 3-11 中未示），分别用于收集 DON 污染籽粒、饱满籽粒和混料。沿筛面 1 的垂直边至其倾斜边的方向，分离板 3 上依次设有毒素污染籽粒出口 4、混料出口 5、中部饱满籽粒出口 6 和重质端饱满籽粒出口 7，分别用于毒素污染籽粒、混合物料和饱满籽粒的出料。设置在分离板 3 上的毒素污染籽粒出口 4、混料出口 5、中部饱满籽粒出口 6 和重质端饱满籽粒出口 7 的开口大小均可调。

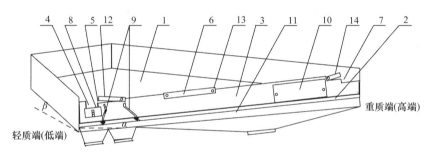

图 3-11 振动筛结构示意图

1. 筛面；2. 出料边；3. 分离板；4. 毒素污染籽粒出口；5. 混料出口；6. 中部饱满籽粒出口；
7. 重质端饱满籽粒出口；8. 毒素污染籽粒出口挡板；9. 引流板；10. 排料口；11. 出料槽；
12. 混料出口挡板；13. 中部饱满籽粒出口挡板；14. 重质端饱满籽粒出口挡板

使用上述振动筛进行 DON 污染小麦分选时，振动筛出料装置（图 3-12）毒素污染籽粒出口 4 与毒素污染籽粒出口挡板 8 相配合，且毒素污染籽粒出口挡板 8 可沿毒素污染籽粒出口 4 的垂直方向移动，即可以通过上下移动毒素污染籽粒出口挡板 8 来调节毒素污染籽粒出口 4 的开口大小；混料出口 5 与混料出口挡板 12 相配合，混料出口挡板的一端与分离板 3 相连接，即可通过旋转混料出口挡板 12 的方式调节混料出口 5 的开口大小，使用比较方便；中部饱满籽粒出口 6 和重质端饱满籽粒出口 7 分别与中部饱满籽粒出口挡板 13 和重质端饱满籽粒出口挡板 14 相配合，两个挡板的一端均与分离板 3 相连接，即可通过旋转中部饱满籽粒出口挡板 13 和重质端饱满籽粒出口挡板 14 的方式调节中部饱满籽粒出口和重质端饱满籽粒出口的开口大小，使用比较方便。另外，在混料出口 5 的外侧连接有 2 个相对设置的引流板 9,2 个引流板 9 可沿与分离板 3 平行的方向自由移动,因此,可以通过移动引流板 9 来引流混料进入与其对应的出料口。此外，为了能够方便地收集筛面上未能分选好的小麦，在分离板 3 上设有一个排料口 10，通过该排料口 10 可方便地将未分选好的小麦进行收集。

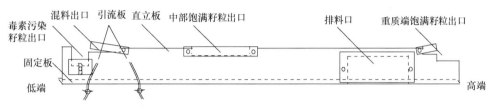

图 3-12　出料装置示意图

2. 出料装置直立板高度

分选用重力分选机的筛面除出料边外，其余各边都是 5cm 高的由镀锡钢板形成的壁，小麦在分选时有上抛运动，挡板高度应低于 5cm。另外，分选小麦本身具有一定的厚度，因此挡板高度最低设定为 1cm。

设置出料装置后，上层 DON 污染籽粒集中分布在筛面低端，当直立板高度高于 3.5cm 时，DON 污染轻（DON 含量低）的小麦在筛面上形成厚且重的物料层，不能成为流化状态而形成明显的毒素污染籽粒料层；当直立板高度低于 2.0cm 时，DON 污染重（DON 含量高）的小麦在筛面上薄且轻，成为沸腾状态而无法形成明显的毒素污染籽粒的料层（表 3-11）。综合考虑使不同 DON 污染程度的小麦在筛面低端形成明显的毒素污染籽粒的料层，将直立板高度设为 3.0cm。

表 3-11　直立板高度对筛面 DON 污染籽粒料层分布的影响

DON 含量/（mg/kg）		板高/cm						
		4	3.5	3	2.5	2	1.5	1
3.11	A/cm	20	30	30	27	17	未形成明显 DON 污染籽粒料层	
	B/cm	12	6	6	8	13		
2.37	A/cm	23	27	30	20	13	8	6
	B/cm	12	5	5	14	14	13	27
1.94	A/cm	25	30	32	30	22	10	6
	B/cm	13	5	7	8	10	15	25
1.46	A/cm	筛面小麦层厚重，未形成明显 DON 污染籽粒料层		32	20	20	16	13
	B/cm			2	2	2	17	20

注：A 为 DON 污染籽粒料层区域长度，B 为 DON 污染籽粒料层区域最大宽度

3. 污染籽粒出口的宽度和深度

筛面上层污染籽粒沿低端筛面壁呈一定宽度的沿线分布，在分选过程中随筛面在纵向方向的振动而做往复运动，试验台运行的振幅为 7mm，考虑运动的惯性，污染籽粒出口的开口位置为距离低端筛面壁 1cm 处。

如表 3-12 所示，相同机械参数下，DON 污染重的小麦形成的污染籽粒料层的宽度均大于 DON 污染轻的小麦，其形成的污染籽粒料层的高度也较高，测量的污染籽粒料层的宽度是以表面污染籽粒所铺展的面积取点，表面以下并不是污染籽粒，考虑设置混料出口进行这部分小麦的二次分选，所以将污染籽粒出口设置为 2cm 宽、1.5cm 深，并配置可左右滑动调节出料口宽度的引流导板，以及可上下移动调节出料口深度的滑动挡板。

表 3-12　污染籽粒出口尺寸对筛面 DON 污染籽粒料层分布的影响

DON 含量/（mg/kg）	3.11	2.37	1.94	1.46
DON 污染籽粒料层宽度/cm×厚度/cm	4×1.0	3×0.5	2.5×0.5	2×0.5

4. 重质端正常麦粒出口的宽度和深度

阶梯式出料口的深处出料口有利于加速正常麦粒的出料，浅处出料口保障筛面料层的形成，使筛面小麦在此处受阻挡作用产生涡旋运动，促进污染籽粒在筛面低端集结。为了满足不同 DON 污染程度小麦的分选，将阶梯式重质端正常麦粒出口设置为 3cm 宽、1.0cm 深及 4cm 宽、1.5cm 深，浅处出口设左右挡板，当分离 DON 污染轻的小麦时，挡板全开，加快正常麦粒的排料；当分离 DON 污染重的小麦时，浅处正常麦粒出料口用挡板闭合，有助于产生强的涡旋运动，促进毒素污染籽粒在筛面低端的集结，结果见表 3-13。

表 3-13　重质端正常籽粒出口尺寸对筛面 DON 污染籽粒料层分布及获得的
正常麦粒 DON 污染籽粒率的影响

DON 含量/(mg/kg)	重质端正常麦粒出口宽度/cm×深度/cm	获得的正常麦粒中 DON 污染籽粒率/%	低端 DON 污染籽粒层宽度/cm
3.11	3×1.5+4×2.0	7	5.0
	3×1.0+4×2.0	7	4.5
	2×1.5+4×2.0	5	5.0
	2×1.0+4×2.0	5	5.0
	2×1.0+4×1.5	4	4.5
	3×1.0+4×1.5	4	4.5
2.37	3×1.5+4×2.0	6	6.0
	3×1.0+4×2.0	6	6.0

续表

DON 含量/(mg/kg)	重质端正常麦粒出口 宽度/cm×深度/cm	获得的正常麦粒中 DON 污染籽粒率/%	低端 DON 污染 籽粒层宽度/cm
2.37	2×1.5+4×2.0	5	5.0
	2×1.0+4×2.0	5	5.0
	2×1.0+4×1.5	4	5.0
	3×1.0+4×1.5	4	5.0
1.94	4×1.5+3×2.0	5	5.5
	3×1.5+4×2.0	5	5.0
	3×1.0+4×1.5	5	5.0
1.46	4×1.5+3×2.0		1.5
	3×1.5+4×2.0	低于 4	1.5
	3×1.0+4×1.5		1.5

5. 中部正常籽粒出口的宽度和深度

对 DON 污染重的小麦，设置的中部正常籽粒出口若距离筛面低端近，则会引起毒素污染籽粒料层向筛面高端方向的扩散，而超过一定的距离（本设计中大于 30cm）又会影响筛面上层污染籽粒的回流；当深度大时，排料加快，同样会影响筛面小麦的回流运动，本设计中以距离筛面低端 25cm、深度 0.5cm 为宜（表 3-14）。为了满足分选不同 DON 污染程度的小麦的需求，出料口挡板设置为摆式可调，当分离 DON 污染轻的小麦时，挡板全开，加快正常籽粒的排料；当分离 DON 污染重的小麦时，右侧打开；当分离 DON 污染严重的小麦时，左侧打开，有助于对筛面上层污染籽粒产生向筛面低端引流的效果。

表 3-14　中部正常籽粒出口尺寸对筛面 DON 污染籽粒料层
分布及获得的正常麦粒 DON 污染籽粒率的影响

DON 含量/ （mg/kg）	中部正常麦粒出口		获得的正常麦粒中 DON 污 染籽粒率/%	低端 DON 污染籽粒层 宽度/cm
	距筛面低端距离/cm	宽度/cm×深度/cm		
3.11	20	10×1.0	9	8.0
		10×0.5	8	6.0
	25	10×1.0	7	7.0
		10×0.5	7	5.5
	30	10×1.0	9	6.0
		10×0.5	8	5.5
2.37	20	10×1.0	7	6.0
		10×0.5	6	5.0
	25	10×1.0	5	5.0
		10×0.5	5	5.0
	30	10×1.0	4	4.5
		10×0.5	4	4.5

DON 含量/ (mg/kg)	中部正常麦粒出口		获得的正常麦粒中 DON 污染籽粒率/%	低端 DON 污染籽粒层宽度/cm
	距筛面低端距离/cm	宽度/cm×深度/cm		
1.94	20	10×1.0	4	5.0
		10×0.5	4	4.5
	25	10×1.0		5.0
		10×0.5	低于 4	4.5
	30	10×1.0		4.5
		10×0.5		4.5
1.46	20	10×1.0		
		10×0.5		
	25	10×1.0	低于 4	1.5
		10×0.5		
	30	10×1.0		
		10×0.5		

6. 混料出口的宽度和深度

紧邻筛面低端较厚的 DON 污染籽粒料层的一块区域为混料区，DON 污染籽粒少，正常麦粒多，可将这部分混料收集后进行二次分选。

混料层中毒素污染籽粒料层较薄，因而将混料出口的深度设为 0.5cm。不同 DON 污染程度的小麦在筛面形成的混料区的宽度有一定的差异（表 3-15），为了满足各自分选的需求，将混料出口的宽度设为 4.0cm，并配置可左右调节混料出口宽度的挡板和可左右滑动调节的引流板，此引流板与在污染籽粒出口设置的引流板共同作用，将混料引至混料接料斗。

表 3-15　混料出口尺寸对筛面混料分布的影响

DON 含量/（mg/kg）	3.11	2.37	1.94	1.46
混料层宽度/cm×高度/cm	3.0×0.5	2×0.5	1.3×0.3	0.6×0.3

7. 排料口的宽度和深度

排料口的用途是待分选结束时，排出筛面上剩余的小麦，其尺寸大小对不同 DON 含量小麦分选后获得的正常麦粒中病粒率的影响见表 3-16。

排料时，筛面小麦由筛面低端逐渐向高端运动，因此排料口紧邻筛面高端。为获得较快的排料速度，根据挡板的高度（3cm），将排料口的高度设置为 2.5cm。筛面小麦分两次进行排料，第一次获得料作为正常麦粒，第二次获得料作为混料，根据不同 DON 污染程度的小麦在不同排料口宽度下获得的正常麦粒中的病粒率，将排料口的宽度设置为 20cm。

表 3-16　排料口尺寸对获得的正常麦粒 DON 污染籽粒率的影响

DON 含量/（mg/kg）	排料口宽度/cm×高度/cm	筛面低端小麦脱离筛壁时获得的正常麦粒中 DON 污染籽粒率/%
3.11	10×2.5	低于 4
	15×2.5	
	20×2.5	4
	25×2.5	7
2.37	10×2.5	低于 4
	15×2.5	
	20×2.5	4
	25×2.5	6
1.94	10×2.5	低于 4
	15×2.5	
	20×2.5	
	25×2.5	4
1.46	10×2.5	低于 4
	15×2.5	
	20×2.5	
	25×2.5	

与现有的振动筛相比，设计的振动筛出料边设置了一个出料装置，从而改变了被分选的 DON 污染小麦在筛面的扩散运动，在振动筛的往复振动和底部鼓风系统的共同作用下，筛面上小麦开始分层，毒素污染籽粒在上层，饱满籽粒沉在下层；到达筛面重质端的饱满籽粒受到分离板的阻力，在筛面上形成逆时针的涡旋运动，上层毒素污染籽粒聚集在筛面轻质端侧，形成垂直于分离板的条带状污染籽粒区，混料区紧邻污染籽粒区，从混料区至筛面重质端的大部分区域为饱满籽粒区，通过出料装置的污染籽粒出口进入污染籽粒接料斗，即实现了 DON 污染籽粒的高效分选。

二、重力分选机的研制

1. 重力分选机的基本结构设计

该机主要由进料斗、振动筛、出料装置、传动系统、接料斗、控制面板、鼓风机及机架组成（图 3-13）。将小麦从进料斗喂入，当其落入直角梯形振动筛后，在振动筛的往复振动和鼓风机的共同作用下，筛面上的小麦开始分层，DON 污染籽粒在上层，饱满籽粒沉在下层；到达筛面重质端（高端）的饱满籽粒受到出料装置直立板的阻力在筛面上形成逆时针的涡旋运动，将上层污染籽粒推动至筛面轻质端侧（低端）；调整进料斗中的喂料速率、控制鼓风机的风量、利用控制面板控制振动筛的振动频率，使筛面轻质端侧的污染籽粒在筛面轻质端形成垂于污染籽粒出料口的条带状料层，根据此料层的宽度和厚度调整出料装置直立板上毒素污染籽粒出口、混料出口、中部饱满籽粒出口和重质端饱满籽粒出口的大小，以及可移动的引流板的位置，当筛面谷物料层厚度达到各出料口的高度时，分别出料进入 3 个接料斗。分选结束时，打开直立板上的排料口，排出的筛面上三分之二的小麦归入饱满籽粒，剩余的归入混料，最终将 DON 污染籽粒分为三部分，以 F1 代表毒素污染籽粒，F2 代表混料（毒素污染籽粒和饱满籽粒的混合物），F3 代表饱满籽粒。

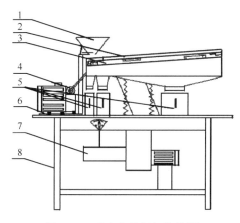

图 3-13　重力分选机机构简图

1. 进料斗；2. 振动筛；3. 出料装置；4. 传动系统；5. 接料斗；6. 控制面板；7. 鼓风机；8. 机架

用于考察研制的重力分选机的不同机械参数对 DON 污染小麦分选效果所用小麦的毒素含量为（2.37±0.24）mg/kg。

2. 不同进料速率对分选效果的影响

最小的进料量必须要能保证小麦覆盖整个筛面，设计的重力分选机的在出料边的出料口距离筛面有一定的高度，因此小麦在较低的进料速率下经过一定的时间仍会将筛面铺满（表 3-17），这不同于其他出料边无出料装置的重力分选机，其筛面上的小麦一到达出料边就落入了出料槽。进料速率分别在 3.0kg/min 和 4.0kg/min 时，筛面上层 DON 污染籽粒形成的分布并无明显差别，但在进料速率为 3.0kg/min 时，形成这种稳定分布的时间却比在 4.0kg/min 时多 20s，这种较低的进料速率对设备的生产能力而言不可取。

表 3-17 不同进料速率下筛面 DON 污染籽粒料层分布大小及形成时间

进料速率/（kg/min）	上层 DON 污染籽粒		形成稳定毒素污染籽粒料层时间/s
	长/cm	宽/cm	
3.0	36	5	95
4.0	36	4	75
5.0	24	5	70
6.0	15	4.5	60
7.0	低端无明显集中的毒素污染籽粒料层形成		

注：筛面振幅 7mm，振动频率 375r/min，横向倾角 0°，纵向倾角 2.9°，风速 2.4m/s

　　因为一定高度出料装置的设置，在其他机械参数固定时，可以主观预测，随着进料速率的增加，筛面小麦料层的厚度会随之增加，因此在进料速率从3.0kg/min 升至 6.0kg/min 的过程中，上层毒素污染籽粒在其排料口附近形成的条带状的集中分布面积越来越小，当进料速率增加到 7.0kg/min，因为风力无法穿透筛面过厚的料层，毒素污染籽粒也无法浮于上层而形成集中的分布。图 3-14 中显示，随着进料速率的增加，F1 和 F2 的获选率呈增加趋势，F3 的呈降低趋势，而各自对应的 DON 含量的变化趋势与获选率变化趋势相反，说明较大的进料速率虽然会增加筛面小麦的厚度从而提高生产能力，但会导致分选质量的下降。进料速率对研制的重力分选机分选效果的这种影响和重要性与对其他重力分选机的影响和重要性并无差别（Clarke，1977；Grochowicz，1980；Chen，1991）。

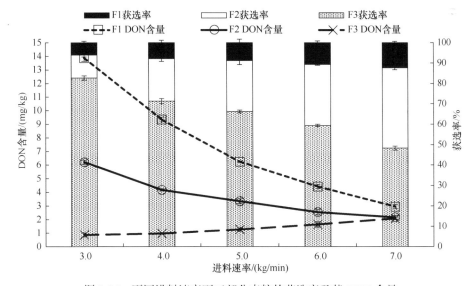

图 3-14 不同进料速率下三部分麦粒的获选率及其 DON 含量

3. 筛面不同振动频率对分选效果的影响

小麦移动相同的距离，若单位时间内跳动的次数越多则需要的时间越短，因此在 DON 污染籽粒形成差异不明显的条带状稳定分布时，筛面振动频率在 375～425r/min，振动频率越高所需要的时间越短（表 3-18）。当筛面振动频率过低时（于本重力分选机低于 375r/min），与筛面接触的饱满籽粒单位时间内运动的次数较少，导致其与上层毒素污染籽粒在纵向上产生的距离小，因此上层毒素污染籽粒形成宽而短的条带。随着筛面振动频率的增加，与筛面接触的饱满籽粒和上层毒素污染籽粒在纵向上产生的距离增大，因而 F1 和 F2 获选率降低，F3 的获选率增加（图 3-15）。但过高的振动频率会缩短筛面小麦的分层时间，使上层部分污染籽粒随与筛面接触的饱满籽粒一起向筛面高端移动，所以 F1 和 F2 中的 DON 含量

表 3-18　不同振动频率下筛面 DON 污染籽粒料层分布大小及形成时间

振动频率/（r/min）	上层 DON 污染籽粒		形成稳定毒素污染籽粒料层时间/s
	长/cm	宽/cm	
350	14	16	100
375	36	4	70
400	36	5	70
425	38	6	60
450	40	6	80
475	40	5	90
500	40	5	100

注：进料速率 4.0kg/min，筛面振幅 7mm，横向倾角 0°，纵向倾角 2.9°，风速 2.4m/s

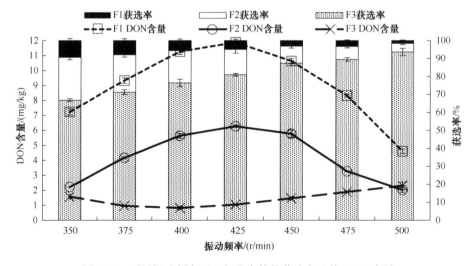

图 3-15　不同振动频率下三部分麦粒的获选率及其 DON 含量

先增后降，F3 中的毒素含量的变化趋势与这两者的相反。筛面振动频率对研制的重力分选机分选效果的影响与对其他重力分选机的一样，只有选用适宜的振动频率才会得到更精确的分选质量（Xu et al.，1987；Wu et al.，1999；Hu et al.，2007）。

4. 筛面不同振幅对分选效果的影响

在所考察的 4 个振幅中，除了较低的振幅（5mm），其他 3 个振幅之间对于上层 DON 污染籽粒理想条带状的分布的影响没有明显差异（表 3-19），振幅决定着小麦跳动一次的距离，因此振幅较小时，与筛面接触的饱满籽粒在纵向上移动的距离短，与上层毒素污染籽粒产生的距离小。分选过程中，此设计的重力分选机筛面上毒素污染籽粒的条带状的分布是依靠下层饱满籽粒的回流运动形成的，因此振幅越大时回流阻力越大，形成稳定分布的时间越长。Wu 等（1999）通过分析振幅对现在使用的大多数重力分选设备的分选指数得出，相对较小的振幅下得到的分选指数高，但对于此设计的重力分选机，在能使毒素污染籽粒形成条带状分布的 3 个振幅中（7mm、9mm、11mm），F1、F2 和 F3 的获选率及其对应的毒素含量之间并不存在显著的差异（图 3-16），这可能是因为振动筛的出料装置使筛面小麦始终保持着一定厚度的料层，从而消除了振幅的影响。

表 3-19　不同振幅下筛面 DON 污染籽粒料层分布大小及形成时间

振幅/mm	上层 DON 污染籽粒		形成稳定毒素污染籽粒料层时间/s
	长/cm	宽/cm	
5	低端无明显集中的毒素污染籽粒料层形成		
7	36	4	70
9	36	4	75
11	37	4.5	90

注：进料速率 4.0kg/min，振动频率 375r/min，横向倾角 0°，纵向倾角 2.9°，风速 2.4m/s

5. 筛面不同横向倾角对分选效果的影响

表 3-20 中的数据显示，当横向倾角低于 1.0°时，上层 DON 污染籽粒在其出料口形成理想条带状分布；当横向倾角高于 1.0°时，则呈凸形分布。横向倾角代表的是进料端与出料端的坡度，其值越大，筛面小麦在横向上的移动速度越快，因此小麦处于分选作用的时间越短，不利于毒素污染籽粒条带状分布的形成。但由于出料端出料装置的设置，筛面小麦存在一定厚度的料层，横向倾角在一定范围内（于本重力分选机为 0°~1.0°）的微小变化造成的影响不明显，因此 F1、F2 和 F3 的获选率及其对应的毒素含量之间也不存在显著的差异（图 3-17）。但对于目前小麦清理过程中使用的大多数重力分选设备，横向倾角的大小与分离效率有着密切的关系，直接影响着分选质量（Hu et al.，2007；Bracacescu et al.，2012）。

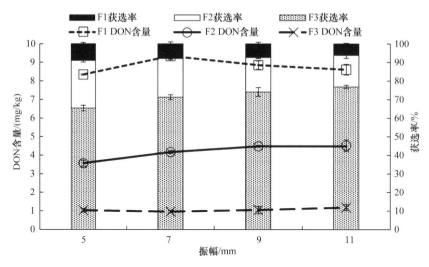

图 3-16　不同振幅下三部分麦粒的获选率及其 DON 含量

表 3-20　不同横向倾角下筛面 DON 污染籽粒料层分布大小及形成时间

横向倾角/(°)	上层 DON 污染籽粒		形成稳定毒素污染籽粒料层时间/s
	长/cm	宽/cm	
0	36	4	70
0.5	36	4	75
1.0	36	4.5	75
1.5	毒素污染籽在低端呈凸形分布		

注：进料速率 4.0kg/min，筛面振幅 7mm，振动频率 375r/min，纵向倾角 2.9°，风速 2.4m/s

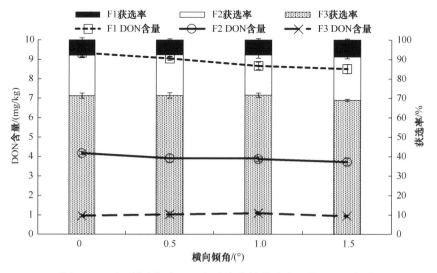

图 3-17　不同横向倾角下三部分麦粒的获选率及其 DON 含量

6. 筛面不同纵向倾角对分选效果的影响

纵向倾角代表筛面高低端的高度差，当其较小时，筛面小麦作抛掷运动向高端移动的距离长、速度快，下层饱满籽粒的回流运动阻力大；当其增大时，筛面小麦作抛掷运动向高端移动的距离短、速度慢，不利于筛面小麦分层，只有当纵向倾角在适当的范围内（于本重力分选机为 1.5°～2.9°），上层毒素污染籽粒才会在其出料口集中形成条带状分布（表 3-21）。同样由于出料端出料装置的设置，筛面小麦存在一定厚度的料层，纵向倾角从 0°到 3.6°变化的过程中，F1、F2 和 F3 的获选率及其对应的毒素含量无显著的变化（图 3-18），而对于目前在小麦清理过程中使用的大多数重力分选设备，选择合适的纵向倾角是十分重要的（Wu et al., 1999）。

表 3-21　不同纵向倾角下筛面 DON 污染籽粒料层分布大小及形成时间

纵向倾角/(°)	上层 DON 污染籽粒		形成稳定毒素污染籽粒料层时间/s
	长/cm	宽/cm	
0	毒素污染籽在低端呈凹形分布		
1.5	36	8	90
2.2	36	6	80
2.9	36	4	75
3.6	低端无明显集中的毒素污染籽粒料层形成		

注：进料速率 4.0kg/min，筛面振幅 7mm，振动频率 375r/min，横向倾角 0°，风速 2.4m/s

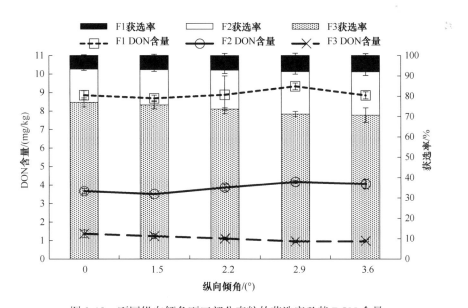

图 3-18　不同纵向倾角下三部分麦粒的获选率及其 DON 含量

7. 筛面不同风速对分选效果的影响

风速调节是调整重力分选机的一个关键因素,其分选作用不是把轻的物料"吹离"重物料,而是使筛面物料分层化,结合工作台面的振动作用进行分选,因此风速太低时物料呈现停滞并堆积在工作台的下料处,风速太高时物料呈现沸腾状态,较重的颗粒会从工作台面上吹离并与上层较轻的物料混合(Wu et al., 1999; Bracacescu et al., 2012),因此风速低于 2.0m/s 时,DON 污染籽粒未能形成较集中分布,风速高于 3.6m/s 时,毒素污染籽粒形成短而宽的集中条带状分布(表 3-22),与此相对应的是,F1 和 F2 中的 DON 含量随风速的增加先升高后降低,F3 中毒素含量则呈缓慢增加趋势,F1、F2 和 F3 的获选率在风速 2.4～3.6m/s 无显著变化(图 3-19)。

表 3-22　不同风速下筛面 DON 污染籽粒料层分布大小及形成时间

风速/(m/s)	上层 DON 污染籽粒		形成稳定毒素污染籽粒层时间/s
	长/cm	宽/cm	
2.0	低端无明显集中的毒素污染籽粒料层形成		
2.4	36	4	75
2.8	36	5.5	60
3.2	32	5.5	55
3.6	27	6.0	55

注:进料速率 4.0kg/min,筛面振幅 7mm,振动频率 375r/min,横向倾角 0°,纵向倾角 2.9°

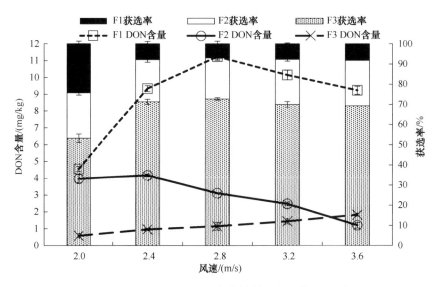

图 3-19　不同风速下三部分麦粒的获选率及其 DON 含量

三、两种重力分选机分选 DON 污染小麦的效果

表 3-23 为研制的重力分选机与市场现有的 LA-K 重力分选机分选 DON 含量为（1.94±0.15）mg/kg 小麦时各自的机械参数设置，在保障获得的用于后续加工的小麦（F3）的 DON 含量低于国家最高限量标准（1.0mg/kg）的前提下，在出料边设置出料装置后，运用研制的重力分选机进行分选时，一方面，其所需的筛面振动频率和风速均比 LA-K 重力分选机小，在能源节约方面体现出经济性；另一方面，F3 的获选率提高了约 20%，毒素污染籽粒（F1）和混料（F2）的获选率则相应分别降低 4% 和 16%（图 3-20），即用于后续可加工的量增加，后续二次分选的量减少，说明研制的重力分选机具有高效分选 DON 污染籽粒的性能。

表 3-23　两种重力分选机工作时的机械参数设置

机械参数	研制的重力分选机	LA-K 重力分选机
振幅/mm	7	7
进料速率/（kg/min）	4	4
振动频率/（r/min）	375	425
横向倾角/（°）	0.5	0
纵向倾角/（°）	2.9	2.0
风速/（m/s）	2.4	3.2

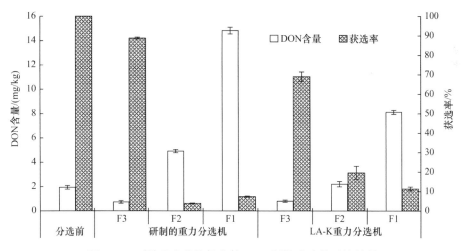

图 3-20　两种重力分选机分选 DON 污染小麦的对比结果

目前小麦清理过程中所使用的重力分选机是一种通用型的设备，可用于各种谷物，包括小麦、玉米、水稻、豆类等的加工（苏迎晨等，1992；马忠乾和许峰，1999），因此设置的调节机械参数多，一般均有 6 个可变调节，包括进料量、工作

台振动频率、振幅、纵向倾角、横向倾角及空气流量（赵如芬等，1986；孔德远，2002；薛志成，2009）。因分选效果受上述诸多机械参数的影响（应卫东和刘文波，1998；王艳丰等，2005；胡志超等，2007），利用其分选不同 DON 污染程度的小麦时就需要适时对这些机械参数进行调整。研制的重力分选机仅进料速率、筛面振动频率及风速对筛面毒素污染籽粒料层的形成和分布有着不同程度的影响，筛面振幅、横向倾角和纵向倾角在一定范围内的变化对分选效果无显著的影响，因此将其工作台面固定为双向倾斜（横向倾角和纵向倾角分别为 0.5°和 2.9°），振幅固定在 7mm。因微机控制技术早已广泛应用于这类机电产品之中，进料速率、筛面振动频率及风速的调节也已实现无级调节，所以将研制的该类型重力分选机扩大规模后应用于实际生产中，具有结构简单、实施方便、造价低廉、使用方便的优点。

第四节　DON 污染小麦重力分选过程解析

在 DON 污染小麦分选效果方面，经与 LA-K 重力分选机对比，利用研制的重力分选机，毒素污染籽粒被分选出的概率更高，且获得的用于后续加工的毒素含量低于国家限量标准的小麦的比例更高，说明了其分选的高效性，这主要是因为在运用研制的重力分选机进行分选的过程中，毒素污染籽粒高度集中在筛面低端侧，并形成垂直于出料装置的条带状料层，通过出料装置上对应的出料口进入接料斗，从而实现了 DON 污染籽粒的高效分选。

利用市场现有的 LA-K 重力分选机进行 DON 污染籽粒的分选时，达到最佳分选效果时筛面小麦的分布如图 3-21 中的 B 图所示，以筛面下料区为起始点呈发散状，分为 3 片区域，上层毒素污染小麦及混料在出料边占据了较大的面积；利用研制的重力分选机分选时，上层的毒素污染籽粒高度集中在筛面低端侧，并形成垂直于出料装置的条带状料层（图 3-21A）。这两种截然不同的物料筛面分布与物料在筛面不同的运动规律有着必然的联系。

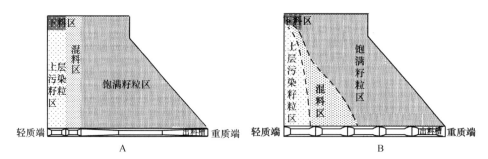

图 3-21　两种重力分选机工作稳定时筛面小麦分布

A. 研制的重力分选机；B. LA-K 重力分选机

根据研制的重力分选机振动筛的尺寸和形状，以及分选过程稳定时筛面小麦的分布，在其出料边缘划出 2cm 宽的横隔区域，在毒素污染籽粒出料口划出平行于左侧筛壁 4cm 宽的竖隔区域，然后依次按边长为 10cm 的方格划分采样区域，未能构成方格的就横向并入邻近方格区，按此方式得到 24 个采样区域（图 3-22A）；依据相同原理将 LA-K 重力分选机的工作台面划分为 13 个采样区域（图 3-22B）。

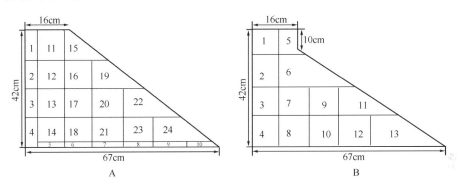

图 3-22　两种重力分选机筛面小麦取样区域分布图
A. 研制的重力分选机；B. LA-K 重力分选机

分别用研制的重力分选机和 LA-K 重力分选机按表 3-23 中的机械参数设置对 DON 含量为（1.94±0.15）mg/kg 的小麦进行分选，统计不同取样区域毒素污染籽粒的变化情况。

一、研制的重力分选机筛面毒素污染籽粒率动态变化

表 3-24 数据显示利用研制的重力分选机进行 DON 污染小麦分选时，小麦从铺满筛面到呈稳定分布的过程中，划定的 24 个区域中毒素污染籽粒率随时间的动态变化。

表 3-24　不同分选时间点筛面不同区域 DON 污染籽粒率（研制的重力分选机）（单位：%）

区域	时间/s												
	17	22	27	32	37	42	47	52	57	62	67	72	77
1	12	12	11	11	11	12	13	11	12	14	16	15	14
2	10	15	13	18	16	18	20	22	18	16	12	10	13
3	10	16	22	25	28	34	38	36	36	32	28	30	27
4	13	16	21	24	28	32	35	38	42	38	36	34	37
5	20	21	25	30	32	35	37	40	48	34	37	35	33
6	18	18	22	27	29	31	32	28	24	18	12	14	11
7	18	19	24	27	20	17	14	11	9	7	5	4	4
8	22	22	20	16	12	11	8	5	6	4	4	3	4

续表

区域	时间/s												
	17	22	27	32	37	42	47	52	57	62	67	72	77
9	14	13	9	8	6	6	5	4	5	3	4	5	3
10	6	7	7	5	5	5	5	4	4	3	3	4	3
11	11	12	14	19	17	14	13	15	18	15	10	11	9
12	12	15	17	23	30	31	33	36	39	31	20	18	21
13	12	15	19	25	21	17	15	13	18	26	20	18	15
14	10	13	16	23	18	16	15	22	27	40	32	28	30
15	11	12	10	8	8	6	6	4	5	4	3	5	4
16	20	25	23	17	15	16	19	24	29	23	13	14	11
17	18	27	25	19	14	8	7	10	13	10	11	9	10
18	12	20	18	14	11	9	9	12	18	14	11	12	10
19	8	6	6	4	4	2	3	3	2	4	1	2	3
20	6	12	10	8	5	3	3	3	2	1	3	4	2
21	9	12	15	15	8	6	4	6	7	5	4	4	2
22	5	4	3	2	3	3	2	3	1	0	2	4	3
23	8	5	3	2	3	2	2	4	3	1	3	4	2
24	14	8	6	4	3	2	2	3	4	2	3	1	2

1 区域：污染籽粒率变化不明显，后期略微比前期高。

2 区域：污染籽粒率先升后降，在 52s 时最高。

3 区域：污染籽粒率先升后降，在 47s 时最高。

4 区域：污染籽粒率先升后降，在 57s 时最高。

5 区域：污染籽粒率先升后降，在 57s 时最高。

6 区域：污染籽粒率先升后降，在 47s 时最高。

7 区域：污染籽粒率先升后降，在 32s 时最高，在 52s 以后变化不明显。

8 区域：污染籽粒率呈降低趋势，在 37s 以后变化不明显。

9 区域：污染籽粒率呈降低趋势，在 27s 以后变化不明显。

10 区域：污染籽粒率变化不明显，前期略微比后期高。

11 区域：污染籽粒率先升后降，再升后再降，其中在 42~52s 变化不明显。

12 区域：污染籽粒率先升后降，在 57s 时最高，其中在 37~47s 变化不明显。

13 区域：污染籽粒率先升后降，再升后再降。

14 区域：污染籽粒率先升后降再升，在 62s 达到最高值后呈波动性下降。

15 区域：污染籽粒率呈降低趋势，在 47s 以后变化不明显。

16 区域：染籽粒率先降后升再降低。

17 区域：污染籽粒率先升后降再升，在 52s 以后变化不明显。

18 区域：污染籽粒率先升后降，再升后再降。

19 区域：污染籽粒率呈降低趋势，在 42s 以后变化不明显。

20 区域：污染籽粒率先升后降，在 22s 时最高，在 37s 以后变化不明显。

21 区域：污染籽粒率先升后降，在 27～32s 最高，在 42s 以后变化不明显。

22 区域：污染籽粒率变化不明显。

23 区域：污染籽粒率呈降低趋势，在 22s 以后变化不明显。

24 区域：污染籽粒率呈降低趋势，在 32s 以后变化不明显。

观测发现在第 57s 时污染籽粒出料口开始出料，67s 后各区域里的污染籽粒率无明显变化，表明此时 DON 污染籽粒已经形成了稳定的条带状分布。在毒素污染籽粒所占据的 2、3、4 三个区域，污染籽粒率均是先升后降的趋势，且临近污染籽粒出料口的 4 区域和 5 区域均在第 57s 时污染籽粒率最高，进一步说明了上述稳定条带状分布的形成。在毒素污染籽粒率变化较复杂的 11、12 和 13 三个区域，污染籽粒率呈起伏波动，但在其中的一小段时间里，11 区域和 12 区域的变化不明显，说明在这段时间内这两个区域可能处于一种过渡状态。

靠近出料装置的 7 和 8 两个区域及其向筛面扩展所分别对应的 21 区域和 23 区域，毒素污染籽粒率处于同步的变化趋势，7 区域和 21 区域是先升后降，而 8 区域和 23 区域是降低趋势，说明在这 4 个区域所占的筛面范围内，污染籽粒可能先沿筛面纵向向其高端移动后反折向筛面低端移动。在横向上相邻的 16、17 和 18 三个区域中，17 区域的毒素污染籽粒率的变化相对另外两个区域的少，该区域可能是一个分界区。

除上述这些区域以外的其他区域，毒素污染籽粒率呈较单一的升高或降低趋势后，不再有明显变化，说明这些区域已处于较稳定的状态。基于上述各区域毒素污染籽粒率的动态变化，预测其可能的分选过程如图 3-23 所示。

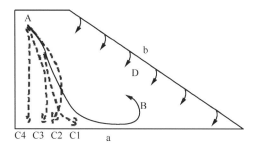

图 3-23　研制的重力分选机分选 DON 污染籽粒过程示意图（俯视图）

DON 污染小麦在筛面 A 处下料后，在重力、倾斜筛面的往复振动，以及穿过筛面由下而上的气流的共同作用下分层后，紧贴筛面运动到出料边 a 的饱满籽粒受到出料装置直立板的阻挡作用而产生逆时针的转向（实线 B 所示），运动到筛面斜边 b 的饱满籽粒同样受到筛壁的阻挡作用而产生顺时针的转向（实线 D 所示），由于在斜边 b 受到的阻力大于在出料边 a 受到的阻力，随着筛面料层的加厚，物料逆时针的转向逐渐减弱，以顺时针的转向为主导。上层污染籽粒最开始向筛面高端扩散（虚线 C1），受到饱满籽粒从筛面斜边 b 传递来的阻力后变换路径，如图 3-23 中虚线 C2 所示，这正是筛面 11、12 和 13 三个区域毒素污染籽粒率变化较复杂的原因。随着饱满籽粒从筛面斜边 b 传递来的阻力越来越大，上层污染籽粒的路径由图 3-23 中虚线 C2 经由 C3 逐渐过渡为 C4，即筛面形成稳定分布后的物料运动如图 3-24 所示，下料处上层毒素污染籽粒受到来自右边和后面物料的共同推力，从而紧靠筛面左边筛壁向毒素籽粒出料口蠕动，筛面右半部分饱满籽粒做逆时针运动，直至到达其中部和高端出料口。

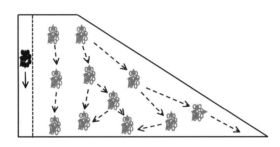

图 3-24　分选稳定时研制的重力分选机筛面小麦运动示意图（俯视图）
上层毒素污染籽粒（深色），饱满籽粒（浅色）；
实线箭头表示上层毒素污染籽粒分选过程中在筛面的走向，虚线箭头表示饱满籽粒分选过程中在筛面的走向

二、LA-K 重力分选机筛面毒素污染籽粒率动态变化

利用 LA-K 重力分选机进行 DON 污染小麦分选时，小麦从进料到铺满筛面至呈稳定分布的过程中，13 个区域中毒素污染籽粒率随时间的动态变化相对较简单（表 3-25）。

1 区域：污染籽粒率变化不明显。

2、6 和 11 区域：污染籽粒率呈降低趋势。

3、4、5、7、8 和 12 区域：污染籽粒率呈升高趋势。

9、10 和 11 区域：污染籽粒率先升后降。

基于上述各区域毒素污染籽粒率的动态变化，预测其可能的分选过程如图 3-25 所示。上层毒素污染籽粒与饱满籽粒一同向出料边高端作扩散运动，因风力和阻力作用，毒素污染籽粒到达出料边时的纵向位移短于饱满籽粒，二者得以逐步分开，这与吴守一和方如明（1988）研究得到的运动规律一致。

与目前所用的重力分选机基于相同的基础原理，研制的重力分选机能实现高效分选 DON 污染籽粒的原因在于其改变了被分选的 DON 污染小麦在筛面的扩散

运动，使后者形成更有利于毒素污染籽粒高度集中分布的涡旋运动，并形成垂直于出料口的条带状料层，因此具有独特的优势。

表 3-25　不同分选时间点筛面不同区域 DON 污染籽粒率（LA-K 重力分选机）（单位：%）

区域	时间/s				
	5	10	15	20	25
1	14	12	12	10	13
2	17	15	10	12	9
3	0	8	18	16	20
4	0	10	1	23	23
5	10	17	28	30	27
6	18	15	13	10	13
7	0	8	15	17	14
8	0	10	12	13	16
9	0	7	4	6	4
10	0	13	5	5	6
11	0	9	3	2	4
12	0	5	4	6	3
13	0	5	3	5	4

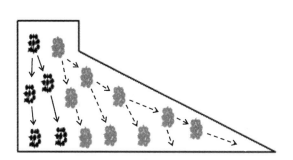

图 3-25　LA-K 重力分选机分选 DON 污染小麦过程示意图（俯视图）

上层毒素污染籽粒（深色），饱满籽粒（浅色）；

实线箭头表示上层毒素污染籽粒分选过程中在筛面的走向，虚线箭头表示饱满籽粒分选过程中在筛面的走向

参 考 文 献

陈飞. 2012. 加工工艺去除小麦中脱氧雪腐镰刀菌烯醇(DON)的研究. 北京: 中国农业科学院硕士学位论文.

陈海庆, 许乃章, 卢仁富. 1986. 重力式精选机的研究——分选性能试验及分析. 浙江大学学报 (农业与生命科学版), 12(2): 137-150.

陈侍良. 1985. 重力式种子精选机工作原理分析. 粮油加工与食品机械, (11): 14-19.

戴四基. 2013. 沿淮及淮北 2012 年小麦赤霉病流行原因分析与治理对策. 安徽农业科学, 40(36): 17557-17558.

胡志超, 计福来, 王海鸥, 等. 2010. 高效重力式精选设备的研制. 江苏农业科学, (2): 394-396.

胡志超, 谢焕雄, 计福来, 等. 2007. 5XZ-5 型重力式精选机的研制. 西北农林科技大学学报(自然科学版), 35(7): 490-491.

孔德远. 2002. 浅析比重式分选机工作原理及使用技术. 种子, (4): 52.

李树高. 2008. 浅谈麦间清理工艺改造经验. 面粉通讯, (2): 16-17.

李毅念. 2005. 萌动小麦重力分选效果的研究. 南京: 南京农业大学博士学位论文.

李毅念, 丁为民, 卢大新, 等. 2005. 小麦精选加工效果的探讨. 西北农业学报, 14(3): 49-54.

李毅念, 卢大新, 丁为民, 等. 2006a. 萌动小麦重力分选的试验. 农业机械学报, 36(9): 48-52.

李毅念, 卢大新, 丁为民, 等. 2006b. 萌动小麦重力分选效果的试验. 农业机械学报, 37(7): 78-82.

李毅念, 王俊. 2010. 厚度和重力分选稻谷籽粒的品质特性分析. 农业工程学报, 26(8): 315-319.

刘海生. 2008. 种子清选加工原理与主要设备工作原理. 现代农业科技, (15): 259, 261.

刘鹏郎, 尹龙超, 姜衍礼, 等. 1983. 5XZ-1.0 型重力式种子精选机筛体的振动分析. 北京农业机械化学院学报, (1): 57-68.

卢大新. 2001. 比重分选机对收获期受雨害小麦的精选分级效果. 西北农业学报, 10(3): 87-89.

马继光. 2001. 国外重力式清选机的发展方向. 世界农业, (7): 32-33.

马忠乾, 许峰. 1999. OLIVER 重力式分选机选型依据. 现代化农业, (1): 35-36.

苏迎晨, 黄兴国, 刘国定, 等. 1992. 重力分选机主要参数与分选质量的试验研究. 粮油加工与食品机械, (1): 22-26.

田鸿. 2008. 往复式比重清选机的应用. 河北农机, (3): 26.

汪裕安, 吕秋瑾. 1983. 重力式清选机分选规律的初步探索. 农业机械学报, (3): 57-69.

王艳丰, 梁中华, 刘兆丰, 等. 2005. 5XFZ-30.0 型重力复式清选机单向倾斜比重筛参数的选择与试验. 农业工程学报, 20(6): 115-119.

魏永立, 曲长渝. 1996. 正压式重力分选机分选质量的因素分析. 现代化农业, (6): 35-36.

温纪平, 林江涛, 温钦豪, 等. 2010. 小麦清洁处理技术探讨. 粮食与饲料工业, (2): 10-11.

吴守一, 方如明. 1988. 种子在重力式精选机台面上的运动规律. 农业机械学报, 19(1): 23-30.

谢茂昌, 王明祖. 1999. 小麦赤霉病发病程度与 DON 含量的关系. 植物病理学报, 29(1): 41-44.

谢茂昌, 王明祖. 2000. 用化学方法脱除赤霉病麦毒素(DON). 上海农业学报, 16(1): 58-61.

许乃章, 陈海庆, 卢仁富. 1986. 重力式精选机的研究——参数的理论分析. 浙江大学学报(农业与生命科学版), 12(3): 264-273.

许乃章, 陈海庆, 卢仁富. 1987. 重力式精选机主要参数的研究. 农业机械学报, (3): 51-62.

薛志成. 2009. 比重式种子清选机的正确使用. 种子世界, (11): 53-54.

杨敦科, 刘兴昌. 1991. 关中灌区小麦赤霉病发生程度与产量损失的关系. 陕西农业科学, (6): 30-31.

应卫东, 刘文波. 1998. 正压式重力分选机筛体结构及参数对分选质量的影响分析. 现代化农业,

(5): 32-33.

于德水, 葛志勇. 1990. 小麦的分级清理. 粮食与饲料工业, (3): 18-20.

张黎骅, 张文, 吕珍珍, 等. 2011. 响应面法优化酒糟微波间歇干燥工艺. 农业工程学报, 27(3): 369-374.

赵如芬, 张元生, 李延云, 等. 1986. 重力式清选机运动状态分析及工作参数的选择. 农业工程学报, 2(4): 81-86.

中国农业机械化科学研究院. 2007. 农业机械设计手册. 北京: 中国农业科学技术出版社.

Abbas H, Mirocha C, Pawlosky R, et al. 1985. Effect of cleaning, milling, and baking on deoxynivalenol in wheat. Applied and Environmental Microbiology, 50(2): 482-486.

Atanassov Z, Nakamura C, Mori N, et al. 1994. Mycotoxin production and pathogenicity of *Fusarium* species and wheat resistance to *Fusarium* head blight. Canadian Journal of Botany, 72(2): 161-167.

Balascio C, Misra M, Johnson H. 1987a. Particle movement and separation phenomena for a gravity separator. I. Development of a Markov probability model and estimation of model parameters. Transactions of the ASAE-American Society of Agricultural Engineers, 30(6): 1834-1839.

Balascio C, Misra M, Johnson H. 1987b. Particle movement and separation phenomena for a gravity separator. II. Experimental data and performance of distance-transition Markov models. Transactions of the ASAE-American Society of Agricultural Engineers, 30(6): 1840-1847.

Bracacescu C, Pirna I, Sorica C, et al. 2012. Experimental Researches on Influence of Functional Parameters of Gravity Separator on Quality Indicators of Separation Process with Application on Cleaning of Wheat Seeds. 11th International Scientific Conference on Engineering for Rural, Development. Jelgava, Latvia, 24-25 May.

Chen F S. 1991. Computer-Simulated Separation Process and Design Parameters of Gravity Separator. International Agricultural Mechanization Conference. Proceedings of a Conference Held in Beijing, China, 16-20 October.

Clarke B. 1977. Principles and Practice of Seed Cleaning. Paper presented at Short Course on Seed Cleaning and Seed Treatment, Lincoln College, University College of Agriculture, Canterbury, New Zealand, 28 May.

Grochowicz J. 1980. Machines for Cleaning and Sorting Seeds. Warsaw, Poland: Foreign Scientific Publications Department of the National Center for Scientific, Technical and Economic Information.

Hazel C M, Patel S. 2004. Influence of processing on trichothecene levels. Toxicology Letters, 153(1): 51-59.

Hu Z, Xie H, Ji F, et al. 2007. Design of 5XZ-5 gravity separator. Journal of Northwest A & F University-Natural Science Edition, 35(7): 193-196, 201.

Jackson L S, Bullerman L B. 1999. Effect of processing on *Fusarium* mycotoxins, impact of processing on food safety. Advances in Experimental Medicine and Biology, 459: 243-262.

Jouany J P. 2007. Methods for preventing, decontaminating and minimizing the toxicity of mycotoxins in feeds. Animal Feed Science and Technology, 137(3): 342-362.

Khan M Q, Keith B. 2005. Effects of gravity separation and seed treatment on seed quality in wheat. International Journal of Biology and Biotechnology, 2(4): 929-935.

Lohan S, Dalal M, Jakhar S, et al. 2012. Enhancement in wheat (*Triticum aestivum*) seed quality using specific gravity separator and its economics. Research on Crops, 13(3): 1124-1129.

Miller J, Taylor A, Greenhalgh R. 1983. Production of deoxynivalenol and related compounds in liquid culture by *Fusarium graminearum*. Canadian Journal of Microbiology, 29(9): 1171-1178.

Moshatati A, Gharineh M. 2012. Effect of grain weight on germination and seed vigor of wheat. International Journal of Agriculture and Crop Sciences, 4(8): 458-460.

Scott P, Kanhere S, Lau P, et al. 1983. Effects of experimental flour milling and breadbaking on retention of deoxynivalenol (vomitoxin) in hard red spring wheat. Cereal Chemistry, 60(6): 421-426.

Scudamore K. 2008. Fate of *Fusarium* mycotoxins in the cereal industry: recent UK studies. World Mycotoxin Journal, 1(3): 315-323.

Tkachuk R, Dexter J, Tipples K, et al. 1991. Removal by specific gravity table of tombstone kernels and associated trichothecenes from wheat infected with *Fusarium* head blight. Cereal Chemistry, 68(4): 428-431.

Tkachuk R, Dexter J, Tipples K. 1990. Wheat fractionation on a specific gravity table. Journal of Cereal Science, 11(3): 213-223.

Wu S, Sokhansanj S, Fang R, et al. 1999. Influence of physical properties and operating conditions on particle segregation on gravity table. Applied Engineering in Agriculture, 18(3): 465-499.

Xu N Z, Chen H Q, Lu R F. 1987. Testing and research on the main parameters of gravity seed separators. Transactions of the Chinese Society of Agricultural Machinery, 18(3): 51-62.

第四章 磨粉工艺去除小麦中 DON 的研究

第一节 清理工艺对小麦中 DON 的去除效果

我国作为一个以植源性食物为主的国家，特别是在北方多以面制品为主食，污染 DON 小麦的潜在性危害会更大。初始毛麦经清理后得到净麦，再经制粉工艺（包括实验制粉、工业制粉和分层碾磨制粉）得到面粉，研究毛麦到面粉的加工过程对 DON 的去除效果，对控制加工链中的 DON、保证食品安全、保障人体健康具有重要作用。

清理工艺是用于一般小麦加工的首要步骤。在国外，20 世纪 80~90 年代就已经开始了这方面的研究，但是均仅在实验及中试水平上简单研究单一清理设备对小麦中 DON 的去除效果，而且结论也不一而论。其中，Scott 等（1983）采用小麦清理机，Seitz 等（1985，1986）分别采用空气流结合筛选、水洗后再清理的研究方法，得出在小麦清理过程中均能不同程度地去除其中的 DON；而 Young 等（1984）采用小麦清理机处理小麦，却发现小麦清理过程不能去除 DON。针对上述研究现状，本节通过在工业生产中小麦清理流程在线取样，对小麦清理流程中各个步骤去除小麦中 DON 的效果进行分析。

一、小麦清理工艺及样品采集

面粉厂小麦清理工艺如图 4-1 所示，毛麦经过一系列清理流程，最后得到净麦。润麦仓以前的清理阶段被称为毛麦清理阶段，润麦仓以后的清理阶段被称为光麦清理阶段。其中，毛麦清理阶段中，自衡振动筛（Ⅰ）、打麦机（Ⅰ）和自衡振动筛（Ⅱ）共用一个垂直吸风道（Ⅰ），形成组合风网；光麦清理阶段中，螺旋精选机、平面回转筛、打麦机（Ⅱ）、碾麦机、自衡振动筛（Ⅲ）共用垂直吸风道（Ⅱ），形成组合风网。

根据小麦清理流程，待工艺稳定后，按照工艺流程，分别对各清理步骤（即清理设备）的产品进行在线采样，每个样品采集 100g。为减少人为误差，每个样品按照工艺顺序重复采集 5 次，每次间断 2h。根据上述采集方法，分 5 次共采集得到样品 130 个，包括毛麦、振动筛（Ⅰ）麦子、振动筛（Ⅰ）大杂、振动筛（Ⅰ）小杂、去石机麦子、打麦机（Ⅰ）麦子、打麦机（Ⅰ）杂质、振动筛（Ⅱ）小杂、振动筛（Ⅱ）麦子、自循环风选机（Ⅰ）杂质、润麦麦子、荞子抛车麦子、荞子

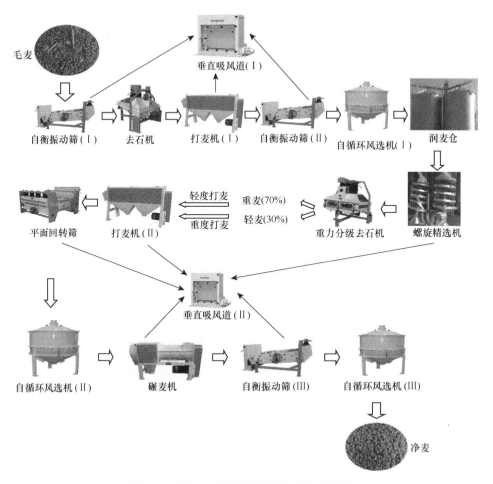

图 4-1　面粉厂小麦清理工艺图（另见图版）

抛车杂质，在清理步骤中，打麦机（Ⅱ）用于轻打麦子，重力分级去石机用于重打麦子，另外，采集的样品还包括打麦机（Ⅱ）小麦、打麦机（Ⅱ）杂质、平面回转筛麦子、平面回转筛小杂、自循环风选机（Ⅱ）杂质、碾麦机麦子、碾麦机杂质、振动筛（Ⅲ）麦子、振动筛（Ⅲ）小杂、自循环风选机（Ⅲ）小麦、净麦。

二、小麦清理过程中小麦 DON 含量变化

检测从每个清理步骤（设备）处采集的样品中小麦的 DON 含量，所得结果如表 4-1 所示。从表 4-1 中可以得出：①清理过程中小麦的平均 DON 含量从 2.07μg/g 降到了 1.65μg/g，减少了 0.42μg/g，降低了 20.16%；②在毛麦清理阶段中，平均 DON 含量从 2.07μg/g 降低至 1.92μg/g，减少了 0.15μg/g，而在光麦清理阶段中，平均 DON 含量从 1.91μg/g 降到了 1.65μg/g，减少了 0.26μg/g，可见光麦

清理阶段对 DON 的去除作用要优于毛麦清理阶段；③最后所得净麦的平均 DON 含量为 1.65μg/g，低于欧盟规定的硬质小麦 DON 含量限量为 1.75μg/g 的标准，可见此小麦清理过程对 DON 的去除效果明显。

表 4-1　小麦清理过程中小麦 DON 含量变化的分析

清理阶段	清理步骤（设备）	样品	C_{DON-W}/（μg/g）
毛麦清理阶段		毛麦	2.07±0.23
	自衡振动筛（Ⅰ）	小麦	2.05±0.18
	去石机	小麦	2.07±0.38
	打麦机（Ⅰ）	小麦	2.00±0.18
	自衡振动筛（Ⅱ）	小麦	1.98±0.18
	自循环风选机（Ⅰ）与润麦仓	小麦	1.92±0.25
光麦清理阶段	螺旋精选机	小麦	1.91±0.08
	重力分级去石机	轻麦	3.82±0.15
		重麦	1.10±0.10
	打麦机（Ⅱ）	小麦	1.85±0.17
	平面回转筛	小麦	1.83±0.23
	碾麦机与自循环风选机（Ⅱ）	小麦	1.71±0.15
	自衡振动筛（Ⅲ）	小麦	1.69±0.19
	自循环风选机（Ⅲ）与净麦仓	净麦	1.65±0.11

注：1. 表内数据为 5 次处理测定结果的平均值，以（平均值±标准偏差）表示；2. C_{DON-W} 表示各清理步骤中小麦的 DON 含量；3. 上述表内 DON 含量均基于干物质含量计算

在上述清理过程中，DON 含量降低最多的是小麦经过碾麦机和自循环风选机（Ⅱ）的过程，其平均 DON 含量从 1.83μg/g 降至 1.71μg/g，减少了 0.12μg/g。由表 4-1 可知，在小麦清理过程中，小麦通过重力分级去石机时，根据相对密度大小，会被分成 70% 的重质小麦和 30% 的轻质小麦，其中重质小麦的平均 DON 含量为 1.10μg/g，接近我国规定的小麦中 DON 含量的限量标准（1.0μg/g），而轻质小麦的平均 DON 含量为 3.82μg/g。可以看出，重力分级技术可以将被 DON 污染较为严重和较轻的小麦进行分级，因为被镰刀菌侵染的谷物一般会变褶皱、相对密度下降（Tzachuk et al.，1991）。在后续的小麦清理过程中，轻质小麦将会在打麦机（Ⅱ）中重度打麦，重质小麦将会在打麦机（Ⅱ）中轻度打麦，这样不但能提高小麦表面处理过程的效率、使 DON 含量较高的轻质小麦更大限度地去除毒素，有益于后续的清理过程，同时降低了净麦及最后所得面粉中 DON 的含量。

三、小麦清理过程中各杂质 DON 含量变化

收集小麦清理过程中的各杂质，分别检测其 DON 含量，分析结果如表 4-2

所示。在整个清理过程中，得到杂质的 DON 总量为 72.62g，其中，毛麦清理阶段和光麦清理阶段杂质的 DON 含量分别为 23.08g 和 49.54g。而在各清理步骤中，小麦经过自循环风选机（Ⅱ）去除的杂质含有的 DON 最高，达到 13.89g，其次是碾麦机，为 11.60g。其结果和表 4-1 所述的小麦中 DON 含量降低最多的是经过碾麦机与自循环风选机（Ⅱ）的过程一致。

表 4-2　小麦清理过程中所得各杂质中 DON 含量与总量

清理阶段	清理步骤（设备）	杂质类型	杂质质量/kg	$C_{DON-i}/$（μg/g）	DON_i/g	DON_r/g
毛麦清理阶段	自衡振动筛（Ⅰ）	大杂（秸秆、杂草等）	25.50	ND	0.00	
		小杂（破碎麦粒、瘪麦等）	278.00	8.43±0.55	2.34	
	去石机	石头	78.10	ND	0.00	
	打麦机（Ⅰ）	麦皮、灰尘等	327.00	15.00±0.24	4.91	23.08
	自衡振动筛（Ⅱ）	破碎麦粒、瘪麦等	267.00	9.67±0.88	2.58	
	自循环风选机（Ⅰ）	瘪麦、空麦、杂草等	172.00	26.42±1.48	4.54	
	垂直吸风道（Ⅰ）	灰尘、麦皮、瘪麦、空麦等	234.00	37.22±1.02	8.71	
光麦清理阶段	精选机	仁果、荞子等	17.30	ND	0.00	
	重力分级去石机	石头	15.60	ND	0.00	
	打麦机（Ⅱ）	麦皮、灰尘等	292.00	21.57±0.33	6.30	
	平面回转筛	破碎麦粒、瘪麦等	205.00	12.94±1.11	2.65	
	自循环风选机（Ⅱ）	瘪麦、空麦、杂草等	352.00	39.45±1.39	13.89	49.54
	碾麦机	麦皮	395.00	29.37±0.77	11.60	
	自衡振动筛（Ⅲ）	破碎麦粒、瘪麦等	175.00	9.54±0.64	1.67	
	自循环风选机（Ⅲ）	瘪麦、空麦、杂草等	206.00	41.96±1.99	8.64	
	垂直吸风道（Ⅱ）	灰尘、麦皮、瘪麦、空麦等	135.00	35.44±0.91	4.78	
总计			3174.50			72.62

注：1.表内数据为 5 次处理测定结果的平均值，以（平均值±标准偏差）表示；2.C_{DON-i}、DON_i 和 DON_r 分别代表清理步骤中杂质的 DON 含量、杂质的 DON 总量和不同清理阶段的杂质的 DON 总量，$DON_i = W_i \times C_{DON-i}$，$W_i$ 指不同清理步骤所得到的杂质的质量；3.上述表内 DON 含量均基于干物质含量计算；4.ND=没有检出

同时，从表 4-2 中可以看出，打麦机（Ⅰ）、打麦机（Ⅱ）和碾麦机得到的小麦表皮的平均 DON 含量分别为 15.00μg/g、21.57μg/g 和 29.37μg/g，均显著高于小麦籽粒的 DON 含量，可以推测 DON 主要分布在小麦籽粒表皮。而小麦表皮在小麦制粉过程中被加工为麸皮，如 Visconti 等（2004）所述，麸皮中的 DON 含量也较高。

与之类似，自循环风选机（Ⅰ）、自循环风选机（Ⅱ）和自循环风选机（Ⅲ）清理得到的杂质主要是瘪麦和空麦，其平均 DON 含量分别 26.42μg/g、39.45μg/g、41.96μg/g，表明瘪麦和空麦 DON 的含量较高，受 DON 污染较为严重，同时验证了被镰刀菌侵染的谷物一般会变褶皱、相对密度下降的规律。自循环风选机（Ⅰ）~

（III）清理得到的杂质中 DON 含量不断升高，主要是由于随着清理的推移，其清理得到的瘪麦和空麦的比重不断增大。

另外，光麦清理阶段去除 DON 的总量是毛麦清理阶段去除 DON 总量的 1.67 倍。初步分析其原因有以下两点：①毛麦清理阶段的麦子含有的灰尘较多，清理出来的杂质含有的石子、麦秆、灰尘、麦毛的比例较大，对麦子籽粒部分的处理效果较差；而经过毛麦清理阶段的处理后，小麦含有的大杂及灰尘极少，光麦清理阶段主要是针对小麦籽粒部分进行处理，清理出的麦皮和瘪麦较多，且这部分杂质的 DON 含量较高；②光麦清理阶段的小麦经过润麦后，小麦表面水分含量增加，易于进行表面处理。

四、各清理过程去除 DON 效果

根据小麦清理设备的类型和运用原理，可以将各清理步骤分为下面几类：风选过程，包括自循环风选机和垂直吸风道等；筛选过程，包括自衡振动筛和平面回转筛等；表面处理过程，包括打麦机和碾麦机；重力分选过程，一般包括重力去石机和重力分级去石机等；精选过程，包括滚筒精选机和螺旋精选机（即荞子抛车）等。

将本试验中小麦清理步骤进行分类后，分别分析小麦清理过程各种类去除 DON 的效果，由表 4-3 可以得知，此生产线小麦清理过程中，风选过程共去除

表 4-3　不同清理过程种类去除 DON 的总量

清理过程分类		杂质质量/kg	DON 质量/g	杂质总质量/kg	去除 DON 总量/g
风选过程	垂直吸风道 I	234	8.71	1099	40.56
	自循环风选机 I	172	4.54		
	垂直吸风道 II	135	4.78		
	自循环风选机 II	352	13.89		
	自循环风选机 III	206	8.64		
表面处理过程	打麦机 I	327	4.91	1014	22.81
	打麦机 II	292	6.30		
	碾麦机	395	11.60		
筛选过程	自衡振动筛 I	303.5	2.34	950.5	9.24
	自衡振动筛 II	267	2.58		
	平面回转筛	205	2.65		
	自衡振动筛 III	175	1.67		
精选过程	荞子抛车	17.3	—	17.3	—
重力分选过程	重力分级去石机 I	78.1	—	93.7	—
	重力分级去石机 II	15.6	—		

DON 40.56g，表面处理过程共去除 DON 22.81g，筛选过程共去除 DON 9.24g，而精选过程和重力分选过程都没有去除 DON。去除 DON 效果最好的清理过程种类是风选过程，去除的 DON 总量占总清理过程去除 DON 总量的 55.86%；其次为小麦表面处理过程和筛选过程；精选过程和重力分选过程没有去除 DON 的效果。在本研究中，小麦清理过程中的精选过程和重力分选过程对去除 DON 都没有效果。而风选过程清理出的杂质多是瘪麦、灰尘和一部分的麦皮和麦毛等低密度杂质，表明这些低密度杂质中的 DON 含量较多，而且易于通过小麦清理过程被去除。

而在小麦表面处理过程中，因为碾麦机的碾麦力度比打麦机的打麦力度明显要强，去除小麦表皮的效果更好，所以去除的 DON 质量也明显高于打麦机。因此，若能加大小麦清理过程中的碾麦和打麦力度，提高小麦清理过程中的表面处理水平，将会对去除小麦中的 DON 起到很大的作用。另外，在采集样本时，发现瘪麦和其他污染 DON 的小麦几乎均呈红色或灰色，因此，在小麦清理过程中若可以通过小麦色选技术筛选出大量被污染的红色和灰色的小麦，尤其是在白麦的清理过程中，其去除小麦中 DON 的效果会更为显著（Delwiche and Hareland，2004）。

第二节　制粉工艺对小麦中 DON 的去除效果

一、实验制粉工艺去除小麦中 DON 的效果

小麦制粉是小麦加工过程中的关键步骤，收获后的小麦主要通过制粉过程得到面粉，从而进入消费者市场中。对小麦制粉工艺去除其中 DON 的研究开始于 20 世纪 80 年代，主要集中于国外，分别研究了采集自加拿大、美国、韩国、日本的小麦。进入 21 世纪后，意大利、捷克和瑞士也开始了相关的研究。小麦制粉工艺可以起到对 DON 进行分配的作用，从而得到 DON 含量明显降低的面粉。但是，关于制粉工艺去除 DON 的研究较为分散，仅仅通过实验磨来研究，而实际中面粉主要通过工业制粉获得，对工业出粉各粉路 DON 含量并未做分析，且未能研究不同 DON 含量的小麦通过制粉工艺后得到的面粉中 DON 含量与初始含量直接的关系。

（一）实验制粉工艺

采用布勒实验磨（MLU-202），实验磨及其出粉粉路图见图 4-2，实验过程参照小麦实验制粉标准：第 1 部分，设备、样品制备和润麦（NY/T 1094.1—2006）；第 2 部分，布勒氏法用于硬麦（NY/T 1094.2—2006）和第 4 部分，布勒氏法用于

软麦统粉（NY/T 1094.4—2006）。

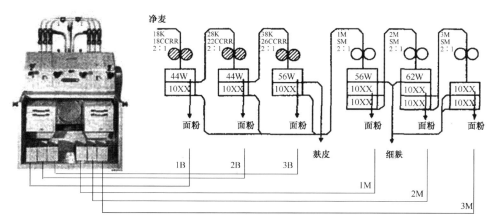

图 4-2　布勒实验磨及其出粉粉路图

取小麦样品，清理后得到 1000g 净麦，按照 GB 5009.3—2016《食品安全国家标准 食品中水分的测定》中的直接干燥法测定净麦水分含量，计算润麦所需的水分；通过两步润麦法，使硬质小麦的水分达到 16%，润麦 24h，使软质小麦的水分达到 14.5%，润麦 22h。磨粉间的温度控制在 20～24℃、相对湿度为 60%～70%，以保证实验结果的再现性。在每个样品磨粉之前将磨空转 30min，进行清理，以避免样品间的交叉感染。清理完毕后，将样品倒入磨料斗中，开动实验磨即可。最后得到皮磨粉 1B、2B、3B，心磨粉 1M、2M、3M，细麸和麸皮 8 种组分，并分别对其进行收集、称重。其中，检测小麦 A～D 的上述 6 种粉路（1B、2B、3B、1M、2M、3M）面粉的 DON 含量后，再将各粉路面粉混匀成统粉；而磨完小麦 E～I 后直接将 6 种粉路面粉混匀，得到统粉。实验制粉工艺中，对小麦 A～D，采集皮磨粉 1B、2B、3B，心磨粉 1M、2M、3M，细麸和麸皮 8 种组分；对小麦 E～I，采集统粉、细麸和麸皮 3 种组分。

（二）DON 污染对小麦出粉率的影响

小麦 A、B、C、D 采用布勒实验磨制粉，得到 8 种组分，各组分的质量、DON 含量与总量如表 4-4 所示，同一品种小麦 A、B、C 的出粉率如表 4-5 所示。

据表 4-5 可得，同一品种的小麦 A、B、C 经过制粉后出粉率依次为 69.07%、67.79% 和 67.56%，DON 含量高的小麦的出粉率最小，含量低的小麦的出粉率最大。表明小麦出粉率随着小麦中 DON 含量升高而逐渐降低。并且，据表 4-4 可以得出，小麦 A、B、C、D 所得麸皮的平均 DON 含量分别为其小麦籽粒的 2.89 倍、2.55 倍、2.34 倍和 1.71 倍，小麦麸皮相对于小麦中的 DON 含量随着小麦 DON 含量的升高而逐渐降低，也验证了随着 DON 含量的增加，真菌不断侵蚀小麦内

表 4-4　小麦制粉前后各组分质量及 DON 含量变化与总量分布表

样品	组分	质量/g	DON 含量/（μg/g）	DON 含量变化	DON 总量/μg	组分所占比例
小麦 A	籽粒	1000.00	0.78±0.09	—	784.53	—
	麸皮	200.61	2.27±0.05	188.77%	455.38	58.04%
	细麸	75.51	1.47±0.14	87.76%	111.00	14.15%
	1B 粉	72.82	0.36±0.04	−54.73%	26.22	3.34%
	2B 粉	76.45	0.42±0.05	−46.43%	32.11	4.09%
	3B 粉	25.98	0.51±0.06	−34.96%	13.25	1.69%
	1M 粉	483.14	0.23±0.02	−70.27%	111.12	14.16%
	2M 粉	87.30	0.57±0.07	−27.50%	49.76	6.34%
	3M 粉	19.48	0.49±0.04	−37.33%	9.54	1.22%
	统粉	764.90	0.32±0.03	−60.31%	242.00	30.85%
小麦 B	籽粒	1000.00	1.18±0.10	—	1181.67	—
	麸皮	207.52	2.55±0.08	115.89%	529.35	44.80%
	细麸	63.32	2.08±0.24	76.25%	131.84	11.16%
	1B 粉	66.96	0.67±0.05	−43.49%	44.67	3.78%
	2B 粉	72.97	0.75±0.06	−36.86%	54.39	4.60%
	3B 粉	21.44	0.78±0.07	−34.11%	16.66	1.41%
	1M 粉	494.10	0.75±0.05	−36.80%	369.00	31.23%
	2M 粉	81.81	0.65±0.07	−44.90%	53.26	4.51%
	3M 粉	13.47	0.89±0.13	−24.48%	11.96	1.01%
	统粉	750.50	0.73±0.17	−37.96%	549.94	46.54%
小麦 C	籽粒	1000.00	1.50±0.16	—	1495.03	—
	麸皮	239.92	3.19±0.40	113.09%	764.27	51.12%
	细麸	60.63	2.07±0.33	38.14%	125.15	8.37%
	1B 粉	65.25	0.85±0.09	−42.96%	57.05	3.82%
	2B 粉	78.26	1.02±0.06	−31.71%	74.43	4.98%
	3B 粉	35.58	1.20±0.17	−19.56%	25.73	1.72%
	1M 粉	458.23	0.70±0.04	−55.86%	302.40	20.23%
	2M 粉	91.24	0.88±0.06	−40.84%	80.66	5.40%
	3M 粉	19.71	1.34±0.13	−10.70%	17.89	1.20%
	统粉	748.00	0.78±0.08	−50.09%	580.19	37.33%
小麦 D	籽粒	1000.00	2.98±0.31	—	2982.48	—
	麸皮	226.00	5.11±0.25	71.49%	1155.91	38.76%
	细麸	52.99	6.01±0.64	101.56%	318.01	10.66%
	1B 粉	3.33	2.18±0.33	−26.94%	166.70	5.59%
	2B 粉	76.51	2.34±0.19	−21.62%	189.35	6.35%
	3B 粉	81.00	2.23±0.30	−25.18%	68.73	2.30%
	1M 粉	30.83	1.74±0.22	−41.50%	843.03	28.27%
	2M 粉	483.26	2.78±0.18	−6.89%	208.00	6.97%
	3M 粉	74.94	2.88±0.08	−3.37%	57.93	1.94%
	统粉	766.50	2.00±0.11	−32.91%	1533.75	51.43%

注：1. 表内数据为 3 次处理测定结果的平均值，以（平均值±标准偏差）表示；2. 上述表内 DON 含量均基于干物质含量计算；3. DON 含量变化中出现的正值表示该含量相对增加的比例，负值表示该含量相对减少的比例

表 4-5　同一小麦品种 A、B、C 通过制粉后的出粉率

小麦种类	籽粒 DON 含量/（μg/g）	出粉率/%
小麦 A	0.78±0.09	69.07
小麦 B	1.18±0.10	67.79
小麦 C	1.50±0.16	67.56

注：出粉率（%）=（$M_{1B}+M_{2B}+M_{3B}+M_{1M}+M_{2M}+M_{3M}$）/$M$×100，其中 M_{1B}、M_{2B}、M_{3B}、M_{1M}、M_{2M}、M_{3M} 分别为 1 皮粉、2 皮粉、3 皮粉、1 心粉、2 心粉、3 心粉的面粉质量（g），M 为入磨前净麦质量（g）；表内数据为 3 次处理测定结果的平均值；以（平均值±标准偏差）表示

部，DON 也不断向胚乳部分转移。因此，采用重力作用对小麦进行分级，去除污染 DON 严重的轻质小麦，在提高小麦出粉率的同时，也有助于减少制得的面粉中 DON 含量。

小麦 C 中 DON 含量较高，污染较为严重。真菌已经缓慢侵入小麦籽粒内侧，致使污染胚乳的程度加大；并不断侵蚀小麦胚乳，致使小麦中胚乳含量不断减少；小麦籽粒不再饱满，会产生部分空扁、干瘪的情况，致使单个小麦籽粒质量下降，由胚乳部分所制得的面粉含量也不断降低。

（三）DON 在小麦籽粒中的分布

小麦经过制粉后，各组分中 DON 含量变化如图 4-3 所示。在制粉过程中，皮层主要得到麸皮、细麸，内层胚乳则得到面粉，包含 1B 粉、2B 粉、3B 粉、1M 粉、2M 粉、3M 粉。由图 4-3 可以看出，麸皮和细麸的 DON 含量要明显高于小

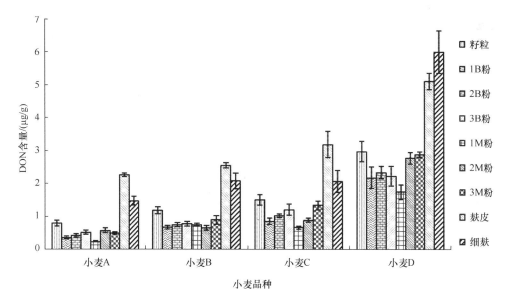

图 4-3　小麦制粉后各组分的 DON 含量变化

麦籽粒和面粉的 DON 含量，由此推断，小麦中的 DON 主要集中在小麦的皮层部分。由表 4-4 可得，由 4 种小麦皮层部分得到的麸皮和细麸的 DON 总量分别占到小麦 DON 总量的 72.19%、55.96%、59.49%、49.42%，表明 DON 含量越高的小麦，其内部胚乳部分的 DON 总量所占的比重越大。验证了 DON 主要分布在小麦皮层，并随着 DON 含量的增加，DON 逐渐从外部皮层向内部胚乳部分侵染。因此，在小麦清理过程中，必须重视对高 DON 含量的小麦的清理，以去除 DON 含量较高的小麦籽粒，确保面粉的质量安全。

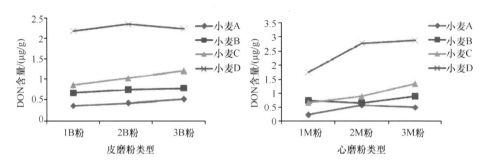

图 4-4　小麦经过制粉得到不同粉路面粉的 DON 含量变化

小麦经过制粉得到不同粉路面粉的 DON 含量变化如图 4-4 所示，在图 4-4 中可以看到，小麦 A、B、C、D 的多点粉路中，从 1B 粉到 3B 粉，1M 粉到 3M 粉，其 DON 含量基本上都呈上升的趋势，而且在皮磨粉中 1B 粉的 DON 含量、心磨粉中 1M 粉 DON 含量都是最小的。根据现代制粉工艺流程一般强调的垂直流向、轻研细分的原理，各系统的面粉从小麦胚乳的不同部位而得，基本能体现胚乳内各部分的组成及性质。而布勒实验磨则是按照现代制粉原理来模拟制成的，其得出的各个粉点也基本代表了小麦胚乳的各个不同部分。在整个粉路中，3B 粉及 3M 粉最接近小麦皮层部分，1M 粉和 1B 粉最接近胚乳中心部分，表明在小麦胚乳部分中，DON 含量也是从内往外逐渐升高的，真菌是不断从外部向内部侵染的，小麦胚乳中心 DON 含量最低。

（四）小麦中 DON 的去除效果

从表 4-4 中可以得到，小麦经过实验制粉后，存留在面粉中的 DON 总量仅为原来小麦的 29.79%～51.43%，其余部分都残留在小麦麸皮和细麸中。通过小麦实验制粉工艺，可以将小麦中的 DON 进行有效去除，得到 DON 含量较低的面粉，而面粉是实际生产中面制品的主要原料。

为研究实验制粉工艺去除小麦 DON 的效果，本试验还选用了小麦 E～I 进行布勒氏制粉，并检测其中籽粒和面粉的 DON 含量。所有小麦籽粒的初始 DON 含量和最后得到的面粉的 DON 含量见表 4-6，小麦籽粒的平均 DON 含量为 0.78～9.78μg/g，共分 9 个梯度，得到的面粉的平均 DON 含量为 0.32～7.33μg/g，而经过实验制粉后，面粉中平均 DON 含量相对于小麦最高减少了 60.31%，最低减少了 23.67%，并且基本上呈小麦中 DON 含量越高，制得的面粉中 DON 含量减少越少的趋势。

表 4-6　不同 DON 含量小麦在实验制粉前后 DON 含量的变化

小麦种类	籽粒 DON 含量/（μg/g）	面粉 DON 含量/（μg/g）	DON 含量减少/%
小麦 A	0.78±0.09	0.32±0.03	60.31
小麦 B	1.18±0.10	0.73±0.17	37.96
小麦 C	1.50±0.16	0.78±0.08	50.09
小麦 D	2.98±0.31	2.00±0.11	32.91
小麦 E	2.22±0.16	1.30±0.08	41.44
小麦 F	4.21±0.23	2.71±0.09	35.63
小麦 G	5.49±0.08	3.92±0.22	28.60
小麦 H	6.59±0.41	5.03±0.19	23.67
小麦 I	9.78±0.36	7.33±0.35	25.05

注：1. 表内数据为 3 次处理测定结果的平均值（用平均值±标准偏差表示）；2. 表内 DON 含量均基于干物质含量计算

通过小麦实验制粉工艺，可得到 DON 含量明显减少的面粉，DON 含量越高的小麦（小麦 G），经过实验制粉工艺得到的面粉中 DON 含量减少的效果越差，而 DON 含量较低的小麦（小麦 A），经过实验制粉工艺后，得到的面粉中的 DON 含量相对小麦籽粒的 DON 含量减少的比例则较高。针对小麦籽粒 DON 含量与制得的面粉中 DON 含量之间的关系，得出如图 4-5 所示的幂函数回归方程，回归方程为 $y=0.498x^{1.206}$，$R^2=0.991$。从回归方程也可以得出，随着小麦中 DON 含量的升高，得到的面粉中的 DON 含量呈幂函数升高，从而使实验制粉工艺去除小麦中 DON 的效果不断减弱。

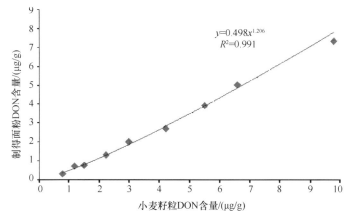

图 4-5　小麦籽粒 DON 含量与制得面粉中 DON 含量的关系

（五）小麦品种与 DON 防控

在采集的小麦中，发现 DON 含量较高的小麦多为小麦赤霉病的中感、中抗品种，如宁麦 15、扬麦 13；而 DON 含量较少的小麦则多为高抗小麦赤霉病的小麦品种，如郑麦 9023、烟农 19，并且发现郑麦 9023 的赤霉病抗性要优于烟农 19。因此，小麦抗性品种的推广对 DON 的防控，特别是在小麦赤霉病多发地区，有着极为重要的作用。

二、工业制粉工艺去除小麦中 DON 的效果

（一）小麦工业制粉工艺

工业制粉采用了轻磨细研、均匀出粉的制粉方法，面粉厂制粉工艺采取五皮八心二渣二尾工艺，见图 4-6。本研究主要关注对小麦制粉最为重要的皮磨和心磨系统。

图 4-6　面粉厂制粉车间及制粉设备图（彩图请扫封底二维码）

工业制粉中，根据现代制粉工艺流程，在生产线上的各出粉点进行在线采样，并只采集皮磨粉、心磨粉和次粉、麸皮，不考虑渣磨、尾磨、重筛。集中时间一次性在粉路中各系统取得 33 个面粉样品，其中皮磨粉 10 个、心磨粉 20 个、标准粉 1 个、次粉 1 个、麸皮 1 个。为减少实验误差，每个样品共采集 3 次。

（二）工业制粉工艺去除小麦中 DON 的效果

小麦经过清理过程得到净麦，制粉后各组分中 DON 含量变化如表 4-7 所示。在制粉过程中，外皮主要得到麸皮、细麸，内层胚乳则得到面粉，在皮磨和心磨

系统中，主要得到 1B～5B 粉，1M～8M 粉，分别包括 1B$_1$、1B$_2$、1B$_3$、2B$_1$、2B$_2$、2B$_3$、3B$_1$、3B$_2$、4B、5B，1MC$_{1上}$、1MC$_{1下}$、1MC$_{2上}$、1MC$_{2下}$、1MF$_{上}$、1MF$_{下}$、2M$_{1上}$、2M$_{1下}$、2M$_{2上}$、2M$_{2下}$、3M$_{上}$、3M$_{下}$、4M$_{上}$、4M$_{下}$、5M$_{上}$、5M$_{下}$、6M$_{上}$、6M$_{下}$、7M、8M。

表 4-7 小麦工业制粉后各组分中 DON 含量

样品名称		DON 含量/（μg/g）	平均 DON 含量/（μg/g）
1B	1B$_1$	0.93±0.11	
	1B$_2$	0.93±0.04	0.93±0.07
	1B$_3$	0.94±0.04	
2B	2B$_1$	1.14±0.07	
	2B$_2$	1.09±0.12	1.12±0.10
	2B$_3$	1.13±0.08	
3B	3B$_1$	1.35±0.10	1.32±0.15
	3B$_2$	1.29±0.22	
4B		1.48±0.13	1.48±0.13
5B		1.61±0.20	1.61±0.20
1M	1MC$_{1上}$	0.88±0.13	
	1MC$_{1下}$	0.85±0.09	
	1MC$_{2上}$	0.93±0.16	
	1MC$_{2下}$	0.94±0.06	0.90±0.09
	1MF$_{上}$	0.89±0.09	
	1MF$_{下}$	0.93±0.02	
2M	2M$_{1上}$	1.09±0.14	
	2M$_{1下}$	1.17±0.11	
	2M$_{2上}$	1.04±0.05	1.10±0.11
	2M$_{2下}$	1.10±0.11	
3M	3M$_{上}$	1.22±0.27	1.21±0.12
	3M$_{下}$	1.19±0.06	
4M	4M$_{上}$	1.38±0.05	1.41±0.08
	4M$_{下}$	1.43±0.13	
5M	5M$_{上}$	1.57±0.16	1.53±0.15
	5M$_{下}$	1.49±0.15	
6M	6M$_{上}$	1.56±0.08	1.57±0.11
	6M$_{下}$	1.57±0.14	

续表

样品名称	DON 含量/（μg/g）	平均 DON 含量/（μg/g）
7M	1.64±0.13	1.64±0.13
8M	1.69±0.16	1.69±0.16
标准粉	1.22±0.04	1.22±0.04
麸皮	3.46±0.19	3.46±0.19
次粉	1.95±0.15	1.95±0.15

注：1. 表内数据为 3 次处理测定结果的平均值，用（平均值±标准偏差）表示；2. 表内 DON 含量均基于干物质含量计算

此批小麦从毛麦开始，经过清理得到的净麦，制粉得到的标准粉、麸皮和次粉的各部分 DON 含量变化如图 4-7 所示。从图 4-7 可以看出，经过制粉得到的标准粉的 DON 含量为 1.22μg/g，相对于毛麦初始 DON 含量，下降了 41.06%；同时，与实验制粉工艺得出的规律相同的是，麸皮和次粉的 DON 含量要明显高于小麦籽粒和标准粉的 DON 含量，原因是麸皮主要由小麦的表皮得到，次粉主要由小麦的糊粉层和部分胚乳外层得到，这验证了小麦中的 DON 主要集中在小麦的皮层部分这一规律。

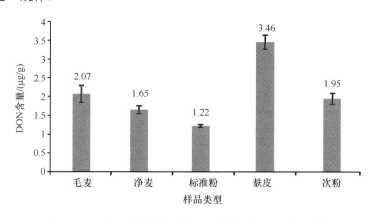

图 4-7　小麦工艺制粉前后各主要样品的 DON 含量变化

另外，从表 4-7 可以看出，经过工业制粉工艺后，得到的 1MC₁ 下的平均 DON 含量最低，为 0.85μg/g，相对于毛麦，DON 含量下降了 58.90%。与此同时，在得到的多个出粉点的面粉中，1B 粉、1M 粉的所有粉路面粉的 DON 含量均小于国家关于 DON 含量的限量标准，这也充分证明了小麦工业制粉工艺是一个有效获得低 DON 含量面粉的加工方法。

（三）小麦籽粒 DON 分布规律分析

目前在制粉中使用的长粉路生产线，采用了轻磨细研、均匀出粉的制粉方法，一边通过皮磨系统磨出面粉，同时利用清粉机分选出较纯的麦心，将其送到心磨

系统，逐步磨研出所需精度的面粉。在这个过程中，小麦胚乳（包括少量糊粉层）的各个部分被逐步分配到了不同的出粉点（李巍，2005）。

在所测粉路中，皮磨系统（1B$_1$～5B）所出面粉主要来源于接近皮层的胚乳部分，而心磨系统（1MC$_1$上～8M）所出面粉则主要来源于接近麦心的部分。在整个粉路中，1B、1M 最接近小麦胚乳部分，而 5B、8M 最接近小麦皮层部分（徐荣敏，2006）。根据表 4-7 的数据，可以得到图 4-8，皮磨粉从 1B～5B，其 DON 含量逐渐升高，心磨粉从 1M～8M，规律与皮磨粉一致。因此，其得到的结果与实验制粉工艺得到的 DON 在小麦籽粒的分布规律一致，更加验证了 DON 主要分布在小麦的皮层，其含量在胚乳中从内往外逐渐升高。

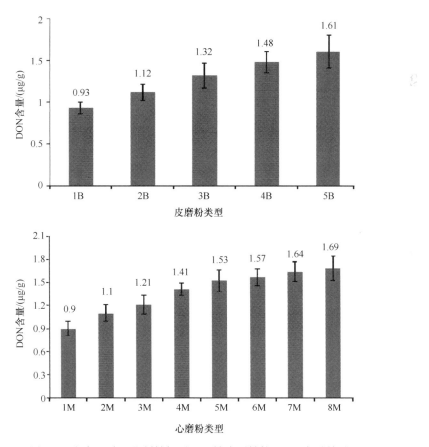

图 4-8　小麦经过工业制粉得到不同粉路面粉的 DON 含量差异

第三节　分层碾磨工艺去除小麦中 DON 的效果及应用前景

分层碾磨工艺开始于 1930 年瑞士 STEINMETZ 公司取得的关于小麦脱皮和碾

磨工艺的发明专利，随后日本佐竹公司于 1994 年公布了 21 世纪的制粉技术——PERITEC 脱皮制粉法，也即分层碾磨法。

分层碾磨工艺也叫脱皮制粉工艺或是分层碾磨制粉技术，其核心是采用了摩擦机（friction machine）和剥刮机（abrasion machine）两种设备。摩擦机主要是利用小麦颗粒之间的摩擦力除去小麦表皮，通过调节物料间的压力，可以改变麦皮去除的程度。而剥刮机是利用外来的摩擦物，如砂辊擦去小麦表皮，相对于摩擦机，该设备的作用更强，通过改变砂辊的粗细度可以改变去皮的程度，利用轴后段的光滑砂辊再对脱皮后的小麦进行抛光（时予新，1995；Dexter and Wood，1996；柴田恒彦，1998；朱莉，1998；顾尧臣和唐明和，2000；段笑敏，2002）。

在实际生产中，通过分层碾磨工艺，小麦的皮层在进入皮磨系统之前就已有 6%～10% 被磨掉，这样，皮和渣等物料会相应减少并产生较多的麦心，使面粉的出粉率提高 1%～3%，麸星含量也相应减少，同时粉路缩短为 3～8 皮，碾麦机的电耗降低，还可以提高出粉率，提高所得面粉的营养价值，增加设备生产能力，因此具有广阔的应用前景（顾尧臣，1997a，1997b；朱莉，1998；顾尧臣和唐明和，2000；段笑敏，2002）。根据本章第二节可知，DON 主要分布在小麦的表皮部分，因此开展了分层碾磨工艺降低小麦中 DON 的相关研究。

一、分层碾磨工艺去除小麦中 DON 的效果

（一）分层碾磨工艺

采用该系列的检验碾米机，根据其去掉糙米皮层的原理，利用压陀的内压力和机械力的推动，使小麦麦粒挤压在碾白室内，经过自相摩擦，以及麦粒和砂轮之间的互相擦离之后，就能迅速去掉麦粒的表皮。本实验利用碾米机连续脱皮 3 次。

操作方法：将碾米机平稳放在工作台上，插上电源插头，确定碾米时间，调好定时旋钮；取出料斗里的压陀，取出麦粒 20g（水分含量不超过 15%）放入进料斗，任其流入碾白室内，先按下电源按钮启动一会儿，然后再放下压陀；到规定时间，碾米机即自动停转，先取出料斗，清除麦皮；再插上接料斗，然后取出压陀，将前面的转动手柄向右转 90°，使碾白室的小麦落到接斗室内，将定时旋钮调到 0 位，按下电源按钮使砂轮空转数秒钟，使碾白室内小麦全部掉落，然后拉出接料斗，经过筛理即得所测之精米。

每次试验取小麦 300g，分成 3 组，每组分 5 批进行碾磨，每批碾磨 3 次，每次 90s。为减少组间差异，将每批次小麦碾磨得到的麦皮和最后所得到的脱皮小麦进行统一收集，检测其 DON 含量，然后取 3 组数据的平均值。分层碾磨设备的图片如图 4-9 所示，模拟的分层碾磨效果如图 4-10 所示。

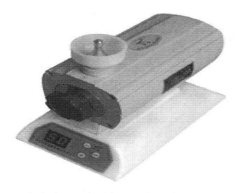

图 4-9　小麦分层碾磨设备图（彩图请扫封底二维码）

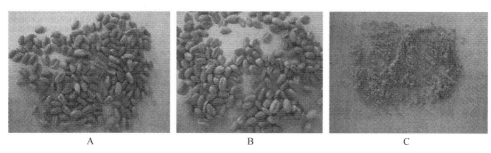

A　　　　　　　　　　B　　　　　　　　　　C

图 4-10　分层碾磨效果图（彩图请扫封底二维码）

A、B、C 分别为分层碾磨前小麦、第一次碾磨后小麦和第一次碾磨后所得小麦表皮

（二）分层碾磨去除 DON 的原因

小麦经过连续 3 次分层碾磨工艺后，可以得到 3 道表皮和脱皮小麦，分别检测其 DON 含量，得到的结果见表 4-8。

表 4-8　小麦经过 3 次碾磨前后各样品 DON 含量变化

	样品名称	质量/g	DON 含量/（μg/g）	DON 含量变化/%
	籽粒	100	1.18±0.10	——
	表皮 a	2.42	8.34±0.27	−606.78
小麦 1	表皮 b	2.09	9.65±0.24	−717.80
	表皮 c	1.33	5.72±0.13	−384.75
	脱皮小麦	94.16	0.91±0.11	22.88
	籽粒	100	4.21±0.23	——
	表皮 a	2.69	18.33±0.48	−335.39
小麦 2	表皮 b	2.33	19.81±0.35	−370.55
	表皮 c	1.55	18.57±0.82	−350.12
	脱皮小麦	93.43	3.74±0.33	11.16

续表

	样品名称	质量/g	DON 含量/（μg/g）	DON 含量减少/%
	籽粒	100	9.78±0.36	—
	表皮 a	3.01	27.69±1.05	−183.13
小麦 3	表皮 b	2.47	30.25±0.56	−209.30
	表皮 c	1.92	30.04±0.77	−207.16
	脱皮小麦	92.60	9.17±0.29	6.24

注：1. 表内数据为 3 次处理测定结果的平均值，用（平均值±标准偏差）表示；2. 表内 DON 含量均基于干物质含量计算；3. DON 含量变化中出现的正值表示该含量相对增加的比例，负值表示该含量相对减少的比例；4. 表皮 a、b、c 分别代表小麦经第一、第二、第三次碾磨后得到的表皮

由表 4-8 可知，小麦 1 经过分层碾磨工艺得到了 94.16g 脱皮小麦，平均 DON 含量为 0.91μg/g，其中表皮 a 为 2.42g，DON 含量为（8.34±0.27）μg/g；表皮 b 为 2.09g，DON 含量为（9.65±0.24）μg/g；表皮 c 为 1.33g，DON 含量为（5.72±0.13）μg/g。小麦 2 经过分层碾磨工艺得到了 93.43g 脱皮小麦，平均 DON 含量为 3.74μg/g，其中表皮 a 为 2.69g，DON 含量为（18.33±0.48）μg/g；表皮 b 为 2.33g，DON 含量为（19.81±0.35）μg/g；表皮 c 为 1.55g，DON 含量为（18.57±0.82）μg/g。小麦 3 经过分层碾磨工艺得到了 92.60g 脱皮小麦，平均 DON 含量为 9.17μg/g，其中表皮 a 为 3.01g，DON 含量为（27.69±1.05）μg/g；表皮 b 为 2.47g，DON 含量为（30.25±0.56）μg/g；表皮 c 为 1.92g，DON 含量为（30.04±0.77）μg/g。

通过对上面的数据进行分析可以得出，经过分层碾磨工艺后，得到的脱皮小麦的质量随着初始小麦 DON 含量的升高而降低，原因应该是初始 DON 含量较高，会导致受 DON 污染小麦的质量变小、变瘪、变皱，从而使小麦表皮硬度变小，易于分层碾磨，促使更多的表皮从中脱落。同时，将表 4-8 的结果制成图 4-11，由图 4-11 可以得到，3 个小麦样品中，表皮 b 的 DON 含量都高于表皮 a，而表皮 c 的 DON 含量低于表皮 b，可见小麦表皮中 DON 含量不是从外至内逐层减少，而是一个先增加后减少的过程。究其原因可能是以下几个方面：①表皮 a 是小麦的最外层部分，而小麦外层可能因为未能清理干净，存在一部分的灰尘、麦壳等非小麦表皮部分，从而降低了外表皮的 DON 含量；②DON 主要分布在小麦的皮层，而王文龙（2008）等分析镰刀菌菌丝大多分布在小麦籽粒表皮的内侧和外侧，且有明显的从外向内延伸的趋势。因此，受 DON 污染并且含量超过国家标准限量的小麦，其侵染菌丝已经从外至内开始延伸，从而导致最外层的 DON 含量并不是最大的。另外，从表 4-8 和图 4-11 都可以看出，从小麦 1 至小麦 3，随着 DON 含量的增高，表皮 c 中 DON 含量相对于表皮 b 的减少率逐渐降低（分别为 40.73%、4.34%、0.69%）。其原因为 DON 主要分布在表皮，并随着受污染小麦 DON 含量

的增加，DON 侵染小麦程度的不断加大，存在于小麦表皮的 DON 会逐渐减少。因此，小麦 1 由于受 DON 污染程度较低，DON 还主要分布在小麦表皮，越往内，DON 含量减少越快，从而使表皮 c 中 DON 含量相对于表皮 b 的减少率最低；小麦 3 正好相反。

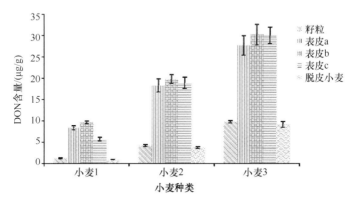

图 4-11　小麦经分层碾磨前后各样品 DON 含量变化趋势图

（三）分层碾磨去除 DON 的效果

通过对小麦籽粒和经过分层碾磨工艺得到的脱皮小麦的 DON 含量进行分析比较，得到了分层碾磨工艺去除小麦中 DON 的效果，所得结果如图 4-12 所示。经过分层碾磨工艺后，小麦 1 中 DON 的去除率为 22.88%，小麦 2、小麦 3 分别为 11.16% 和 6.24%。由图 4-12 可知，小麦 1 至小麦 3，随着小麦中 DON 含量的增加，虽然碾去小麦的质量不断增加，但是分层碾磨工艺去除 DON 的效果逐渐减弱。其原因主要是 DON 主要分布于小麦表皮，且随着受污染小麦 DON 含量的增高，小麦表皮中 DON 的含量减少，并不断转移至小麦胚乳中。因此，当采用分层碾磨工艺时，受污染小麦 DON 含量越低，通过碾皮从而去除小麦中 DON 的效果越好。

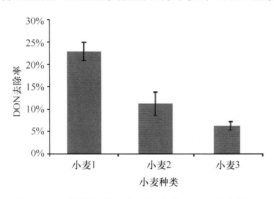

图 4-12　分层碾磨工艺对小麦中 DON 的去除率

二、分层碾磨工艺去除小麦中 DON 的应用前景

由于 DON 主要分布在小麦表皮，因此，采用分层碾磨工艺可以通过碾去小麦表皮而去除大量的 DON，且随着受污染小麦中 DON 含量的降低，去除效果不断增强。在实际生产中，收获的小麦很少有 DON 含量较高的，大部分都是 DON 含量超出国家限量标准较低的小麦，因此，分层碾磨工艺具有较大的适用性。特别是增加分层碾磨的次数和加大分层碾磨的力度，可以增强其去除 DON 的效果。

另外，本实验的分层碾磨工艺应用到工业生产中就成为脱皮制粉工艺（分层碾磨制粉技术），其具有以下优点：①提高出粉率，并可以改善面粉的粉色；②可以简化加工优质面粉的工艺流程，减少设备投资和建筑面积；③减少润麦时间，碾皮后的小麦多是采用多出口单仓动态润麦技术，仓容更小；④可以提高面粉中的营养成分；⑤增加设备生产能力，降低能源损耗。因此，脱皮制粉工艺具有很好的经济效益和社会效益，应用前景广泛（魏益民等，1997）。因此，利用分层碾磨工艺去除 DON 的应用前景广阔。

参 考 文 献

柴田恒彦. 1998. 21 世纪的制粉技术——脱皮制粉 PeriTee. 北京: 21 世纪中国谷物与油脂科学技术发展中青年论坛.

段笑敏. 2002. 小麦加工方法对面粉品质的影响. 粮食与饲料工业, (1): 5-7.

顾尧臣. 1997a. 96 小麦剥皮制粉技术研讨会评论(一). 粮食与饲料工业, (3): 4-7.

顾尧臣. 1997b. 96 小麦剥皮制粉技术研讨会评论(二). 粮食与饲料工业, (4): 1-5.

顾尧臣, 唐明和. 2000. 小麦碾皮制粉的发展. 西部粮油科技, 25(1): 3-7.

李巍. 2005. 制粉工艺中不同出粉点的品质特性分析. 面粉通讯, (03): 12-16.

时予新. 1995. 制粉技术: 小麦剥皮制粉. 郑州粮食学院学报, (2): 14-20.

王文龙. 2008. 小麦籽粒中脱氧雪腐镰刀菌烯醇及镰刀菌菌丝分布研究. 呼和浩特: 内蒙古农业大学硕士学位论文.

魏益民, 欧阳韶晖, 张国权, 等. 1997. 小麦分层碾磨制粉技术探讨. 中国商办工业, 10: 33-35.

徐荣敏. 2006. 小麦胚乳结构中各部位淀粉的理化特性及其与面条品质的关系. 郑州: 河南工业大学硕士学位论文.

中华人民共和国农业部. 2006. 小麦实验制粉标准: 第 1 部分: 设备、样品制备和润麦: NY/T 1094.1—2006. 北京: 中国农业出版社: 1-14.

中华人民共和国农业部. 2006. 小麦实验制粉 第 2 部分: 布勒氏法 用于硬麦: NY/T 1094.2—2006. 北京: 中国农业出版社: 1-10.

中华人民共和国农业部. 2006. 小麦实验制粉 第 4 部分: 布勒氏法 用于软麦统粉: NYT 1094.4—2006. 北京: 中国农业出版社: 1-5.

朱莉. 1998. 小麦碾皮制粉技术回顾与展望. 粮食与饲料工业, (2): 4-5.

Delwiche S R, Hareland G A. 2004. Detection of scab-damaged hard red spring wheat kernels by near-infrared reflectance. Cereal Chemistry, 81(5): 643-649.

Dexter J E, Wood P J. 1996. Recent application of debraning of wheat before milling. Trend in Food Science and Technology, 7(2): 35-40.

Scott P M, Kanhere S R, Lau P Y, et al. 1983. Effects of experimental flour milling and breadbaking on retention of deoxynivalenol (vomitoxin) in hard red spring wheat. Cereal Chemistry, 60: 421-424.

Seitz L M, Eustace W D, Mohr H E, et al. 1986. Cleaning, milling and baking tests with hard red winter wheat containing deoxynivalenol. Cereal Chemistry, 63(2): 146-150.

Seitz L M, Yamazaki W T, Clements R L, et al. 1985. Distribution of deoxynivalenol in soft wheat mill streams. Cereal Chemistry, 62(6): 467-469.

Tzachuk R, Dexter J E, Tipples K H, et al. 1991. Removal by specific gravity table of tombstone kernels and associated trichothecenes from wheat infected with *Fusarium* head blight. Cereal Chemistry, 68(4): 428-431.

Visconti A, Haidukowski E M, Pascale M, et al. 2004. Reduction of deoxynivalenol during durum wheat processing and spaghetti cooking. Toxicology Letters, 153(1): 181-189.

Young J C, Fulcher R G, Hayhoe J H, et al. 1984. Effect of milling and baking on deoxynivalenol (vomitoxin) content of eastern canadian wheats. Journal of Agricultural and Food Chemistry, 32(3): 659-664.

第五章　面制品加工对 DON 的去除效果

第一节　传统挂面加工对 DON 的去除效果

DON 具有易溶于水、在碱性条件下易降解的性质，其主要降解产物的细胞毒性降低（Bretz et al.，2006）。2012 年，我国挂面总量为 500 万～600 万 t，约占面粉总产量的 8%，面制品总量的 18%，挂面已成为我国居民的主食之一。碳酸钠是食品加工常用添加剂，其添加量可根据食品加工实际需要衡量，挂面加工过程中添加碳酸钠是改善面条品质或加工黄碱挂面的常用方法。研究发现，用 DON 污染的玉米加工玉米粉圆饼（tortilla，加工中加碱），其 DON 的破坏率为 72%～88%（Abbas et al.，1988），挂面加工过程中碳酸钠的合理利用对 DON 具有降解效果，挂面煮制过程对 DON 去除也具有较好的作用（Visconti et al.，2004；Sugita-Konishi et al.，2006；Moazami et al.，2014）。

一、DON 在面条煮制前的去除效果

（一）挂面加工方法

称取 200g 面粉倒入和面机，量取适量的水使面团最终含水量保持在 35%，加水量=200×（35%−A）/（1−35%）。称取占面粉干重 1%的食盐，加碱挂面和面时需另外分别称取占面粉干重 0.3%和 1.0%的碳酸钠，食盐及碳酸钠均先溶于水。在和面机上和面 4min，将面絮取出并在压面机上压延，压延工序如下：1.5mm 轴间距上压 3 次，其中直接压一次、对折压两次，放入自封袋静置 30min；1.2mm、0.9mm、0.7mm、0.5mm 轴间距依次压一次，使最终厚度为 1.0～1.1mm。面条干燥工艺按照 LS/T 3202—1993，先将面条置于 40℃、湿度 75%的恒温恒湿箱中 10h，取出自然晾干 10h。将晾干的面条装入自封袋中备用。

精确称量晾干后的挂面约 10g，将其置于 100mL 沸水中煮至无白心（约 7min），挑出面条沥去水分，测定面条及面汤中 DON 含量，做 3 次平行，测定结果均以干重计。

（二）DON 在面条煮制前的变化

研究发现自然界 DON 除以游离形式存在外，还可以结合葡萄糖（Chakrabarti

and Ghosal，1986；Berthiller et al.，2005；Berthiller et al.，2007；Sasanya et al.，2008）、脂肪酸（Savard，1991）、谷胱甘肽（Gardiner et al.，2010）、半纤维素（Tran et al.，2012）等，且以结合态形式存在的 DON 在消化的过程中会水解产生游离态 DON，从而对人体健康产生潜在危害。Tran 等（Liu et al.，2005；Zhou et al.，2007，2008；Tran et al.，2011）报道了经强酸水解后，玉米、小麦和大麦中 DON 总量与游离态相比最高可增加 70%以上，但结合态 DON 的产生受寄主植物代谢结合态 DON 的能力及环境气候、植物病害和虫害等的影响，不同生长条件下产生的结合态 DON 并不相同（Chakrabarti and Ghosal，1986）。因此，笔者采用 Tran 提供的方法分析了面粉及将面粉加工为湿挂面后 DON 总量及游离态 DON 的含量，全面分析结合态 DON 和游离态 DON 在加工中的变化。

以 2010 年安徽青山自然污染 DON 的小麦为原料，磨粉后得到 3 份不同 DON 含量的面粉，测定面粉及面条加工与煮制后 DON 含量的变化。利用 Bond Elut® Mycotoxin 净化柱，面粉添加回收实验测定的回收率为（93.1±2.1）%，说明实验结果具有较好的重复性，提取方法及检测条件具有较好的稳定性。图 5-1 为其中一份面粉加工及煮制后测定 DON 的 HPLC 图谱，从色谱图中可以看出，测定面粉、干面条及面汤中的 DON 时，DON 的保留时间稳定，均在 3.030min 附近，并与杂质的分离效果好。因此，所采用的 DON 提取、检测方法合理可靠。

采用上述方法分别测定面粉及各自添加 0、0.3%、1.0%碳酸钠后加工得到的湿挂面的总 DON 及游离态 DON 含量，其中，0.3%碳酸钠添加量代表用于改善面条品质的普通用量，1.0%的碳酸钠添加量为黄碱面条的添加范围。测定干燥后的

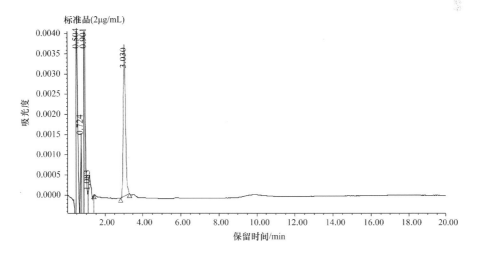

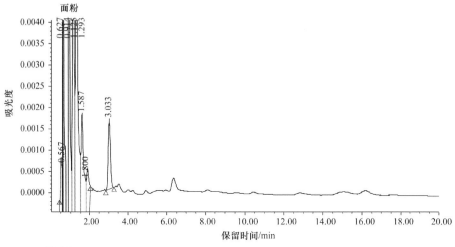

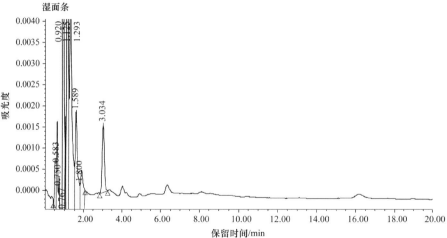

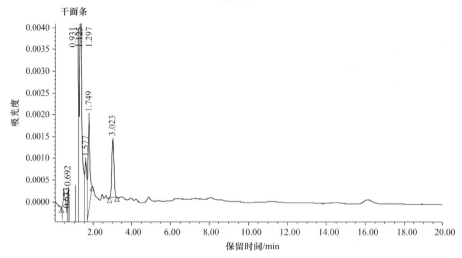

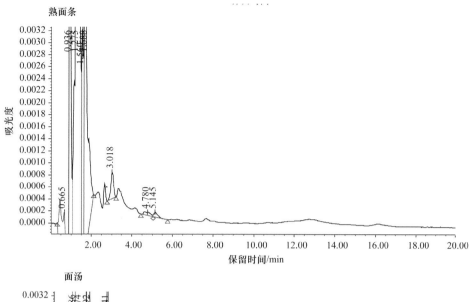

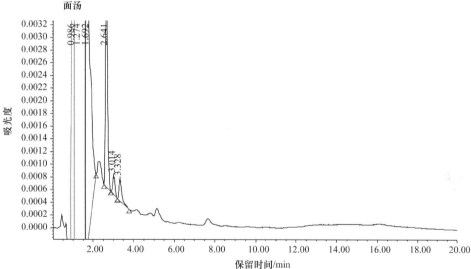

图 5-1 挂面加工过程 DON 检测 HPLC 图谱

游离态 DON 含量，结果见表 5-1 和图 5-2，从表 5-1 和图 5-2 中可以看出，面粉及以不同方式加工得到的湿挂面的总 DON 含量与游离态 DON 含量差异均不显著，即所选小麦样品中结合态 DON 含量较低，湿挂面加工过程及加碱处理均未影响游离态 DON 的测定。无碱挂面和 0.3%碳酸钠添加量的挂面加工为湿挂面及干燥后的 DON 含量与面粉相比均无显著性差异，说明在挂面煮制前，两种挂面对 DON 无显著去除效果，即低含量的碳酸钠对 DON 无去除或降解作用；而添加 1%碳酸钠的挂面加工为湿挂面及干燥后，尤其是干燥后，DON 含量显著下降，即高浓度的碳酸钠对 DON 具有去除或降解作用，其去除效果需进一步证实。因为所用面粉为同一批样品，在后续研究中，只测定游离态 DON 含量。

表 5-1　在面条煮制前的 DON 含量变化

原料及工艺	加工过程	DON 类型	DON 含量/（mg/kg）		
			1	2	3
面粉	—	游离态 DON	0.53±0.03a	5.16±0.18a	11.18±0.24a
		总 DON	0.64±0.11a	5.34±0.33a	11.78±0.31a
无碱	湿面条	游离态 DON	0.55±0.03a	5.47±0.32a	11.65±0.73a
		总 DON	0.60±0.03a	5.35±0.42a	11.70±0.10a
	干面条	游离态 DON	0.56±0.02a	5.74±0.52a	11.30±0.56a
0.3%碳酸钠	湿面条	游离态 DON	0.57±0.01a	5.58±0.05a	11.40±0.94a
		总 DON	0.58±0.02a	5.15±0.19a	11.56±0.79a
	干面条	游离态 DON	0.55±0.001a	5.03±0.04a	11.31±0.72a
1.0%碳酸钠	湿面条	游离态 DON	0.55±0.03a	4.57±0.55b	10.32±0.11b
		总 DON	0.53±0.05a	4.73±0.20b	10.51±0.16b
	干面条	游离态 DON	0.46±0.01b	4.45±0.21b	9.46±0.46c

注：a、b、c 表示不同处理间的差异显著性（$P<0.05$）

从所选样品来看，所选第二、第三份小麦面粉的平均 DON 含量分别为 5.34mg/kg、11.78mg/kg，远超出国家限量标准（≤1mg/kg），但在建立从面粉到煮制面条整个过程 DON 的检测方法，尤其是煮制后面条中及面汤中 DON 的检测时，高 DON 含量的面粉的选择更有助于检测和方法调整。

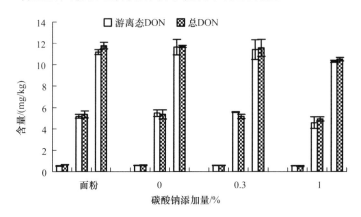

图 5-2　面粉及湿挂面中游离态 DON 及总 DON 含量

二、碳酸钠在挂面加工及煮制过程中对 DON 的作用

从表 5-1 可知,在无碱及添加 0.3%碳酸钠加工得到的湿挂面及干挂面中 DON

含量并未发生显著的变化，并且游离态 DON 含量及总 DON 含量无显著性差异，因此，接下来选择了 9 份不同 DON 含量的面粉，分别对其进行了挂面加工及煮制，对无碱挂面及含碳酸钠 0.3%的挂面只分析了煮制后 DON 含量的变化，对 1%碳酸钠添加量的挂面分别测定了湿挂面、干燥后及煮制后的 DON 含量的变化，分析无碱及含 0.3%碳酸钠的挂面煮制过程和 1%碳酸钠含量的挂面加工及煮制对 DON 的影响。结果见表 5-2 及图 5-3、图 5-4，结果表明，无碱及碳酸钠含量为 0.3%时，DON 的去除只发生在煮制过程，无碱挂面煮制后 DON 的去除率为 26.9%～75.5%，0.3%碳酸钠含量的挂面煮制后 DON 的去除率为 21.8%～74.0%，两种挂面的加工及煮制对 DON 的去除效果均无显著性差异，即低浓度的碳酸钠在煮制过程中对 DON 无去除效果；碳酸钠添加量为 1.0%时，湿挂面 DON 的去

表 5-2 在挂面加工及煮制后的 DON 含量变化

编号	DON 含量/（mg/kg）					
	面粉	无碱熟挂面	0.3%碳酸钠熟挂面	1%碳酸钠湿挂面	1%碳酸钠干挂面	1%碳酸钠熟挂面
1	0.53±0.03	0.13±0.001	0.14±0.002	0.55±0.03	0.46±0.001	0.07±0.001
2	1.75±0.13	0.60±0.02	0.62±0.01	1.71±0.03	1.53±0.04	0.43±0.02
3	2.40±0.07	0.87±0.01	0.89±0.01	2.25±0.12	1.92±0.07	0.52±0.02
4	2.56±0.09	0.97±0.01	0.95±0.03	2.52±0.03	2.33±0.09	0.62±0.02
5	2.70±0.05	1.14±0.03	1.06±0.04	2.63±0.05	2.46±0.13	0.74±0.02
6	3.61±0.04	1.69±0.02	1.76±0.10	3.52±0.12	3.33±0.14	1.19±0.08
7	4.26±0.08	2.42±0.03	2.54±0.13	4.26±0.13	3.60±0.12	1.44±0.09
8	5.16±0.18	3.52±0.08	4.03±0.06	4.57±0.55	4.45±0.21	2.10±0.26
9	11.18±0.24	8.17±0.68	8.09±0.25	10.32±0.11	9.46±0.46	5.10±0.24

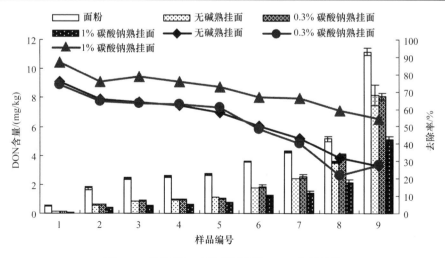

图 5-3 在挂面加工及煮制后的 DON 含量变化

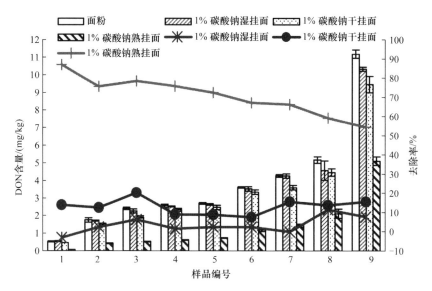

图 5-4 1%碳酸钠添加量的挂面加工及煮制对 DON 的去除效果

除率为 0~11.4%，干挂面 DON 的去除率为 7.5%~20.2%，煮制后的去除率为 54.38%~86.91%，与无碱熟挂面相比，添加 1.0%碳酸钠的熟挂面 DON 的去除率增加 10.0%~27.5%，即添加 1%的碳酸钠，挂面加工及煮制后 DON 的去除率增加。

三、挂面加工对 DON 的去除规律

为分析挂面加工及煮制过程 DON 的去除机制，分别测定了面汤、面条及其他中 DON 的含量，结果见表 5-3 及图 5-5，从中可以看出，无碱挂面煮制后 DON

表 5-3 煮制后挂面 DON 的分配比例 （单位：%）

编号	无碱			0.3%碳酸钠			1%碳酸钠		
	面条	面汤	其他	面条	面汤	其他	面条	面汤	其他
1	30.5	42.7	26.8	22.1	51.0	26.9	9.4	13.5	77.1
2	33.4	41.8	24.8	32.5	40.0	27.5	22.5	32.6	44.9
3	38.0	37.3	24.7	33.6	41.7	24.7	19.6	31.6	48.8
4	35.0	41.3	23.7	34.7	40.6	24.7	22.7	32.0	45.3
5	40.3	46.9	12.8	39.4	47.8	12.8	26	33.6	40.4
6	45.4	34.3	20.3	42.7	36.9	20.4	30.1	31.1	38.8
7	58.4	31.9	9.7	53.2	37.1	9.7	30.8	22.0	47.2
8	57.7	33.6	8.7	77.8	14.8	7.4	34	21.6	44.4
9	67.6	26.1	6.3	67.5	25.6	6.9	46.4	28.1	25.5

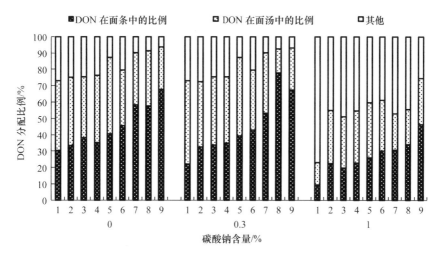

图 5-5　煮制后挂面 DON 的分配比例

在面汤中的比例为 26.1%～46.9%，其他损失（主要为热降解或误差）为 6.3%～26.8%；碳酸钠含量为 0.3% 时，DON 在面汤中的比例为 14.8%～51.0%，其他损失为 6.9%～27.5%；无碱与 0.3% 碳酸钠添加量的挂面加工及煮制后的 DON 的分配比例相差不大，其 DON 的去除主要为 DON 在汤中的溶解；而碳酸钠含量为 1.0% 时，其中面汤中的比例为 13.5%～33.6%，其他的比例为 25.5%～77.1%，即 1% 碳酸钠含量的挂面煮制后，DON 的去除除 DON 在汤中的溶解外，热和碱对 DON 降解也具有重要作用。

　　将用 3 种不同的处理方法加工的挂面煮制后，DON 含量均有一定程度的下降，因此根据含量变化建立预测曲线，结果如图 5-6 所示，从图 5-6 中可以看出，1% 碳酸钠含量的挂面加工及煮制后，其 DON 含量变化预测曲线为 $y=0.1748x^{1.4343}$，$R^2=0.9931$；无碱及 0.3% 碳酸钠添加量的挂面煮制后 DON 含量变化预测曲线分别

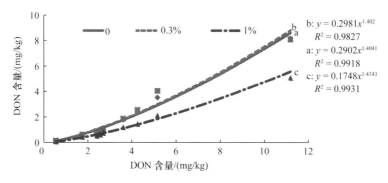

图 5-6　DON 在熟面中的变化趋势

a. 0；b. 0.3%；c. 1%

为 $y=0.2902x^{1.4041}$，$R^2=0.9918$，$y=0.2981x^{1.402}$，$R^2=0.9827$。从图 5-6 也可明显看出，1%碳酸钠添加量的挂面加工及煮制对 DON 的去除效果优于其他两种挂面，通过预测曲线可以对 DON 最终变化进行初步预测，无碱挂面及 0.3%碳酸钠含量的挂面的加工及煮制可将 DON 由 2.4mg/kg 左右降至国家限量标准以下（≤1mg/kg），1%碳酸钠添加量的挂面加工及煮制可将 DON 含量由 3.3mg/kg 降至国家限量标准以下。

进一步分析不同挂面煮制后的烹调损失，分析可能的 DON 去除途径，结果见表 5-4。从表 5-4 可以看出，1%碳酸钠含量的挂面煮制后的烹调损失高于无碱和 0.3%碳酸钠添加量的熟挂面，无碱和 0.3%碳酸钠添加量的挂面的烹调损失无显著性差异（$P=0.07$），无碱挂面及 0.3%碳酸钠添加量的挂面与 1%碳酸钠含量的挂面的烹调损失具有极显著性差异（$P=0.005$，$P=0.0007$），1%碳酸钠含量的挂面烹调损失的增加有可能对 DON 随水溶出做出贡献，其结果有待研究。

表 5-4　挂面煮制后的烹调损失　　　　（单位：%）

样品编号	碳酸钠含量		
	0	0.3%	1%
1	4.9	5.9	13.3
2	5.7	5.2	8.3
3	7.3	6.9	9.0
4	6.0	5.2	7.9
5	6.6	2.3	5.3
6	8.9	7.3	8.7
7	6.4	4.9	8.9
8	5.7	2.2	13.6
9	6.5	5.7	13.8

四、DON 在碱性条件下的反应过程及产物

（一）DON 在碱性条件下的反应及产物的检测方法

1. DON 标准品与碱共热反应

分别吸取 100μg/mL DON 标准品 100μL 加入 7 支 10mL 离心管里，氮气吹干，再分别加入 0.3%碳酸钠溶液 1mL；将 7 支离心管中的 1 支放于室温条件下，6 支放入铝制试管架于 100℃水浴锅中加热，每加热 5min 取出一支试管，加入 1mol/L 盐酸中和终止反应。吸取 0.9mL 中和反应后的样品，分别加入 50μL 色谱纯甲醇

及 50μL 色谱纯乙腈，HPLC 待测。

2. 四极杆飞行时间质谱测定 DON 标准品与碳酸钠溶液的反应

取 20μL 100μg/mL 的 DON 标准品加入 10mL 离心管里，40℃氮气吹干，加入 2mL 含 0.3%的碳酸钠水溶液。此种离心管分别准备 10 支，分别在 100℃加热 0min、5min、10min、15min、20min、25min、30min、35min、40min、50min 时取样，进行四极杆飞行时间质谱（Q-TOF）检测。检测条件如下。

1）液相色谱系统：安捷伦 1200 液相色谱（Agilent，Waldbronn，Germany）；脱气机（G1322A）；二元泵（G1312B）；自动进样器（G1367D），柱温箱（G1316B）；二极管阵列检测器（G1315C，DAD，SL）。

2）飞行时间质谱系统：安捷伦 6510 四极杆飞行时间质谱。

3）软件系统：实验条件运行操作、获取数据及其分析都由 MassHunter 软件完成。

4）色谱条件：色谱柱为 Agilent ZORBAX SB AqC18（150mm×2.1mm，3.5μm）；流动相 A 为纯水；流动相 B 为甲醇；流速为 0.2mL/min；柱温为 30℃；波长为 190～400nm；进样量为 10μL；流动相洗脱梯度见表 5-5。

表 5-5　流动相梯度洗脱程序

时间/min	A/%	B/%
0	99	1
10	99	1
15	90	10
16	10	90
22	10	90
23	99	1
43	99	1

5）质谱条件：电离模式为 ESI 正离子模式；监测方式为 TOF-MS；干燥气温度为 350℃；干燥气流速为 10L/min；雾化器压力为 35psi[①]；毛细管电压为 4000V；全扫描质量为 100～1000 m/z。

6）数据分析参数：数据分析操作选项为分子特征提取（MFE）；处理选项/峰检出为 S/N；阈值为 50；最小相对量为 2.5%；加合物设置为甲酸、氯离子；质量允许误差为 5mg/kg。

---

① 1psi=1ppsi=6.894 76×10³Pa

（二）DON 在碱性条件下的变化

为验证 DON 在碱性条件下的降解过程，将 10μg DON 标准品与 1mL 0.3% 碳酸钠溶液在 100℃下加热，每隔 5min 分别测定 HPLC 图谱的变化，结果见表 5-6，从中可以看出，随着加热时间的延长，DON 峰高逐渐降低，直到加热 30min 后 DON 无检出。从液相色谱图中（图 5-7）可以看出，DON 在碱性条件下加热后有新产物生成，并随时间的延长，产物种类及峰高发生变化，其中加热至 15～25min 时，共可检测出 5 种降解产物，随后产物种类减少，30min 后只出现两个吸收峰；若只是 DON 在碳酸钠环境室温放置 30min 及纯水与 DON 加热 30min，其 DON 含量无显著变化且无新吸收峰出现，说明在 0.3% 碳酸钠浓度下，加热可促进碱对 DON 的降解作用，而其产物分子组成、结构及毒性需要进一步分析。

表 5-6 DON 标准品与碳酸钠加热反应不同时间 HPLC 图谱的变化

加热时间/min	保留时间/min					
	2.930 （DON）	4.943	7.115	14.168	17.062	19.176
0	4898	0	0	0	0	0
5	3361	68	0	0	104	101
10	1889	87	0	0	180	186
15	1135	73	33	15	237	241
20	679	70	46	30	270	276
25	367	46	71	41	267	295
30	0	0	0	0	212	172

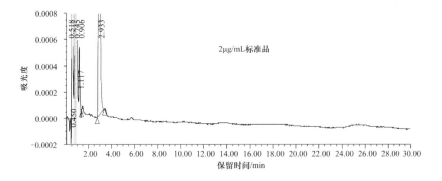

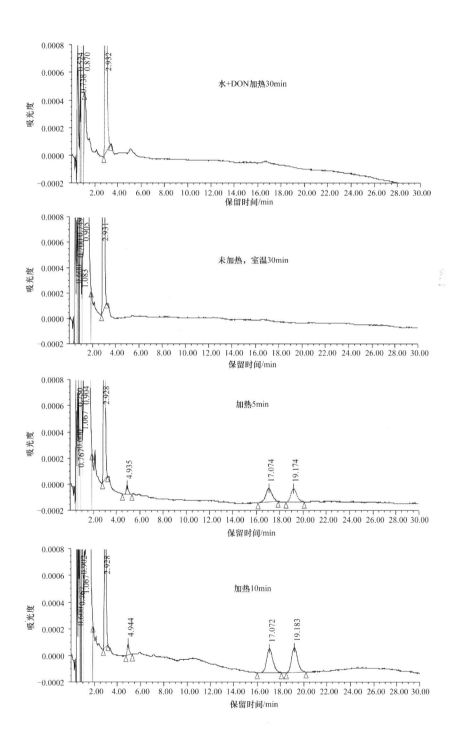

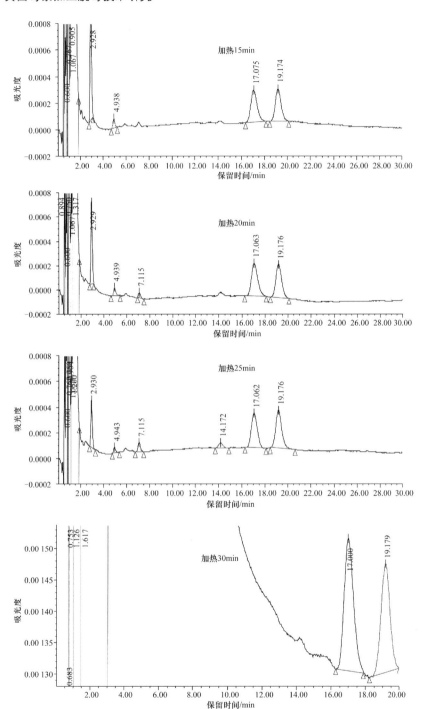

图 5-7 DON 在 0.3%碳酸钠溶液中 100℃加热不同时间反应色谱图

DON 保留时间为 2.930min 附近

（三）DON 标准品在碳酸钠溶液中的降解产物分析

由液相图谱已知，DON 在碳酸钠溶液中发生降解。据报道，用 50mg 3-ADON 与 2mL 0.1mol/L NaOH 在 75℃加热 60min，通过液相色谱和核磁共振检测降解产物，其降解产物见表 5-7（Bretz et al.，2006）。本实验为进一步验证碳酸钠对 DON 的作用，将 0.3%碳酸钠溶液，浓度为 10μg/mL 的 DON 在 100℃分别加热不同时间，分别进行 Q-TOF 正离子检测。结果见图 5-8、图 5-9 及表 5-8。与 Bretz 的实验结果相比较，DON 与 0.3%碳酸钠溶液共热，未检测到 $C_{15}H_{22}O_5$（norDON E）、$C_{16}H_{22}O_7$（9-羟基-DON-内酯）、$C_{15}H_{22}O_5$（norDON E），其余产物如 $C_{15}H_{20}O_6$（isoDON，lactone DON）、$C_{15}H_{20}O_5$（norDON D）、$C_{14}H_{18}O_5$（norDON A，norDON B，norDON C）均有发现，其产物不同的主要原因可能是反应底物不同；与 Young（1986a）利用 NaOH 与 DON 反应得到的降解产物相比，增加了降解产物 lactone DON 及 norDON D，即碳酸钠与 DON 反应的根本原因可能是碳酸钠提供了 DON 降解所需的碱性环境。除已知产物外，其他产物不能判断是否由标准品带来的杂质产生（$C_{14}H_{14}O_6$）或是 DON 在碱性条件下发生了进一步降解。随着反应时间的

表 5-7　3-ADON 在碱性条件下降解可能的降解产物及信息

原始编号	名称	分子式	分子量	加 Na^+分子量
1，2，6，10	DON、isoDON、lactone DON、norDON F	$C_{15}H_{20}O_6$	296.13	319
3，4，5	norDON A、norDON B、norDON C	$C_{14}H_{18}O_5$	266	289
7	9-羟基-DON-内酯	$C_{16}H_{22}O_7$	326	349.12
8	norDON D	$C_{15}H_{20}O_5$	280	303.12
9	norDON E	$C_{15}H_{22}O_5$	282	305.13

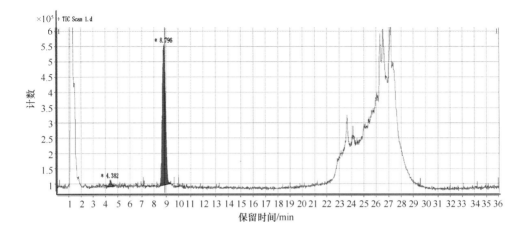

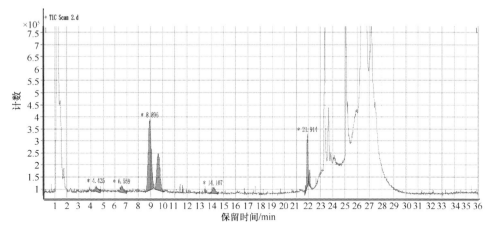

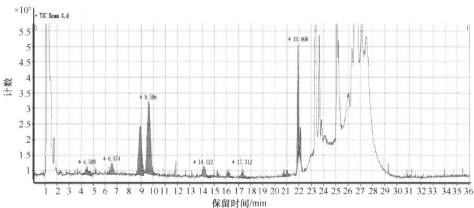

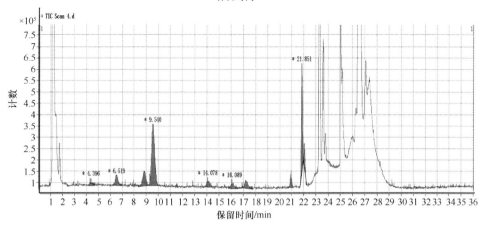

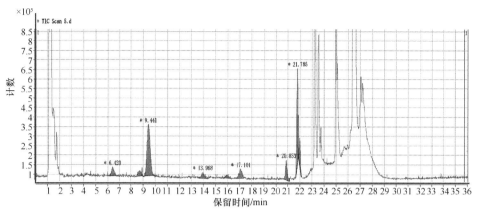

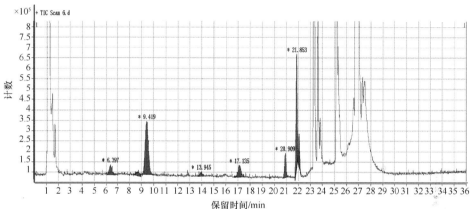

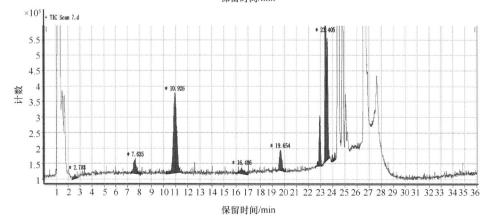

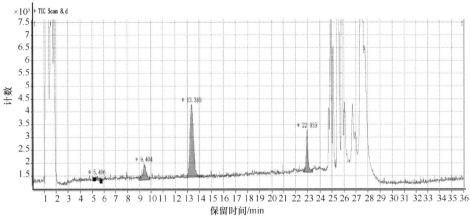

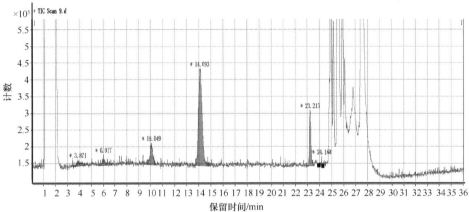

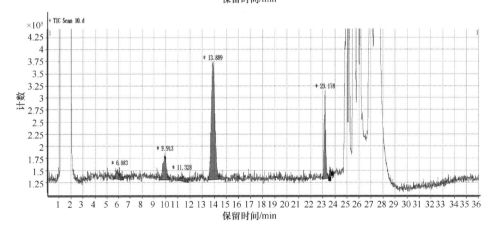

图 5-8　DON 在碱性条件不同加热时间的 TIC 扫描图

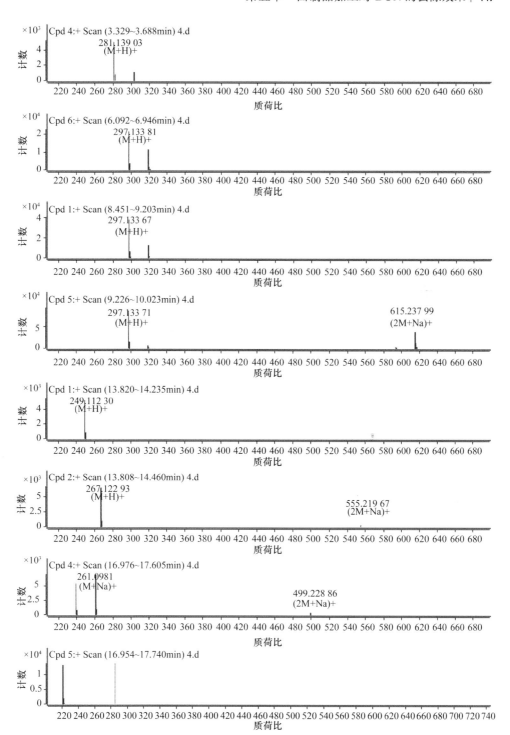

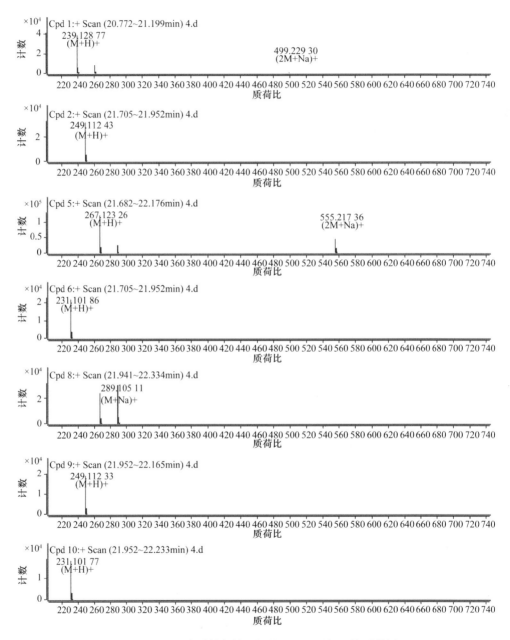

图 5-9　DON 在碱性条件下加热 15min 后提取的质谱图

表 5-8　DON 标准品与 0.3% 碳酸钠在不同反应时间可能的降解产物

0min	5min	10min	15min	20min	25min	30min	35min	40min	50min
$C_{15}H_{20}O_6$	$C_{15}H_{20}O_6$	$C_{15}H_{20}O_6$	$C_{15}H_{20}O_6$	$C_{15}H_{20}O_5$	$C_{15}H_{20}O_5$	$C_{15}H_{20}O_5$	$C_{15}H_{20}O_5$	$C_{15}H_{20}O_5$	$C_{15}H_{20}O_5$
$C_{14}H_{16}O_4$	$C_{14}H_{16}O_4$	$C_{15}H_{20}O_6$	$C_{15}H_{20}O_6$	$C_{15}H_{20}O_6$	$C_{15}H_{20}O_6$	$C_{15}H_{20}O_6$	$C_{15}H_{20}O_6$	$C_{15}H_{20}O_6$	$C_{15}H_{20}O_6$
	$C_{15}H_{20}O_6$	$C_{15}H_{20}O_6$	$C_{15}H_{20}O_6$	$C_{15}H_{20}O_6$	$C_{15}H_{20}O_6$	$C_{15}H_{20}O_6$	$C_{15}H_{20}O_6$	$C_{15}H_{20}O_6$	$C_{15}H_{20}O_6$
	$C_{15}H_{20}O_6$	$C_{14}H_{18}O_5$	$C_{14}H_{16}O_4$	$C_{15}H_{20}O_6$	$C_{15}H_{20}O_6$	$C_{13}H_{18}O_4$	$C_{13}H_{16}O_3$	$C_{13}H_{16}O_3$	$C_{13}H_{16}O_3$
	$C_{14}H_{18}O_5$	$C_{13}H_{18}O_4$	$C_{14}H_{18}O_5$	$C_{13}H_{18}O_4$	$C_{13}H_{18}O_4$	$C_{13}H_{16}O_3$	$C_{13}H_{18}O_4$	$C_{13}H_{18}O_4$	$C_{13}H_{18}O_4$
	$C_{14}H_{16}O_4$	$C_{14}H_{14}O_3$	$C_{13}H_{18}O_4$	$C_{13}H_{18}O_4$	$C_{13}H_{16}O_3$	$C_{13}H_{18}O_4$			
	$C_{14}H_{18}O_5$	$C_{14}H_{18}O_5$	$C_{13}H_{16}O_3$	$C_{14}H_{16}O_4$	$C_{13}H_{16}O_3$	$C_{13}H_{16}O_3$			
	$C_{14}H_{18}O_5$	$C_{14}H_{14}O_3$	$C_{13}H_{18}O_4$	$C_{14}H_{18}O_5$	$C_{13}H_{18}O_4$	$C_{14}H_{18}O_5$			
	$C_{14}H_{16}O_4$	$C_{14}H_{18}O_5$	$C_{14}H_{14}O_3$	$C_{14}H_{16}O_4$	$C_{14}H_{18}O_5$	$C_{14}H_{14}O_3$			
		$C_{14}H_{16}O_4$	$C_{14}H_{18}O_5$	$C_{14}H_{18}O_5$	$C_{14}H_{18}O_5$				
		$C_{14}H_{14}O_3$	$C_{14}H_{14}O_3$	$C_{14}H_{14}O_3$	$C_{14}H_{18}O_5$				
			$C_{14}H_{18}O_5$	$C_{14}H_{16}O_4$	$C_{14}H_{18}O_5$				
			$C_{14}H_{16}O_4$		$C_{14}H_{16}O_4$				
			$C_{14}H_{14}O_3$		$C_{14}H_{14}O_3$				

延长，能检测到的反应产物种类先增加后减少，且 DON 转化为 isoDON 之后，其产物结构中的环氧基团消失，Bretz 通过细胞毒性试验证明，norDON A、norDON B、norDON C 毒性接近无毒。

第二节　其他挂面加工方式对 DON 的去除效果

一、挂面高温干燥技术对 DON 的去除效果

挂面干燥是挂面生产过程的关键工序，在保证挂面质量的前提下，尽可能提高干燥温度，能使挂面尽快干燥，从而缩短干燥时间、提高干燥效率。综合比较高、低温干燥挂面的质构品质和理化性质，认为高温干燥挂面具有更好的感官及理化性质，高温干燥有利于提高挂面硬度、减少煮制时间和降低挂面黏性（Zweifel et al.，2003；Baiano et al.，2006；Cubadda et al.，2007；高飞，2010；Stuknytė et al.，2014）。日本在 20 世纪 80 年代进行了挂面高温干燥技术的研究，其最高温度达到 65℃ 以上，高温干燥的挂面质量得到了认可（施润淋和王晓东，2005）。高温干燥技术在意大利面加工中的应用越来越受到重视，通过高温干燥对意大利面条品质的影响发现：高温能促使面条中的蛋白质凝集、面团的网络结构加强，并促使面条表面的淀粉部分糊化、产品色泽更佳（Petitot et al.，2009；Wagner et al.，2011）。以亚麻籽胶浆作为面条改良剂时，同样，高温条件干燥的面条，其煮制品质优于低温条件干燥的面条（Kishk et al.，2011）。DON 的降解率受碳酸钠浓度和加热程度的双重影响，即有碱存在时，加热促进了 DON 的降解反应。本节主要

研究提高干燥温度，在不同碳酸钠浓度条件下挂面干燥对 DON 的去除效果。

（一）碳酸钠添加量及干燥方法对 DON 的去除效果研究

分别采用不同的碳酸钠添加量及不同的干燥温度对湿挂面进行干燥，分析 DON 的去除效果，结果见表 5-9、图 5-10，0～0.2%碳酸钠添加量的挂面在不同干燥温度下干燥后，DON 含量与面粉相比无显著性差异，即低浓度的碳酸钠条件下，单纯地提高温度对 DON 并无去除效果；碳酸钠添加量为 0.3%～1.0%时，随着干燥温度的提高，DON 的去除率逐渐增加。在相同温度下，随着碳酸钠含量升高，DON 的去除率呈上升趋势，尤其在温度大于 60℃以后，DON 含量降低效果增强。即温度和热的共同作用增强了 DON 的降解效果。其中，40℃、50℃、60℃、70℃条件下，1%的碳酸钠含量，可分别将（4.07±0.09）mg/kg 的 DON 含量降至（3.44±0.03）mg/kg、（3.33±0.001）mg/kg、（2.39±0.01）mg/kg、（2.06±0.002）mg/kg，其去除率分别为 15.48%、18.18%、41.28%、49.39%；1%碳酸钠添加量的挂面，70℃比 40℃下 DON 的去除率高 33.91%；在 60℃和 70℃干燥条件下，0.6%的碳酸钠添加量即可达到 40℃下 1%的碳酸钠添加量达到的 DON 的去除效果，即温度的增加提高了碳酸钠对 DON 的去除效果。

表 5-9   不同碳酸钠含量及干燥温度对 DON 的去除效果

碳酸钠浓度 /%	挂面 DON 含量/（mg/kg）				去除率/%			
	40℃	50℃	60℃	70℃	40℃	50℃	60℃	70℃
0	4.04±0.12	3.98±0.13	4.10±0.07	4.07±0.11	0.74	2.21	−0.74	0.00
0.1	4.10±0.11	4.02±0.07	3.97±0.10	3.95±0.12	−0.74	1.23	2.46	2.95
0.2	4.05±0.08	3.99±0.09	4.08±0.09	4.01±0.10	0.49	1.97	−0.25	1.47
0.3	3.98±0.07	3.95±0.06	3.85±0.04	3.78±0.07	2.21	2.95	5.41	7.13
0.4	3.99±0.05	3.90±0.07	3.87±0.08	3.72±0.06	1.97	4.18	4.91	8.60
0.5	3.90±0.04	3.80±0.04	3.71±0.06	3.56±0.03	4.18	6.63	8.85	12.53
0.6	3.83±0.07	3.71±0.11	3.47±0.07	3.15±0.04	5.90	8.85	14.74	22.60
0.7	3.66±0.05	3.60±0.01	3.01±0.05	2.73±0.05	10.07	11.55	26.04	32.92
0.8	3.51±0.10	3.52±0.02	2.98±0.01	2.51±0.02	13.76	13.51	26.78	38.33
0.9	3.39±0.02	3.37±0.03	2.83±0.05	2.27±0.03	16.71	17.20	30.47	44.23
1.0	3.44±0.03	3.33±0.001	2.39±0.01	2.06±0.002	15.48	18.18	41.28	49.39

注：所用面粉的 DON 含量为（4.07±0.09）mg/kg，去除率是挂面较之面粉 DON 含量下降的比例；下同

（二）利用不同加工方法对挂面煮制后 DON 的去除效果分析

从表 5-10 和图 5-11 可以看出，碳酸钠添加量为 0～0.3%时，在不同温度下，

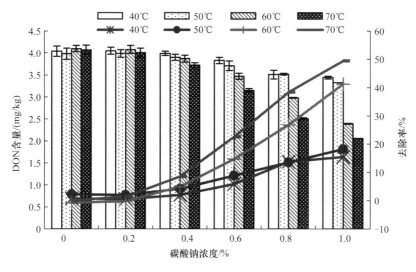

图 5-10　不同碳酸钠添加浓度及干燥温度对 DON 的去除效果

干燥的挂面煮制时，DON 的含量差异不显著，DON 降低 40.05%～42.26%；0.4%～1.0%的碳酸钠添加量的条件下，随着温度的增加，DON 的去除率增加；在相同温度条件下，DON 的去除率随浓度的增加而增加；40℃时干燥的挂面煮制后，无碱挂面与 1%碳酸钠添加量的挂面的 DON 含量分别降至（2.41±0.10）mg/kg 和（1.68±0.01）mg/kg，其去除率分别为 40.79%和 58.72%，1%碳酸钠添加量的挂面比无碱挂面煮制去除率高 17.93 个百分点；而 70℃条件下，无碱挂面及 1%碳酸钠添加量的挂面 DON 含量分别为（2.39±0.04）mg/kg 和（0.87±0.01）mg/kg，去除率分别为 41.28%和 78.62%，1%碳酸钠添加量的挂面比无碱挂面煮制去除率高 37.34 个百分点，比 40℃ 1%碳酸钠添加量的干燥挂面煮制后 DON 的去除率增加 19.9 个百分点，高温干燥的挂面加碱至 0.5%以上后其 DON 的去除效果增强。

表 5-10　不同加工方式的挂面煮制对 DON 的去除效果

碳酸钠浓度 /%	挂面 DON 含量/（mg/kg）				去除率/%			
	40℃	50℃	60℃	70℃	40℃	50℃	60℃	70℃
0	2.41±0.10	2.42±0.07	2.44±0.06	2.39±0.04	40.79	40.54	40.05	41.28
0.1	2.44±0.07	2.39±0.12	2.41±0.04	2.40±0.07	40.05	41.28	40.79	41.03
0.2	2.38±0.06	2.42±0.08	2.43±0.05	2.37±0.09	41.52	40.54	40.29	41.77
0.3	2.40±0.03	2.35±0.05	2.39±0.01	2.43±0.11	41.03	42.26	41.28	40.29
0.4	2.32±0.05	2.39±0.06	2.36±0.04	2.03±0.07	43.00	41.28	42.01	50.12
0.5	2.14±0.02	2.10±0.04	2.13±0.03	1.92±0.06	47.42	48.40	47.67	52.83
0.6	2.13±0.03	1.94±0.05	1.82±0.03	1.58±0.04	47.67	52.33	55.28	61.18

续表

碳酸钠浓度 /%	挂面 DON 含量/（mg/kg)				去除率/%			
	40℃	50℃	60℃	70℃	40℃	50℃	60℃	70℃
0.7	2.02±0.10	1.88±0.04	1.56±0.01	1.34±0.02	50.37	53.81	61.67	67.08
0.8	1.95±0.02	1.77±0.03	1.47±0.02	1.15±0.01	52.09	56.51	63.88	71.74
0.9	1.75±0.003	1.54±0.05	1.30±0.03	0.81±0.07	57.00	62.16	68.06	80.10
1.0	1.68±0.01	1.38±0.02	1.14±0.02	0.87±0.01	58.72	66.09	71.99	78.62

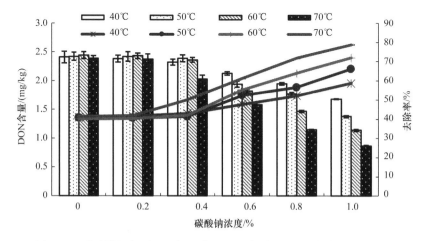

图 5-11　碳酸钠添加量及干燥温度对挂面煮制时 DON 去除效果的影响

　　测定了 70℃干燥后，不同的碳酸钠浓度的挂面煮制后面汤的 pH，结果发现，碳酸钠添加量为 0~0.7%时，面汤的 pH 逐渐增大，为 5.70~9.77；而碳酸钠含量为 0.8%~1.0%时，pH 为 9.98~10.2，表明碳酸钠添加至 0.8%时，虽然碱的浓度增强，但 pH 变化不显著，说明煮制过程挂面中的缓冲成分在汤中溶解，限制了羟基浓度的增加。在沸腾条件下，DON 的去除效果主要与汤中羟基的浓度及挂面中 DON 与羟基的接触效果有关，而挂面中 DON 与羟基的接触效果则与挂面煮制时的吸水速度相关，挂面煮制时 DON 的去除原因及去除效果有待进一步研究。

　　从图 5-12 可以看出，在高温条件下，干燥的挂面 DON 的去除率随碳酸钠浓度的增加而增加，即碳酸钠不仅在加工过程中起到了降解作用，在煮制过程也会对 DON 去除有促进作用，但随着温度的增加，DON 的去除效果并不显著。因此，含碱的高温干燥挂面，其 DON 去除效果主要由碱的作用引起，煮制时 DON 在面汤中的溶解起次要作用；而对于低碱含量或无碱挂面，DON 的去除效果主要由 DON 在汤中的溶解产生。

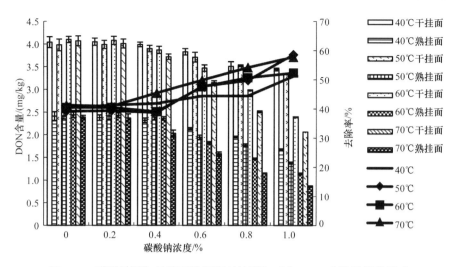

图 5-12 碳酸钠添加量及干燥温度对挂面加工中 DON 去除效果的影响

（三）不同干燥温度对不同 DON 污染程度的挂面 DON 去除效果的影响

1%碳酸钠添加量的挂面在 70℃干燥及煮制后其 DON 的去除效果最好，因此，用 7 份不同 DON 含量的面粉，验证高温干燥对 DON 的去除效果并建立 DON 含量变化曲线。从表 5-11 可以看出，将无碱挂面加工为湿面条及分别以 40℃与 70℃干燥后，其 DON 含量与面粉相比均无显著性变化，DON 的去除仍然只发生在煮制过程。从表 5-12 可以看出，40℃条件干燥的无碱挂面煮制后 DON 的去除率为40.75%～53.42%，70℃干燥的无碱挂面煮制后 DON 的去除率为 40.15%～48.85%，不同干燥温度对无碱挂面 DON 的去除率并无显著差异。分别比较在 1%的碳酸钠添加量下，40℃和 70℃干燥挂面及煮制对 DON 去除效果的差异，其中，湿挂面加工过程中 DON 的去除率与前期研究结果相近，即湿挂面加工 DON 含量降低幅度不大，DON 的去除率为 3.05～13.64%。而分别以 40℃和 70℃干燥后，40℃和 70℃干燥的挂面 DON 的去除率分别为 10.16%～19.95%和 45.98%～51.32%，70℃干燥的挂面的 DON 的去除率比 40℃干燥的挂面高 28.53～40.67 个百分点；同样，40℃和 70℃干燥后的挂面煮制后，DON 的去除率分别为 56.22%～63.22%和 76.96%～80.92%，70℃干燥的挂面煮制后 DON 的去除率比 40℃的高 13.74～23.73 个百分点。结果说明，相同加碱量条件，高温干燥技术大幅度提高了 DON 的去除率，特别是高温干燥过程，DON 的去除效果显著，这为工业加工降低 DON 含量提供了可能。

为合理分析不同 DON 污染程度的面粉在加工过程及煮制时 DON 的去除效果，分别建立 DON 的预测曲线，预测结果见图 5-13。从图 5-13 可以看出，1%碳酸钠条件下，湿挂面 DON 含量预测曲线为 $y=0.9357x-0.0334$，$R^2=0.9934$；40℃

干燥挂面 DON 含量预测曲线为 $y=0.877x-0.0433$，$R^2=0.9879$；70℃条件干燥后 DON 含量的预测曲线为 $y=0.481x+0.0745$，$R^2=0.9942$，其可将 DON 含量由 1.92mg/kg 降至国家限量标准以下；无碱熟挂面 DON 含量预测曲线为 $y=0.573x-0.0734$，$R^2=0.9673$，其可将 DON 含量由 1.87mg/kg 降至国家限量标准；1%碳酸钠 40℃干燥后熟挂面 DON 含量预测曲线为 $y=0.3851x+0.058$，$R^2=0.97$，其可将 DON 由 2.44mg/kg 降至国家限量标准；1%碳酸钠 70℃干燥后熟挂面 DON 含量预测曲线为 $y=0.2375x-0.069$，$R^2=0.9881$，其可将 DON 由 4.50mg/kg 降至国家限量标准。

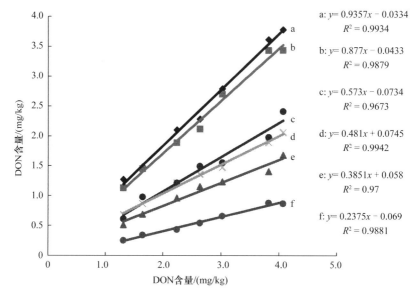

图 5-13　不同碳酸钠添加量及干燥温度对 DON 的去除效果的预测曲线
a. 1%碳酸钠湿挂面；b. 1%碳酸钠 40℃干燥挂面；c. 无碱熟挂面；d. 1%碳酸钠 70℃干燥挂面；
e. 1%碳酸钠 40℃干燥熟挂面；f. 1%碳酸钠 70℃干燥熟挂面

二、面条蒸制对 DON 的去除效果

在亚洲，大多数的蒸面条都是碱面条，碱盐的用量一般为 0.3%～0.5%，比鲜碱面条碱含量低。一般来说，亮黄色的蒸面感官较好，但有些地区的传统蒸面是棕褐色的，面条要经过长达 1h 的蒸制以达到独特的口感（Fu，2008；侯国泉，2010；Hou，2011）。蒸面条是河南省的特色传统面食，受到广泛欢迎。因蒸面需要蒸汽加热，后者可提供 DON 与碱反应的热量，并可能加快反应的速度，因此，取加工得到的湿挂面放在蒸屉上，水预先煮沸，放入锅内，沸水蒸制 30min，取出冷却，进行感官分析。以蒸制后的挂面不苦涩、适口性好为标准，分析不同碱含量的面条蒸制时对 DON 的去除条件及去除效果。

表 5-11　不同 DON 含量的面粉挂面加工及煮制对 DON 的去除效果

（单位：mg/kg）

面粉	无碱湿面条	40℃干燥		70℃干燥		1%碳酸钠湿面条	40℃干燥		70℃干燥	
		干面条	熟面条	干面条	熟面条		干面条	熟面条	干面条	熟面条
1.31±0.05	1.34±0.03	1.30±0.003	0.61±0.01	1.33±0.003	0.67±0.02	1.27±0.03	1.13±0.04	0.51±0.001	0.68±0.01	0.25±0.001
1.65±0.04	1.59±0.01	1.64±0.02	0.98±0.03	1.62±0.02	0.94±0.001	1.48±0.02	1.45±0.02	0.68±0.002	0.87±0.03	0.34±0.01
2.24±0.03	2.2±0.02	2.19±0.01	1.21±0.02	2.17±0.04	1.19±0.03	2.10±0.04	1.89±0.01	0.96±0.01	1.21±0.02	0.43±0.002
2.64±0.09	2.62±0.05	2.70±0.03	1.49±0.004	2.63±0.04	1.58±0.01	2.28±0.03	2.11±0.05	1.16±0.007	1.36±0.03	0.54±0.003
3.02±0.07	3.05±0.01	3.00±0.05	1.55±0.03	3.02±0.05	1.65±0.05	2.79±0.07	2.70±0.02	1.23±0.01	1.47±0.05	0.66±0.01
3.82±0.12	3.83±0.07	3.81±0.02	1.98±0.05	3.79±0.07	2.07±0.08	3.61±0.05	3.43±0.07	1.40±0.02	1.89±0.04	0.88±0.001
4.07±0.05	4.00±0.04	4.02±0.07	2.41±0.10	4.01±0.06	2.35±0.06	3.78±0.02	3.44±0.03	1.68±0.01	2.06±0.03	0.87±0.02

表 5-12　不同 DON 含量的面粉挂面加工及煮制对 DON 的去除率　（单位：%）

40℃无碱熟挂面	70℃无碱熟挂面	1%碳酸钠湿挂面	1%碳酸钠40℃干燥后	1%碳酸钠40℃熟挂面	1%碳酸钠70℃干燥后	1%碳酸钠70℃熟挂面
53.42	48.85	3.05	13.90	61.22	48.09	80.92
40.73	43.03	10.30	12.39	58.50	47.27	79.39
45.91	46.88	6.25	15.82	57.07	45.98	80.80
43.53	40.15	13.64	19.95	56.22	48.48	79.55
48.71	45.36	7.62	10.65	59.23	51.32	78.15
48.18	45.81	5.50	10.16	63.22	50.52	76.96
40.75	42.26	7.13	15.53	58.73	49.39	78.62

（一）面条蒸制感官评价结果

在普通市售面粉中添加不同含量的碳酸钠制作面条，鲜面经蒸制后，对其进行感官评价，产品品质见表 5-13。从表 5-13 可以看出，0.40%以下的碳酸钠添加量（面粉干重）对蒸制面条的感官品质无显著不良影响，且由于加入的碳酸钠与面条中硫胺素等的作用，会产生香气成分及色泽变化。

表 5-13　不同碳酸钠添加量对蒸制面条品质的影响

碳酸钠添加量/%	感官评价
0.00	色白，无明显香味，韧性好，无苦涩味
0.20	色浅黄，有光泽，香味淡，韧性好，无苦涩味
0.30	色微黄，有光泽，香味适中，韧性好，无苦涩味
0.40	色黄，有光泽，香味浓，韧性好，无苦涩味
0.50	色黄褐，香味过浓，略苦涩

（二）加碱蒸制对 DON 的去除效果分析

面条加工过程中，32%～35%为挂面加工常用加水量，而鲜切面条水分含量相对偏高，因此本实验分别选择35%的加水量和38%的加水量判别加水量及碳酸钠添加量对 DON 去除效果的影响，结果见表 5-14。从表 5-14 可以看出，35%加水量、碳酸钠添加量小于 0.40%时，DON 去除效果与碳酸钠添加量为 0 的样品差异不显著，DON 去除率为 10.01%～12.25%；碳酸钠添加量为 0.45%时 DON 去除率为 22.41%，与碳酸钠添加量为 0 的样品具有极显著差异。38%加水量时，0.35%碳酸钠添加量条件下 DON 的去除率达 22.45%，与 0.40%碳酸钠添加量差异不显著，且 0.35%碳酸钠添加量对面条品质无不良影响。38%的加水量条件下 DON 的去除效果优于 35%的加水量，原因可能是面条蒸制时，低含水量的面条水分蒸发过快，水分降低至一定程度后，碱与 DON 的作用受到了限制，因此 DON 的去除率相对较低。另外，DON 的去除效果可能与蒸汽的压力有关，蒸汽压力越大，其饱和程度越大，面条失水速度减慢，有助于反应的进行。因此采用 0.35%碳酸钠添加量、38%加水量进行不同 DON 污染程度的面粉加工得到面条的过程中 DON 去除效果的分析。

表 5-14　不同碳酸钠添加量及不同水分含量面条蒸制后 DON 含量变化

碳酸钠添加量/%	35%加水量/(mg/kg)	去除率/%	38%加水量/(mg/kg)	去除率/%
0.00	1.57±0.02	10.01	1.51±0.05	13.81
0.20	1.54±0.04	12.25	1.55±0.03	11.43
0.25	1.55±0.01	11.44	1.49±0.01	14.86
0.30	1.56±0.01	10.58	1.45±0.02	17.20
0.35	1.54±0.03	11.91	1.36±0.01	22.45
0.40	1.54±0.05	11.96	1.34±0.02	23.42
0.45	1.36±0.01	22.41	1.25±0.02	28.57

注：面粉 DON 含量为（1.75±0.03）mg/kg

选择不同 DON 污染程度的面粉，添加 0.35%碳酸钠及 38%水分，制作面条并进行蒸制，测定蒸制后 DON 含量变化，结果见表 5-15，从表 5-15 可以看出，无碱蒸制对 DON 的去除率为 7.69%～14.98%，而加入 0.35%碳酸钠的面条蒸制后 DON 的去除率为 19.20%～29.67%。从结果中可以看出，单纯靠加热对 DON 去除的效果较差，而加碱后 DON 的去除效果优于无碱蒸制，其 DON 的去除主要依赖于碱和热的共同作用。

表 5-15　不同 DON 污染程度面粉加工为面条蒸制后 DON 含量变化

面粉 DON/(mg/kg)	无碱/(mg/kg)	去除率/%	0.35%碳酸钠/(mg/kg)	去除率/%
0.91±0.01	0.84±0.01	7.69	0.64±0.001	29.67
1.31±0.001	1.20±0.002	8.40	0.98±0.005	25.19
1.75±0.03	1.51±0.05	13.81	1.36±0.01	22.45
2.24±0.01	2.02±0.003	9.82	1.81±0.01	19.20
2.34±0.01	2.05±0.01	12.39	1.73±0.001	26.07
2.47±0.02	2.10±0.01	14.98	1.98±0.03	19.84
2.64±0.03	2.31±0.02	12.50	1.96±0.02	25.76
3.02±0.04	2.72±0.01	9.93	2.42±0.01	19.87
3.82±0.02	3.27±0.03	14.40	3.08±0.02	19.37
4.07±0.06	3.71±0.05	8.85	3.21±0.06	21.13

根据不同 DON 污染程度的面粉在不同的加工条件下 DON 含量的变化（表 5-15）建立预测曲线，见图 5-14，从图 5-14 可以看出，无碱挂面在 38%水分含量条件下蒸

制后，DON 预测曲线为 $y=0.8758x+0.028$，$R^2=0.9946$，其可将 DON 含量由 1.11mg/kg 降至国家限量标准以下，去除效果有限，与 DON 在高温条件下具有稳定性相符；碳酸钠添加量为 0.35%时，蒸制后 DON 含量预测曲线为 $y=0.8203x-0.0982$，$R^2=0.9947$，其相关系数具有显著性，可将 DON 含量由 1.34mg/kg 降至国家限量标准以下，在一定程度上降低了 DON 的含量。

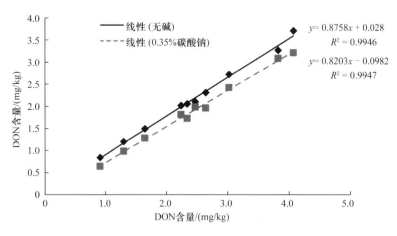

图 5-14　面条蒸制后 DON 含量变化预测曲线

三、碱水煮制挂面对 DON 的去除效果

由于微波加热具有特殊性，在现代食品加工中具有广泛的应用。在面条加工中，微波主要用于面条预处理及煮制时利用微波技术延长货架期、改善品质及缩短煮制时间（Yajima，2001；Guan et al.，2002；Xue et al.，2008）。用 557W 和 657W 的功率煮制速食面，与常规天然气煮制相比，其煮制时间从 9.1min 降至 8.5min 和 7.5min，利用高功率 657W 煮制的面条具有较好的硬度和抗张强度（Xue et al.，2010），利用 900W 微波结合脉冲紫外 3.5J/cm² 能量水平处理 5s 黄碱面条可有效延长货架期（Karim et al.，2012）。食品加工中碱水煮制食物具有减少加热时间、增加食品风味的作用，因此，本研究通过煮制时在水中加入纯碱分别分析微波及电磁炉煮制面条对 DON 的去除效果，探讨简便合理的去除 DON 的有效方法，进一步降低污染挂面的 DON 含量，为保障健康提供参考。

（一）碱水煮制方法及感官评价

量取 1000mL 纯水放入不锈钢锅内，电磁炉煮沸，加入碳酸钠 2.0g，加入提前称取的市售挂面 100g，微沸状态下煮制 8min，倒掉面汤，加入自来水约 1000mL，搅动 30s，重复一次，挑出挂面放入碗中待评。同样，分别在 1000mL 纯水中加入

0g、2.0g、2.5g、3.0g、3.5g 和 4.0g 碳酸钠进行挂面的煮制（即碳酸钠水溶液的浓度分别为 0、0.20%、0.25%、0.30%、0.35%和 0.40%），以上述同样的方法进行煮制，最后将挂面放入碗中待评。

评分标准：对煮制后的面条进行感官评价，评价项目及评分标准见表 5-16。

表 5-16　面条感官评价项目及评分标准

项目		评分标准
色泽	眼睛感觉到面条表面的颜色	白色——3 分 乳白色、有光泽——5 分 乳黄色、有光泽——4 分 黄色——2 分 颜色发灰、发暗——1 分
表观状态	眼睛感觉到面条表面的光滑程度和变形程度	光滑、规则——5 分 较光滑、规则——4 分 较粗糙——3 分 变形较轻——2 分 变形严重、断条——1 分
硬度	在咀嚼面条时，牙感觉到的咬断面条所需力的大小	过硬——2 分 较硬——4 分 有咬劲、硬度适中——5 分 较软——3 分 过软——1 分
黏弹性	在咀嚼面条时，牙感觉到的面条的黏附程度；在咀嚼面条时，口腔感觉到的弹性的大小	爽口、弹性好，不黏——5 分 稍黏，弹性较好——4 分 较黏，弹性一般——3 分 很黏，弹性较差——2 分 非常黏，没有弹性——1 分
香味	面条产生的香味	香味过浓——3 分 香味较浓——4 分 香味适中——5 分 香味较淡——3 分 无香气——1 分
适口性	品尝面条时，口腔感觉到的苦涩味及光滑程度	苦涩——3 分 微苦，光滑——4 分 无苦涩味，光滑——5 分 不光滑——2 分 粗糙——1 分

分别用不同浓度的碳酸钠水溶液对挂面进行煮制，进而进行感官评价，结果如表 5-17 所示，通过感官评价可知，浓度为 0.20%～0.30%的碳酸钠水溶液煮制

的挂面色泽微黄、有光泽、香气略淡或适中、无苦涩味，具有较好的感官接受性。

表 5-17　碱水煮制的面条感官评价结果

碳酸钠含量/%	感官评价	评分
0	色乳白，有光泽，麦香清淡，煮制特性较好	28
0.20	色泽淡黄，有光泽，香气略淡，无苦味，具有较好的面条煮制特性	28
0.25	色泽淡黄，有光泽，香气略淡，无苦味，具有较好的面条煮制特性	27
0.30	色泽微黄，有光泽，香气适中，无苦味，光滑，具有较好的面条煮制特性	27
0.35	色泽过黄，香气浓，微涩	23
0.40	色泽黄，香气过浓，微苦涩	20

（二）微波炉及电磁炉煮制挂面对 DON 的去除效果

从表 5-18 可以看出，添加碳酸钠后，随着碳酸钠含量的升高，DON 的去除率增加，微波及电磁炉煮制后，均可将 DON 含量从 1.98mg/kg 降至国家限量标准（DON ≤ 1mg/kg）以下，二者优于无碱煮制。虽然碳酸钠浓度为 0.40%时，DON 的降解效果最好，但此时煮制的挂面感官品质较差，碳酸钠含量为 0.25%～0.35%时，DON 的去除率降低缓慢，因此，将 DON 去除效果与感官品质相结合，选择碳酸钠浓度为 0.25%进行进一步分析。从图 5-15 可以看出，微波煮制挂面对 DON 的去除率略高于电磁炉煮制，其主要原因可能是微波加热更均匀和迅速；但微波煮制与电磁炉煮制相比，DON 含量降低幅度不大，且微波煮制挂面在实际应用中由于容易溢汤等不安全现象的出现，应用受到限制，因此，在接下来的实验中只分析在 0.25%碳酸钠水溶液中用电磁炉煮制挂面的效果。微波炉的优势在于需要充分的水分作为介质才可以迅速对食品加热，而干挂面煮制时水分是逐渐渗透至面条内部，因此微波煮制面条加热的优势并不明显，若是含碱的鲜面条煮制可能效果更加明显。

表 5-18　不同碳酸钠含量的水煮制后熟挂面 DON 含量

碳酸钠含量/%	煮制前 DON 含量/（mg/kg）	电磁炉煮制 DON 含量/（mg/kg）	去除率/%	微波煮制 DON 含量/（mg/kg）	去除率/%
0	1.98	1.04	47.71	1.03	47.92
0.20	1.98	1.03	48.21	0.93	52.94
0.25	1.98	0.77	61.01	0.72	63.48
0.30	1.98	0.68	65.64	0.63	68.09
0.35	1.98	0.64	67.68	0.58	70.59
0.40	1.98	0.44	77.75	0.33	83.26

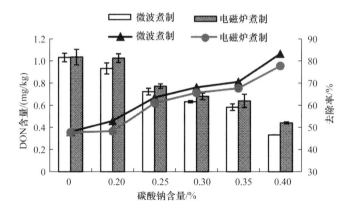

图 5-15　不同碳酸钠含量的水煮制后熟挂面 DON 含量

（三）不同 DON 污染程度的挂面碱水煮制效果研究

选择不同 DON 污染程度的面粉加工挂面，分别对其进行无碱及 0.25%碱水煮制，结果见表 5-19，从表 5-19 可以看出，加碱煮制的挂面 DON 的去除率优于无碱煮制的挂面，无碱煮制的挂面 DON 的去除率为 40.60%～53.44%，而碱水煮制的挂面去除率为 47.88%～63.36%，去除率高于无碱煮制挂面 4.71%～20.09%。

表 5-19　不同煮制方法对 DON 的去除效果

面粉 DON/kg	无碱 DON/(mg/kg)	去除率/%	碱水 DON/(mg/kg)	去除率/%
0.91±0.01	0.52±0.001	42.86	0.44±0.001	51.65
1.31±0.05	0.61±0.003	53.44	0.48±0.002	63.36
1.65±0.04	0.98±0.01	40.61	0.86±0.02	47.88
1.98±0.02	1.04±0.01	47.47	0.77±0.005	61.11
2.34±0.01	1.39±0.02	40.60	0.92±0.02	60.68
2.64±0.09	1.49±0.02	43.56	1.02±0.01	61.36
3.02±0.07	1.55±0.01	48.68	1.35±0.03	55.30
3.82±0.12	1.98±0.03	48.17	1.80±0.02	52.88
4.07±0.05	2.41±0.03	40.79	1.81±0.03	55.53

建立无碱煮制及碱水煮制后 DON 含量的预测曲线，结果见图 5-16，从图 5-16 可以看出，加 0.25%碳酸钠煮制后 DON 的预测曲线为 $y=0.4588x-0.0583$，$R^2=0.9605$，可将面条中 DON 含量由 2.30mg/kg 降至国家限量标准，显著增强了煮制对 DON 的去除效果。

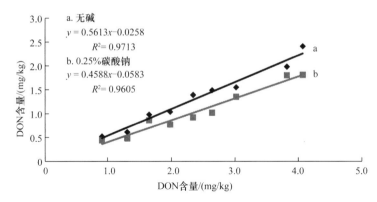

图 5-16　无碱及碱水煮制污染挂面 DON 含量变化曲线

第三节　面包加工对 DON 的去除效果

研究发现，DON 在还原剂条件下不稳定，主要的还原剂包括维生素 C、含磺酸盐、半胱氨酸、谷胱甘肽等。研究发现，用 2% 维生素 C、22℃ 处理小麦 24h，能将 DON 浓度降低 50%（Young，1986b）；在酵母中添加半胱氨酸可促进酵母 L-谷胱甘肽的合成，并可有效降低 DON 的含量，同时利用体外试验证明 DON 与 L-谷胱甘肽至少有 3 种结合形式（Gardiner，et al.，2010）。面包加工过程中添加还原剂有助于面筋的形成，能够减少面团混合所需的时间，使面团及面包柔软，组织更均匀。维生素 C、半胱氨酸为面包工业常用添加剂，L-谷胱甘肽是面包工业新型添加剂，其还原性更强，因安全性好及对面包品质的改善作用得到越来越多的应用。Boyacioğlu 等（1993）分析了面包加工中部分添加剂的作用，其中，亚硫酸氢钠（25g/kg、50g/kg），半胱氨酸（10g/kg、40g/kg、90g/kg）及磷酸铵（1000g/kg）可使 DON 含量降低 38.0%～46.0%，但其添加量过高，在面包加工过程中并无实际意义。另外，含磺酸盐类化合物可将 DON 转化为 DON 磺酸盐，其去毒作用较好，但其安全性受到质疑。因此，本节通过在面包加工过程中分别添加抗坏血酸（0.20g/kg）、L-半胱氨酸（0.06g/kg）、L-谷胱甘肽（0.06g/kg），来分析还原性添加剂在面包发酵及烘烤中对 DON 的作用，美拉德（Maillard）反应作为面包加工中的重要反应过程，在反应中产生大量强还原性物质，因此，通过分别测定面包表皮和面包囊中 DON 的含量，来分析面包中美拉德反应对 DON 的影响，从而判断抗坏血酸、L-半胱氨酸、L-谷胱甘肽及美拉德反应在面包加工中对 DON 去除的实用价值，为合理评价 DON 在面包加工中的健康风险提供参考。

一、面包发酵过程对 DON 的去除效果

（一）面包加工方法

称取面粉 250.00g 放入自动面包机，分别加入水 120mL、植物油 15mL、食盐 1.50%、蔗糖 4.00%、安琪酵母粉 1.00%，另外，还原性添加剂用量分别为抗坏血酸 0.20g/kg、L-半胱氨酸 0.06g/kg、L-谷胱甘肽 0.06g/kg。采用普通面包加工程序加工面包，即间歇搅拌时间为 30min，发酵温度约 30℃，发酵时间为 135min，烘烤温度约 200℃，烘烤时间为 25min。烘烤结束后分别测定面包表皮及面包囊中水分及 DON 含量。

（二）抗坏血酸、L-半胱氨酸、L-谷胱甘肽的体外实验

吸取 100μg/mL DON 标准品 100μL 加入 10mL 离心管里，氮气吹干，分别加入 1mL 蒸馏水、浓度为 0.2g/kg 的抗坏血酸 1mL、浓度为 0.06mg/mL 的 L-半胱氨酸 1mL、浓度为 0.06mg/mL L-谷胱甘肽 1mL，25℃ 保温 60min。取 800μL 反应液加入 4.2mL 乙腈提取，净化后氮气吹干，流动相复溶，HPLC 待测。

还原性添加剂与 DON 反应的结果见表 5-20，其中，L-半胱氨酸与 DON 反应后的 HPLC 图谱见图 5-17。结果发现：室温条件下，L-半胱氨酸与 DON 标准品反应 1h 后，DON 去除率为 18.20%，抗坏血酸及 L-谷胱甘肽与 DON 反应 1h 后无降解，可能是抗坏血酸与 L-谷胱甘肽浓度较低，反应时间相对较短及对反应环境要求不同所致。面包加工过程是复杂的生化反应过程，半胱氨酸在体内可转化为还原性更强的 L-谷胱甘肽，并促进酵母生长和繁殖，产生各种活性酶，因此，本实验进一步测试了还原性添加剂在面包实际加工中对 DON 的作用。

表 5-20　还原性添加剂与 DON 标准品体外去除结果

处理方法	浓度/（g/kg）	DON 去除率/%
抗坏血酸	0.20	0
L-半胱氨酸	0.06	18.20
L-谷胱甘肽	0.06	0

（三）发酵过程 DON 含量变化

前人研究发现，酵母或其他乳酸菌的作用是水解结合态 DON，这可能引起面包发酵后 DON 含量增加。因此，本实验首先分析了面粉中总 DON 和游离态 DON 含量，从表 5-21 可以看出，总 DON 含量与游离态 DON 含量并没有显著差异，说明所选 3 份面粉中结合态 DON 含量较低，不会发生过多结合态 DON 向游离态

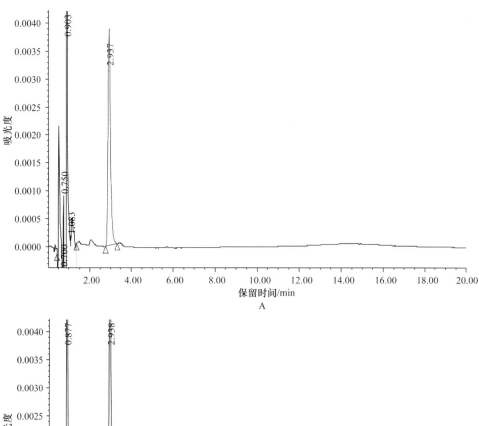

A

B

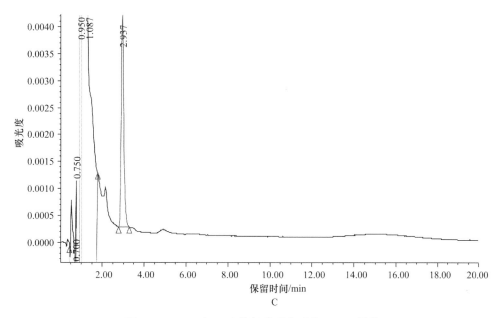

图 5-17　DON 与 L-半胱氨酸反应后的 HPLC 图谱

A. 2μg/mL DON 标准品 HPLC 图谱；B. 水与 10μg/mL DON 反应后 HPLC 图谱；
C. L-半胱氨酸与 DON 反应结束后 HPLC 图谱，DON 的保留时间为 2.937min 附近

表 5-21　面团发酵过程及还原性添加剂对 DON 含量的影响　（单位：mg/kg）

处理方法		样品编号		
		1	2	3
面粉	游离态 DON	1.76±0.06a	2.52±0.11a	7.92±0.18a
	总 DON	1.72±0.04a	2.56±0.06a	8.03±0.10a
无还原性添加剂		1.77±0.10a	2.53±0.05a	7.79±0.21a
抗坏血酸		1.81±0.14a	2.50±0.01a	7.87±0.25a
L-半胱氨酸		1.74±0.02a	2.48±0.13a	7.97±0.46a
L-谷胱甘肽		1.72±0.03a	2.54±0.07a	7.85±0.59a

注：同列相同字母 a 表示组间差异不显著（$P>0.05$）

DON 的转化，因此面包经发酵及烘烤后，只测定游离态 DON 含量，本节下文中
DON 含量均代表游离态 DON 的含量。添加还原性添加剂与不添加还原性添加剂
的条件下，发酵结束后面团中 DON 含量均与面粉中 DON 含量差异不显著，表明
本实验中发酵过程及还原性添加剂对 DON 均无去除效果。

二、面包烘烤及添加剂对 DON 的去除效果

面包烘烤结束后，分别测定面包皮及面包囊中 DON 含量，结果见表 5-22。

一组从面粉到烘烤结束后的 HPLC 图谱见图 5-18。从表 5-22 可以看出，添加不同的还原性添加剂后，DON 含量与未添加还原性添加剂的样品相比并无显著性差异，即抗坏血酸、L-半胱氨酸及 L-谷胱甘肽在面包加工中以常量添加时，对 DON 并无显著降解作用。

表 5-22　面包烘烤及还原性添加剂对 DON 含量的影响　　　（单位：mg/kg）

处理方法	样品编号					
	1		2		3	
	面包皮	面包囊	面包皮	面包囊	面包皮	面包囊
无还原性添加剂	1.59±0.04a	1.63±0.12a	2.15±0.14a	2.17±0.08a	7.29±0.17a	7.20±0.28a
抗坏血酸	1.54±0.01a	1.60±0.02a	2.22±0.04a	2.27±0.13a	7.25±0.27a	7.12±0.39a
L-半胱氨酸	1.55±0.03a	1.57±0.01a	2.18±0.13a	2.09±0.06a	6.92±0.37a	7.24±0.14a
L-谷胱甘肽	1.57±0.07a	1.58±0.06a	2.14±0.08a	2.24±0.02a	6.80±0.29a	7.11±0.19a

注：同列相同字母 a 表示组间差异不显著（$P>0.05$）

在面包烘烤过程中，面包皮和面包囊受热失水过程及受热程度不同，即面包烘烤过程中主要热量传递过程为由外向内，而水分则由内向外补充，从而分别形成面包皮（壳）和面包囊，其面包皮除发生蛋白质变性等反应外，美拉德反应是面包形成色香味的主要反应过程，而面包内部则主要发生蛋白质变性及淀粉糊化。尽管如此，但结果发现面包皮和面包囊中 DON 含量无显著性差异，面包皮中 DON 的去除率为 7.95%～15.08%，面包囊中 DON 的去除率为 7.39%～17.06%。因此，实验并未发现面包皮与面包囊因受热不同而对 DON 去除产生差异，也未发现面包

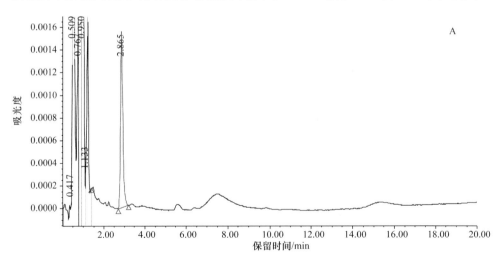

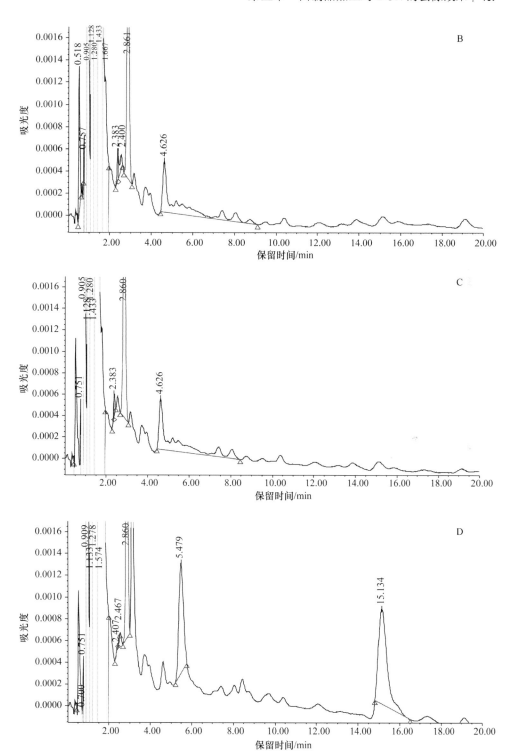

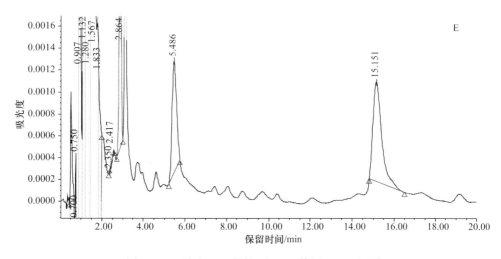

图 5-18 面包加工及烘烤后 DON 检测 HPLC 图谱

A. 代表 1μg/mL DON 标准品的 HPLC 图谱；B～E. 分别代表面粉、发酵结束后、面包皮、面包囊中 DON 检测 HPLC 图谱，DON 的保留时间为 2.865min 附近

皮美拉德反应对 DON 的去除作用。因此，面包加工对 DON 的去除效果有限，常量添加还原剂维生素 C、L-半胱氨酸、L-谷胱甘肽对 DON 无明显去除作用。

参 考 文 献

高飞. 2010. 挂面高温干燥系统工艺参数控制及挂面品质研究. 郑州: 河南工业大学硕士学位论文.

侯国泉. 2010. 亚洲面条加工技术介绍. 农产品加工: 创新版, (5): 13-17, 22.

施润淋, 王晓东. 2005. 高温烘干-挂面干燥新技术. 面粉通讯, (2): 33-38.

Abbas H K, Mirocha C J, Rosiles R, et al. 1988. Decomposition of zearalenone and deoxynivalenol in the process of making tortillas from corn. Cereal Chemistry, 65(1): 15-19.

Baiano A, Conte A, Del Nobile M A. 2006. Influence of drying temperature on the spaghetti cooking quality. Journal of Food Engineering, 76(3): 341-347.

Berthiller F, Dall'Asta C, Schuhmacher R, et al. 2005. Masked mycotoxins: determination of a deoxynivalenol glucoside in artificially and naturally contaminated wheat by liquid chromatography-tandem mass spectrometry. Journal of Agricultural and Food Chemistry, 53(9): 3421-3425.

Berthiller F, Lemmens M, Werner U, et al. 2007. Short review: metabolism of the *Fusarium* mycotoxins deoxynivalenol and zearalenone in plants. Mycotoxin Research, 23(2): 68-72.

Boyacioğlu D, Heltiarachchy N S, D'appolonia B L. 1993. Additives affect deoxynivalenol (vomitoxin) flour during breadbaking. Journal of Food Science, 58(2): 416-418.

Bretz M, Beyer M, Cramer B, et al. 2006. Thermal degradation of the *Fusarium mycotoxin* deoxynivalenol. J Agric Food Chemistry, 54(17): 6445-6451.

Chakrabarti D K, Ghosal S. 1986. Occurrence of free and conjugated 12, 13-epoxytrichothecenes and zearalenone in banana fruits infected with *Fusarium moniliforme*. Applied and Environmental

Microbiology, 51(1): 217-219.

Cubadda R E, Carcea M, Marconi E, et al. 2007. Influence of gluten proteins and drying temperature on the cooking quality of durum wheat pasta. Cereal Chemistry, 84(1): 48-55.

Fu B X. 2008. Asian noodles: history, classification, raw materials, and processing. Food Research International, 41(9): 888-902.

Gardiner S A, Boddu J, Berthiller F, et al. 2010. Transcriptome analysis of the barley-deoxynivalenol interaction: evidence for a role of glutathione in deoxynivalenol detoxification. Molecular Plant-Microbe Interactions, 23(7): 962-976.

Guan D, Plotka V C F, Clark S, et al. 2002. Sensory evaluation of microwave treated macaroni and cheese. Journal of Food Processing & Preservation, 26(5): 307-322.

Hou G G. 2011. Asian noodles: Science, technology, and processing. Hoboken, NJ: John Wiley & Sons Inc.

Karim R, Soraya A, Syed Muhammad S K, et al. 2012. Optimisation of the quality of yellow alkaline noodles using a combination of microwave and pulsed-UV technologies. Journal of Clinical Microbiology, 22(2): 296-298.

Kishk Y F M, Elsheshetawy H E, Mahmoud E A M. 2011. Influence of isolated flaxseed mucilage as a non-starch polysaccharide on noodle quality. International Journal of Food Science & Technology, 46(3): 661-668.

Liu Y, Walker F, Hoeglinger B, et al. 2005. Solvolysis procedures for the determination of bound residues of the mycotoxin deoxynivalenol in *Fusarium* species infected grain of two winter wheat cultivars preinfected with barley yellow dwarf virus. Journal of Agricultural and Food Chemistry, 53(17): 6864-6869.

Moazami F E, Jinap S, Mousa W, et al. 2014. Effect of food additives on deoxynivalenol (DON) reduction and quality attributes in steamed-and-fried instant noodles. Cereal Chemistry, 91(1): 88-94.

Petitot M, Brossard C, Barron C, et al. 2009. Modification of pasta structure induced by high drying temperatures. Effects on the *in vitro*, digestibility of protein and starch fractions and the potential allergenicity of protein hydrolysates. Food Chemistry, 116(2): 401-412.

Sasanya J J, Hall C, Wolf-Hall C. 2008. Analysis of deoxynivalenol, masked deoxynivalenol, and *Fusarium graminearum* pigment in wheat samples, using liquid chromatography-UV-mass spectrometry. Journal of Food Protection, 71(6): 1205-1213.

Savard M E. 1991. Deoxynivalenol fatty acid and glucoside conjugates. Journal of Agricultural and Food Chemistry, 39(3): 570-574.

Stuknytė M, Cattaneo S, Pagani M A, et al. 2014. Spaghetti from durum wheat: effect of drying conditions on heat damage, ultrastructure and *in vitro* digestibility. Food Chemistry, 149(1-2): 40-46.

Sugita-Konishi Y, Park B J, Kobayashi-Hattori K, et al. 2006. Effect of cooking process on the deoxynivalenol content and its subsequent cytotoxicity in wheat products. Bioscience Biotechnology and Biochemistry, 70(7): 1764-1768.

Tran S T, Smith T K, Girgis G N. 2011. Determination of optimal conditions for hydrolysis of conjugated deoxynivalenol in corn and wheat with trifluoromethanesulfonic acid. Animal Feed Science and Technology, 163(2): 84-92.

Tran S T, Smith T K, Girgis G N. 2012. A survey of free and conjugated deoxynivalenol in the 2008 corn crop in Ontario, Canada. Journal of the Science of Food & Agriculture, 92(1): 37-41.

Visconti A, Haidukowski E M, Pascale M, et al. 2004. Reduction of deoxynivalenol during durum wheat processing and spaghetti cooking. Toxicology Letters, 153(1): 181-189.

Wagner M, Morel M H, Bonicel J, et al. 2011. Mechanisms of heat-mediated aggregation of wheat gluten protein upon pasta processing. Journal of Agricultural and Food Chemistry, 59(7): 3146-3154.

Xue C F, Fukuoka M, Sakai N. 2010. Prediction of the degree of starch gelatinization in wheat flour dough during microwave heating. Journal of Food Engineering, 97(1): 40-45.

Xue C, Noboru S, Mika F. 2008. Use of microwave heating to control the degree of starch gelatinization in noodles. Journal of Food Engineering, 87(3): 357-362.

Yajima M. 2001. Method for cooking fresh noodles in a microwave oven: US, US6180148B1.

Young J C, Blackwell B A, Apsimon J W. 1986a. Alkaline degradation of the mycotoxin 4-deoxynivalenol. Tetrahedron Letters, 27(9): 1019-1022.

Young J C, Subryan L M, Potts D, et al. 1986b. Reduction in levels of deoxynivalenol in contaminated wheat by chemical and physical treatment. Journal of Agricultural & Food Chemistry, 34(3): 465-467.

Zhou B, He G Q, Schwarz P B. 2008. Occurrence of bound deoxynivalenol in *Fusarium* head blight-infected barley (*Hordeum vulgare* L.) and malt as determined by solvolysis with trifluoroacetic acid. Journal of Food Protection, 71(6): 1266-1269.

Zhou B, Li Y, Gillespie J, et al. 2007. Doehlert matrix design for optimization of the determination of bound deoxynivalenol in barley grain with trifluoroacetic acid (TFA). Journal of Agricultural & Food Chemistry, 55(25): 10141-10149.

Zweifel C, Handschin S, Escher F, et al. 2003. Influence of high-temperature drying on structural and textural properties of durum wheat pasta. Cereal Chemistry, 80(2): 159-167.

第六章　伏马菌素加工脱毒技术研究

第一节　伏马菌素概述

一、伏马菌素的产生和污染

伏马菌素主要是由串珠镰刀菌所产生的极性、水溶性次级代谢产物，Gelderblom 等（1988）首次从串珠镰刀菌培养液中分离出伏马菌素，随后 Laurent 等（1989）又从伏马菌素中分离出伏马菌素 B_1（FB_1）和伏马菌素 B_2（FB_2）。伏马菌素对粮食作物的污染在世界范围内普遍存在，尤其是对玉米及其制品的污染。玉米中伏马菌素的污染水平主要受地理、农业操作方式及玉米基因型的影响。在世界比较温暖的地方通常可以发现玉米中较高水平的伏马菌素，目前已知的伏马菌素相关化合物多达 28 种，其中毒性最强、关注度最高的是 B 类中的 FB_1，天然污染的玉米中 FB_1/FB_2 大约为 3/1。

2003 年英国食品标准局召回了市场上一批被伏马菌素严重污染的有机玉米产品，这些产品中伏马菌素的含量大约是国家限量标准的 20 倍。Martins 等（2012）检测了 2009～2010 年巴西巴拉那州的 100 份玉米源性食品样品，检测到（FB_1+FB_2）的浓度为 126～4348μg/kg，检出率分别达 82%、51%。Rubert 等（2013）对来自法国、德国和西班牙的玉米样品进行检测分析，发现 FB_1 和 FB_2 在有机玉米中的污染率分别为 11.4%和 11.3%。Seo 等（2013）对韩国 2011 年的 150 个复合饲料分析了 FB_1 和 FB_2 的污染，其中，85%复合饲料被 FB_1 污染，47%被 FB_2 污染，且家禽饲料中，FB_1 污染水平最高达 14 600μg/kg。Kpodo 等（2000）在对来自加纳首都阿克拉 4 个市场和加工场所的玉米样品进行 FB_1、FB_2 和 FB_3 污染分析时发现，所有样品均含有伏马菌素，其中 1 份明显霉变的玉米总伏马菌素含量高达 52.670mg/kg，其余 14 份样品总伏马菌素污染水平为 0.070～4.222mg/kg。冯义志（2011）对 2010 年来自辽宁、山东和河南三省的玉米样品中的 FB_1 和 FB_2 进行了检测，辽宁玉米样品中 FB_1 污染水平为 80.0%、FB_2 为 54.3%，山东玉米样品中，FB_1 为 40.5%、FB_2 为 27.4%，河南玉米样品中，FB_1 为 42.6%、FB_2 为 18.8%；45.7%的辽宁样品中伏马菌素（FB_1+FB_2）含量超过 FDA 限量标准（2000μg/kg），而山东和河南分别有 14.3%和 7.9%的样品高于这一标准。魏铁松（2013）对我国 2011 年内蒙古、甘肃、宁夏、河南、河北和山东六省（自治区）的玉米样品中 FB_1

和 FB$_2$ 含量进行了检测，山东玉米中 FB 污染率最高，其中 FB$_1$ 污染率占了 81.1%，FB$_2$ 污染率占了 67.9%。程传民等（2016）通过酶联试剂盒初筛和液相色谱法对这两种方式对饲料产品中伏马菌素污染状况进行调查，共检测样品 615 个，其中泌乳期奶牛精料补充料和青年母猪配合饲料中伏马菌素超标较严重，超标率分别为 20.0%和 9.0%。

二、伏马菌素的结构、性质及毒性

（一）伏马菌素的结构、性质

伏马菌素是一组由不同的多氢醇和丙三羧酸组成的结构类似的双酯化合物，主要结构式如图 6-1 所示。到目前为止，发现的伏马菌素有 28 种，被分为 4 组，分别是 A 组、B 组、C 组和 P 组，B 组伏马菌素在野生型菌株中产量最为丰富，其中以 FB$_1$ 为主（王少康，2003），占总量的 70%，同时 FB$_1$ 的毒性也最强。伏马菌素纯品为白色针状结晶，易溶于水，在多数粮食加工处理过程中均比较稳定。

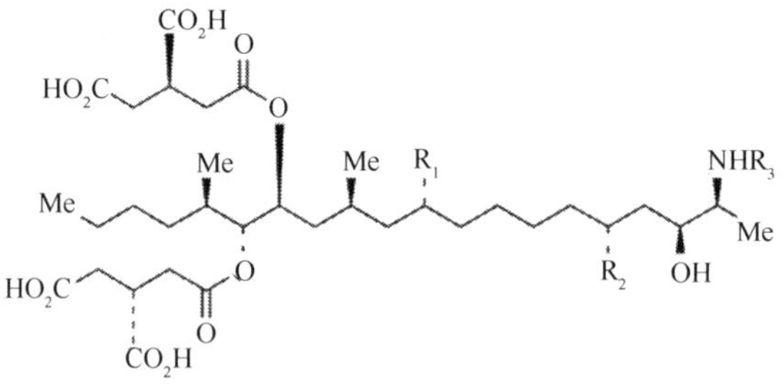

图 6-1　伏马菌素的主要结构式

FB$_1$:	R$_1$=OH	R$_2$=OH	R$_3$=H;	FA$_1$:	R$_1$=OH	R$_2$=OH	R$_3$=CH$_2$CH
FB$_2$:	R$_1$=H	R$_2$=OH	R$_3$=H;	FA$_2$:	R$_1$=H	R$_2$=OH	R$_3$=CH$_2$CH
FB$_3$:	R$_1$=OH	R$_2$=H	R$_3$=H;	FB$_4$:	R$_1$=H	R$_2$=H	R$_3$=H

（二）毒性

1. 神经毒性

伏马菌素对神经系统有显著的毒性作用，能造成马脑的特异性损伤。Marasas 等（1988）对马连续注射伏马菌素 B$_1$ 0.125mg/(kg·d)，试验持续 9 天，第 8 天时发现被注射动物出现精神焦虑、紧张、冷漠、行动缓慢、战栗、运动失调、饮食下降等临床症状，第 10 天出现强直性抽搐。解剖病理发现，马脑严重水肿、延髓局部坏死，可见伏马菌素是马脑白质软化症的诱导因素。为了深入了解伏马菌素的致病机制，科研工作者开展了不同动物的神经毒性研究。Bucci 等（1998）给孕期兔子注射剂量为 1.75mg/(kg·d)的伏马菌素，发现其脑白质有轻微出血迹象，并伴有中枢神经系统（central nervous system，CNS）的损伤。Osuchowski 等（2005）分别给小鼠脑室和皮下注射 0μg、10μg、100μg 伏马菌素，发现 100μg 剂量组有明显的脑皮层神经变性现象，神经鞘氨醇（sphingosine，SO）含量也升高；同时脑室注射 100μg 伏马菌素抑制了小鼠神经酰胺的合成、星形胶质细胞的刺激，皮下注射抑制效果不明显。这些研究提示，伏马菌素的神经毒性主要表现为对脑白质的不同程度的损害，抑制神经鞘脂类合成，所有研究工作的开展不仅揭示了伏马菌素的神经毒性作用机制，还有利于脑疾病模型的开发。

2. 肺毒性

伏马菌素具有肺毒性，可引起猪肺水肿综合征（porcine pulmonary edema，PPE）（Harrison et al.，1990）。猪摄入含有伏马菌素的饲料后，最典型的病变为胸膜腔积水和肺水肿，并伴有胰脏和肝脏损伤。Zomborszky-Kovacs 等（2002）报道，在日粮中添加 40mg/kg 伏马菌素就可引起仔猪肺部重量显著增加，出现明显的肺水肿症状。在亚急性毒性试验中，FB_1 对猪的亚急性毒性表现为肝结节性增生和远侧食道黏膜增生斑，同时还可观察到胰腺的病理改变、腺细胞中分泌粒减少、细胞核变形、核仁变大、染色质不规则浓缩。FB_1 污染水平为 5μg/kg 时，血液中神经鞘氨醇（SO）和二氢神经鞘氨醇（shpinganine，SA）的比例在血液中其他生化指标变化和组织损伤之前即有明显上升的趋势。短期喂养试验中，在引起肝脏和肺部严重损伤的剂量条件下，未观察到肾脏组织学及有关临床化学的改变。

3. 对免疫系统的毒性

大量试验结果表明，伏马菌素能够对动物免疫系统造成损害，引起免疫功能降低，造成免疫抑制，从而影响疫苗的免疫效果，使免疫后抗体水平不整齐或不高。Qureshi 和 Hagler（1992）在研究 FB_1 对仔鸡腹膜巨噬细胞的影响时发现，FB_1（10～100μg/kg）可引起巨噬细胞在形态学上发生改变，使其产生萎缩；同时还显著降低细胞活性，以及产生功能损伤，导致免疫应答降低，从而增加了传染易感性。Chatterjee 等（1995）研究 FB_1 对鸡腹腔巨噬细胞形态学的影响，发现 FB_1 暴露导致腹腔巨噬细胞的核分裂，随着 FB_1 剂量从 6μg/mL 增加到 18μg/mL，巨噬细胞数量逐渐增加。Li 等（1999）给肉鸡饲喂含 FB_1 的日粮，并分别在第 2 周和第 3 周注射 0.5mL 的新城疫疫苗，注射 7 天后发现 FB_1 能够对鸡新城疫疫苗抗体产生抑制作用，显著降低鸡新城疫疫苗的抗体滴度。

4. 致癌性

研究表明，伏马菌素对肝脏、肾脏均具有毒性作用，在高剂量或长期饲喂条件下，可诱发啮齿动物的癌症，是一种慢性癌症促进剂和诱导剂。Gelderblom 等（1991）对雄性 BDIX 大鼠的长期慢性毒性试验表明，饲喂浓度为 50mg/kg 的 FB_1

（纯度＞90%）26 个月后，诱发了大鼠肝癌。而用含 FB_1（纯度＞96%）的饲料对 F344/N Nctr 大鼠和 B6C3F1/Nctr 小鼠进行 2 年的饲喂试验，结果发现，2 年时，FB_1 摄入量分别为 50mg/kg、150mg/kg 的雄性大鼠和摄入量分别为 50mg/kg、100mg/kg 的雌性大鼠的肾组织中 SO/SA 增加，肾小管上皮细胞增殖显著增加，肾脏重量均低于对照组，肾小管腺瘤的发生率显著增加，肾小管上皮细胞凋亡的发生率显著增加。摄入 50mg/kg 和 80mg/kg FB_1 两年的雌性小鼠的肝细胞腺瘤发生率显著高于对照组，发生率与 FB_1 的摄入量呈正相关趋势，摄入 15mg/kg、80mg/kg 和 150mg/kg FB_1 两年的雄性小鼠和摄入 50mg/kg 和 80mg/kg FB_1 的雌性小鼠的肝细胞肥大的发生率显著增加，摄入 50mg/kg 和 80mg/kg FB_1 的雌性小鼠，2 年时肝细胞凋亡的发生率显著增加。此外，伏马菌素还被怀疑与人类食管癌有密切关系。Marasas 等（1988）在对南非特兰斯凯（Transkei）食管癌高发地区进行流行病调查时发现，食管癌高发区伏马菌素的污染水平与低发区的污染水平有显著的不同，高发区的伏马菌素污染水平是低发区的两倍多。Yoshizawa 等（1994）的调查显示，伏马菌素在食管癌高发区的玉米中的污染率为 48%，而在食管癌低发区的玉米中的污染率为 25%，前者污染率大约为后者的两倍。但目前还没有充足的证据证明伏马菌素可以诱发食管癌，1993 年，国际癌症研究中心（IARC）将伏马菌素列为 2B 类致癌物质（即人类可能致癌物）。

到目前为止，人们对伏马菌素的毒性作用机制仍不是十分清楚，但怀疑可能是与伏马菌素对神经鞘脂类生物合成的破坏作用有关。神经鞘脂类是真核细胞细胞膜的重要构成成分，在细胞的附着、分化、生长和程序化死亡中发挥关键性作用。由于伏马菌素在结构上与神经鞘氨醇和二氢神经鞘氨醇极为相似，因此 Wang 等（1991）认为，伏马菌素主要通过竞争的方式对神经鞘氨醇 N-2 酰基转移酶产生抑制作用，破坏了鞘脂类的代谢，造成神经鞘氨醇生物合成被抑制，导致复合鞘脂减少和游离二氢神经鞘氨醇增加，从而阻碍了复合鞘脂作为第二信使介导的信号传递途径。

三、伏马菌素的检测方法

关于伏马菌素的检测，国内外已建立了多种方法。由于 FB_1、FB_2 在天然食品中的含量最多，因此目前的大多数检测方法都针对 FB_1、FB_2 这两种组分。已报道的方法主要有气相色谱法（GC）、高效液相色谱法（HPLC）、薄层色谱法（TLC）、液相色谱法-质谱联用（LC-MS）、酶联免疫吸附测定（ELISA）和毛细管电泳（CE）等，但 CE 应用不多。

（一）气相色谱法

最早用于分析伏马菌素的方法是熔融石英毛细管气相色谱的方法。对于天然存在于玉米中的伏马菌素，可以通过酸性水解产生丙三羧酸，利用异丁醇与丙三羧酸的酯化作用验证该水解产物中含有丙三羧酸，从而证明伏马菌素的存在（Sydenham，1990）。丙三羧酸可以通过气相色谱-质谱联用来检测。Plattner 等（1990）报道了伏马菌素通过碱性水解可生成含有氨基的多羟基化合物，通过XAD-2 树脂分离并且转化成三甲基硅烷基的衍生物，并且可用气相色谱进行分析。但随着 HPLC 的迅速发展，更简便准确的 HPLC 检测方法取代了气相-质谱联用的方法。

（二）高效液相色谱法

最早运用 HPLC 来检测伏马菌素是在对培养基的提取液进行定量分析过程中发展起来的。由于伏马菌素是极性分子，且能溶解在水中和极性溶剂中，因此比较适合于反相 HPLC 测定。与试样预处理技术相配合，HPLC 所达到的高分辨率和高灵敏度，使分离和同时测定性质上十分相近的物质成为可能，能够分离复杂相体中的微量成分。随着固定相的发展，有可能在充分保持生化物质活性的条件下完成其分离。HPLC 成为解决生化分析问题最有前途的方法。由于 HPLC 具有高分辨率、高灵敏度、速度快、色谱柱可反复利用、流出组分易收集等优点，因此被广泛应用到生物化学、食品分析、医药研究、环境分析、无机分析等各种领域。

目前，纯化伏马菌素的方法主要有固相萃取柱（SPE C$_{18}$）、强阴离子交换柱（SAX）及免疫亲和柱，见表 6-1（张浩等，2007）。

表 6-1　各种纯化柱比较

纯化柱	优点	缺点	应用
SAX	SAX 可获得比 SPE C$_{18}$ 更好的效果	不能用来纯化水解的伏马菌素	应用最为普遍
SPE C$_{18}$	可以分离水解的伏马菌素	洗脱较为困难，回收率不够稳定	应用到玉米、牛奶中的伏马菌素水解产物的纯化
SPE 和 SAX 联合柱	可同时纯化伏马菌素和水解的伏马菌素，并且在较大的 pH 范围内，仍然具有较好的纯化效果	纯化速度较慢	用于动物饲料、啤酒酿造过程中麦汁和碱处理过的玉米样品提取液的纯化
免疫亲和柱	免疫亲和柱可选择性地吸附伏马菌素，该方法的分离纯化效果好，检测灵敏度高，快速	免疫亲和柱的纯化容量比较小	用来检测玉米、牛奶、啤酒和甜玉米中的 FB$_1$ 和 FB$_2$

伏马菌素本身既没有特异的紫外吸收基团，也没有荧光特性，但在一定条件下伏马菌素可同某些物质反应形成具有荧光的衍生物，因此选择合适的荧光衍生剂和衍生方法是保证 HPLC 检测伏马菌素准确度和灵敏性的最为重要的因素，各种衍生剂的比较见表 6-2。

表 6-2 各种衍生剂的比较

衍生剂	优点	缺点	应用
荧光胺	能够产生必要的敏感性	样品和衍生剂反应后会产生两种不同的荧光衍生物，因此影响测定的准确性	最早应用于伏马菌素 HPLC 测定的荧光衍生剂
邻苯二甲醛（OPA）	非常灵敏地检测伏马菌素的柱前衍生试剂，检测灵敏度可达 50ng/g 以下	荧光产物不太稳定，在开始 4min 内是稳定的，在 8min 时衰减 5%，在 64min 后，减少到 48%，必须在规定时间（2min）内将荧光物质注射到 HPLC 中	Shephard（1998）等首次把 OPA 作为对伏马菌素 HPLC 测定的荧光衍生剂后，至今仍然被大多数实验室采用
萘-2,3-二羧醛（NDA）	NDA 在氰化钾存在的条件下与伏马菌素反应生成一种荧光衍生剂，并且在 20h 内相对稳定，FB_1 的检出限为 50pg/g	本身有荧光，因而对检测峰值有影响，准确度不高	检测牛奶中 FB_1 和 FB_2 的灵敏度为 5ng/mL，还可以同时用于伏马菌素和伏马菌素水解物的测定
9-芴基甲基-氯甲酸酯（FMOC-Cl）	FMOC 是一种检测动物饲料中伏马菌素污染水平的灵敏反应试剂	72h 内稳定存在，检出限为 200ng/g	
6-氨基喹啉-N-羟基琥珀酰亚胺-氨基甲酸酯	与伏马菌素反应生成稳定的荧光物质	与伏马菌素反应生成稳定的荧光物质的检出限为 260ng/g	
OPA-半胱氨酸和 N-乙酰基-L-半胱氨酸	通过离子对色谱进行分离，用 OPA 和 N-乙酰基-L-半胱氨酸的混合物在 pH 9 的硼酸盐缓冲液中对伏马菌素进行柱后衍生	灵敏度比 OPA 柱前衍生法要低，检出限为 80ng/g	

常用的流动相主要有两种：甲醇-磷酸盐和乙腈-水-乙酸。多数采用甲醇-磷酸盐作为流动相。此外，还可以用乙腈-柠檬酸盐作为流动相。

（三）薄层色谱法

最初的 TLC 检测伏马菌素是在进行伏马菌素分离的过程中作为一种监测方法而发展起来的（Shephard，1998）。采用反相 C_{18} 薄层板，用甲醇-水（3∶1，V/V）展开，也可以采用正相薄层板，用氯仿-甲醇-水-乙酸作展开剂（Gelderblom et al.，1988）。薄层板展开后喷对甲氧基苯甲醛或茚三酮显色。这种方法的检出限只有 0.5mg/g，所以不能用这种方法检测天然存在于玉米中的伏马菌素。用荧光胺作显色剂在紫外灯下观察伏马菌素提高了 TLC 的灵敏度和选择性，使得 TLC 能够检测天然存在于玉米中的伏马菌素。采用高效 TLC 检测玉米中伏马菌素的污染情况，SAX 洗脱效果比 C_{18} 柱洗脱效果好，当把经过展开的板浸入 0.16%的对甲氧基苯甲醛的酸性溶液中，再用荧光扫描仪定量检测，检出限可以达到 250ng/g。对于反相高效 TLC（检出限为 250ng/g），用 0.5%香草醛的浓硫酸（97%）与乙醇（4∶1，V/V）的混合液作为显色剂，120℃加热 10min，薄层板上呈现蓝紫色的点即证实了玉米和玉米制品中含有伏马菌素。对薄层板进行双向连续展开，使得检出限减少到 0.1mg/g，并且伏马菌素用对甲氧基苯甲醛溶液喷雾之后可以用薄层扫描仪进行定量（张浩等，2007）。

（四）液相色谱-质谱联用技术

液相色谱-质谱联用技术是将液相色谱的高分离能力与质谱所提供的结构信息和其高选择性相结合，因此，目前液相色谱-质谱联用检测方法因其高度的选择性和灵敏度而被广泛采用。伏马菌素的质谱检测一般采用离子阱质谱、四极杆质谱、飞行时间质谱及组合式质谱，如串联四极杆-线性离子阱质谱仪等。应用比较普遍的是三重四极杆串联质谱仪，除少数使用大气压化学电离源外，绝大多数使用电喷雾离子源（electrospray ionization，ESI）。采用三重四极杆串联质谱技术，选择反应监测方式（SRM），即在一级质量分析器中选定母体离子，在二级质量分析器中进行碰撞诱导解离，碎片被检测。两级质量分析比单级所获得的化学专一性要高得多，原因是能够选择和测定两组特定的且直接相关的质量，因此非常适合于从很多复杂的体系中选择某特定质量，经常被用于微小成分的定量分析。

伏马菌素液相色谱-质谱联用分析中，液相色谱柱多采用反向 C_{18} 柱，流动相一般应用甲醇或乙腈与水，等度或梯度洗脱，由于伏马菌素一般应用 ESI（+）检测，因此在流动相中加入一定比例的甲酸或乙酸等挥发性有机酸，以促使离子在溶液中的预形成，从而提高离子化效率。按照欧盟对化合物定性的要求，一般选择 2 个离子进行定性，定量方法有外标法和内标法，多数应用基质配对标准工作曲线，以减少离子抑制现象。内标法使用的内标物主要有氘代内标及双氯酚酸（权伍英和谷晶，2010）。

（五）酶联免疫吸附法

目前用于真菌毒素检测的免疫学方法主要是酶联免疫吸附法，该方法分为直接竞争法与间接竞争法。两种检测方法检测范围相当，前者步骤简单，但检出限稍高；后者步骤增加，同时利用了酶标二抗的放大作用，可使方法的灵敏度得到进一步的提高。目前 ELISA 法在伏马菌素的检测中应用比较广泛，它具有灵敏度高、特异性强、快速简便等优点，适用于大规模调查中样品的快速筛查。不同的检测系统有不同的灵敏度，尤其是用于抗原定量检测时，影响 ELISA 检测灵敏度的主要因素包括抗原抗体反应的亲和力、检测条件等，ELISA 检测方法的比较见表 6-3（张浩等，2007）。

表 6-3　ELISA 检测方法的比较

文献	抗体类型	检测方法	最低检出限	检测范围
Azcona-olivera et al.，1992	多克隆抗体	间接竞争法	100ng/mL	500～1000ng/g
Azcona-olivera et al.，1992	单克隆抗体	直接竞争法	630ng/mL	50～5000ng/mL
Fukuda et al.，1994	单克隆抗体	间接竞争法	144ng/mL	10～5000ng/mL
Usleber et al.，1994	多克隆抗体	直接竞争法	623pg/mL	
郭云昌等，1999	单克隆抗体	直接竞争法	10ng/mL	10～5000ng/mL

由于伏马菌素对人和家畜产生严重危害,美国于 2001 年制定了伏马菌素在动物饲料和食品中的限量标准,规定在动物饲料中的最大残留限量(maximum residue limit,MRL)为 1～50mg/kg,在食用玉米中限量为 2mg/kg。联合国粮农组织/世界卫生组织食品添加剂联合专家委员会(Joint FAO/WHO Expert Committee on Food Additives,JECFA)也制定了相关的标准,FB_1、FB_2 和 FB_3(单一或混合)暂定每日最大耐受摄入量(provisional maximum tolerable daily intake,PMTDI)为 2μg/(kg·d)。瑞典规定 FB_1、FB_2 和 FB_3 的总的限量为 0.2～4mg/kg,欧盟对玉米(未加工)、玉米面(粉)和直接食用的玉米制品制定的限量标准分别为 2mg/kg、1mg/kg 和 0.4mg/kg。我国于 2018 年 5 月 1 日实施的 GB13078—2017《饲料卫生标准》增加了对伏马菌素的限量规定,伏马菌素(B_1+B_2)在饲料原料中限量≤60mg/kg,在不同饲料产品中限量为 5～20mg/kg。

四、伏马菌素加工脱毒技术研究进展

(一)物理法

1. 研磨

在干燥和潮湿条件下碾磨,以及在水中或酸性亚硫酸盐的溶液中浸泡,可降低食品中的伏马菌素含量(Katta et al., 1997)。干磨法加工整粒玉米会产生麸皮、片状小粒、小粒、粗粉和面粉等碎粒。因为伏马菌素在玉米的胚和种皮中含量较高,所以干磨法会产生含有不同浓度的伏马菌素的碎粒。例如,干磨法加工无胚玉米(除去麸皮),产生的玉米粉含有较低水平的伏马菌素。加工企业数据显示,干磨法加工的玉米碎粒,伏马菌素含量从高到低排列为糠麸、面粉、粗粉、小粒和片状粒。因此,用小粒和面粉制成的玉米面包、玉米渣和玉米松饼含有较低水平的伏马菌素;由片状粒制成的半成品早餐谷类食物如玉米片和膨松型玉米片含有更低水平的伏马菌素(从未检出到 10ng/kg)。

玉米通过浸泡、粗磨、脱胚、纤维筛分,最后生产出无伏马菌素或伏马菌素低含量的淀粉;通过脱皮、去胚等生产工艺生产出伏马菌素低含量的精制脱脂面粉。在玉米经过清理除去所有杂质后将其加入浸泡罐,在此用 48～52℃的亚硫酸溶液浸泡 48h,使玉米得到软化,以便于磨碎与分离玉米的各个组分。浸泡好的玉米粒含水量约 45%,蛋白质网组织已被破坏,同时一部分水溶性物质,主要是水溶性蛋白质被浸出。研磨的目的是为玉米粒各组分完全分离提供条件。浸泡的玉米粒与水一起在研磨机中受到粗磨,玉米粒被切碎成 6～8 瓣,胚芽释出。高含油量的胚芽的密度与其他部分的密度相差颇大,这就提供了分离的基础,这个分离是借助连续流经一系列水力旋转分粒机(或称水力旋流器)来实现的。将研碎玉米的悬浮液调整到一定的浓度，在一定压力下将其送入水力旋流器，在适当的旋转速度下使密度不同的组分因离心力不同而相互分离。回收的胚芽用水洗涤以除去所附淀粉，洗后胚芽用机械挤干机脱水，在胚芽水分含量降到 50%～55%（湿基）后将其干燥，干胚芽即可用于提取油脂。湿磨法工艺流程如下。

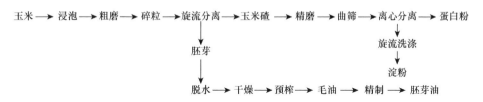

半湿磨法的工艺流程为：玉米经过清理、去杂后进入润湿机，在此喷洒热水使玉米粒充分吸水润湿，水分含量达到 18%～22%，以便于胚芽、皮壳的分离；润湿好的玉米进入破碴机中被打碎成 4～6 瓣，胚芽、皮、玉米碴相互脱离，由于颗粒大小和相对密度的不同，利用分级筛、风选提胚机可将其完全分离，提出的胚芽即可直接用于提取油脂，玉米碴可以被加工成伏马菌素低含量的面粉。

2. 加热法

伏马菌素具有热稳定性，随着温度的升高，其分解的速率和程度取决于 pH。总体而言，在 pH=4 的条件下 FB_1 最不稳定，其次是 pH=10 和 pH=7，食品基质的组分在加工期间可能与 FB_1 相互作用，含有葡萄糖的热处理导致的美拉德褐变反应使 FB_1 含量明显减少，但不是实际的分解（Hlywka，1997）。微波加热也可使含碱的玉米饼中 FB_1 含量显著降低（Mendezalbores et al.，2014）。当加热潮湿的玉米粉状物至 190℃（60min），可以降低伏马菌素含量 80%；加热干燥的玉米粉状物至 190℃（60min）和 220℃（25min），可以降低伏马菌素含量 60%～100%；烘烤玉米粉饼至 175℃（20min）和 200℃（20min），可以降低伏马菌素含量 16%～27%；烘烤玉米粉饼至 220℃（25min）可以降低伏马菌素含量 70%以上（Scott and Lawrence，1996）。从中可以看出，大于 150℃的温度对于除去样品中的伏马菌素是很有效的。El-Sayed 等（2010）研究了在玉米和玉米制品加工过程中 FB_1 的耐热性，他们发现烘烤 balady 面包至 450℃（10min），可以降低 72.4%的 FB_1；烘烤 fanco 面包至 250℃（20min）可以降低 57.4%的 FB_1；而把通心粉和玉米在水中煮沸则可以完全除去被污染的样品中的 FB_1。

3. 辐射法

Ferreira-Castro 等（2007）研究了在相对湿度（relative humidity，RH）（97.5%）和水分活度的控制条件下，接种串珠镰刀菌（*F. verticillioides*）孢子悬浮物的玉米籽粒照射 2kGy、5kGy 和 10kGy 的 γ-射线，发现照射玉米 5kGy 或 10kGy 的 γ-射

线可以降低产生伏马菌素的风险。然而，在相同条件 2kGy 的剂量下，存活的真菌（36%）能够比未照射样品中的真菌产生更多的伏马菌素。Deepthi（2017）得出了相似的结论，在 2.5kGy 的射线照射的饲料样品中，伏马菌素含量为 11μg/g，高于未照射的对照样品中的饲料产生的伏马菌素含量（5μg/g），而 7.5kGy 的电离辐射对于真菌生长和伏马菌素生产是致命的。

4. 吸附法

Solfrizzo 等（2001）研究发现，利用含 2%活性炭的 FB_1 污染食物喂养老鼠，可以有效地降低老鼠肾脏中二氢神经鞘氨醇浓度，减小二氢神经鞘氨醇与神经鞘氨醇的比值，抑制肝脏重量的增加。用活性炭、胶质状黏土和硅藻土作为吸附剂，然后用含产伏马菌素的串珠镰刀菌（F. verticillioides）培养基饲养老鼠进行试验，证实这些物质具有降低 FB_1 生物活性的能力。2001 年以来经过大量的试验，研制开发了一种使用量较低且效果非常明显的天然霉菌毒素吸附剂——酯化葡配甘露聚糖（esterified glucomannan，EGM），它是由酵母细胞壁提取而来的。通过在世界上不同国家进行的动物体内和体外的试验，包括家禽、猪和奶牛的试验，证明了酯化葡配甘露聚糖可有效地吸附不同种类的霉菌毒素。由于 EGM 具有多孔特点，其表面积较大，有利于快速高效地吸附霉菌毒素，因此添加量较低（Wang et al.，2006；Oliveira et al.，2015）。

（二）化学法去除伏马菌素的研究

1. 氨熏蒸去毒素法

污染量低于 100mg/kg 的玉米经过氨熏蒸去毒可以达到国家限量标准要求。该方法为围囤熏蒸的方法：探管间距 1/3m，探管内填塞破麻袋片或棉纱；为便于采样分析，囤内预埋污染 FB_1 的玉米粮样袋，每袋装 100g，分上、中、下 3 个部位预埋，每层埋 3 袋；上层预埋在粮食下 10cm，下层预埋在囤底上 10cm，中层预埋在囤高的中间。Park 等（1996）指出氨熏蒸去毒处理可以平均降低 79%的伏马菌素含量，而且不会使被处理的玉米样品的理化性质产生大的变化。

2. 臭氧处理法

Mckenzie 等（1997）研究发现，臭氧处理可以使 FB_1 转化成 3-酮基 FB_1，然而这种复合物要比亲本复合物更具有毒性。

3. 加糖挤压膨化法

研究发现通过挤压膨化可以降低伏马菌素含量，如果加入适量的葡萄糖可降低 45.3%～71%的伏马菌素，蔗糖的效果不如葡萄糖。另外，研究发现 FB_1 的毒性可以通过 FB$_1$ 和果糖之间的反应来降低。80℃加热果糖 48h，果糖可以和 FB$_1$ 的氨基末端发生反应，这样可以使 95%的 FB$_1$ 与果糖反应结合，65℃加热 D-葡萄糖 48h，D-葡萄糖也与 FB$_1$ 作用。

4. 营养修饰法

通常所采用的保护动物免遭霉菌毒素侵染的营养调节方案包括在霉变的日粮中添加高水平蛋氨酸、硒和复合维生素。含有叶绿素衍生物、天门冬酰苯丙氨酸甲酯等物质的某些植物和中草药复方，也有很好的效果。

5. 中草药抑制剂法

现已发现某些中草药和中草药提取物具有抑制霉菌生长和毒素产生的作用。大蒜、洋葱、姜黄等的水溶性提取物具有抗真菌的作用，可抑制伏马菌素的产生。尽管这些活性物质在一定的范围内具有抑制霉菌的作用，但想要常规地运用到生产实践中去还有一定的难度。

第二节　挤压膨化对玉米制品中伏马菌素的作用

挤压膨化技术是一种有效的玉米加工技术，其主要通过改变玉米物料组分，改善淀粉、蛋白质等养分的利用率，提高动物采食量，促进肠道发育，从而提高动物的生产性能。玉米挤压膨化是水分、热、机械剪切、摩擦、揉搓及压力差综合作用下的淀粉糊化过程。当玉米淀粉与蒸汽和水混合时，淀粉颗粒开始吸水膨胀，通过膨化腔时，迅速升高的温度及螺旋叶片的揉搓使网袋状淀粉颗粒加速吸水，晶体结构开始解体，氢键开始断裂，膨胀的淀粉颗粒开始破裂，变成一种黏稠的熔融体；在膨化机出口处由于压力瞬间骤降，蒸汽（水分）瞬间散失，从而使大量的膨胀淀粉颗粒崩解，淀粉糊化；蒸汽进一步蒸发逸散，使冷却的胶状物料中留下许多微孔，就形成了膨化玉米。这一节主要分析挤压膨化对玉米制品中伏马菌素的作用。

一、伏马菌素检测方法的确定

（一）提取及净化样品

称取预检粮样若干，用微型高速万能试样粉碎机将其粉碎成面粉，置于样品瓶中，备用。取 10g 样品加到 100mL 的三角瓶中，加 40mL 的甲醇水溶液（V：V=9：1）；用分散器处理 3min，使其提取充分；将上述样液摇匀后倒入 50mL 的容量瓶中，用少许上述甲醇水溶液洗涤三角瓶，将洗涤液加入该容量瓶中，定容到 50mL；用快速折叠滤纸过滤，将滤液收集到 100mL 三角瓶中，取 2mL 滤液到 10mL 尖底具塞试管中，用移液枪取 1.5mL 5%的硼酸（甲醇：硼酸，20：1，V/V）加入上述试管中，再加入 300μL 饱和氯化钠；将耐高温试管在 50℃条件下用氮气吹至 0.5mL（大约 1.5h），此过程中一定注意让气流缓和，不能将液体吹溅到试管壁上；将试管移到试管架上，加入 2mL 的乙酸甲酯，加盖，在圆周振荡器震荡1min，把乙酸甲酯层移到另一个有刻度的尖底试管中，在原试管中加入 2mL 乙酸甲酯，震荡 1min，继续取乙酸甲酯层到试管中；将上述约有 4mL 提取液的试管置于氮吹仪上，在 50℃条件下吹至 200μL，一定不能吹干；用甲醇硼酸钠溶液（V：V=1：1）将上述试管中的液体定容到 2mL，摇匀，将其移到 2mL 离心管中，10 000r/min 离心 5min；取 800μL 到 2mL 进样瓶中。

（二）伏马菌素的高效液相色谱检测

1. 高效液相色谱检测条件

色谱柱：3.9mm×150mm，5μm。流动相：A 为醋酸钠水溶液（20mmol/L，pH 为 3.5）用 10%的甲醇固定；B 为甲醇。检测器：激发光波长，335nm；发射光波长，440nm。柱温：30℃。进样量：10μL。

2. 衍生与液相测定

标准品的衍生：转移 16μL FB$_1$ 标准品工作液到进样瓶中，取 784μL 甲醇硼酸钠溶液（V：V=1：1）加入进样瓶中，加入 200μL OPA 试剂，用振荡器混合。在加入 OPA 试剂 1min 内将进样瓶放到 LC 系统进样盘上。

样品的衍生：转移 800μL 样液到进样瓶中，加入 200μL OPA 试剂，用振荡器混合。在加入 OPA 试剂 1min 内将进样瓶放到 LC 系统进样盘上。

按上述色谱条件，对样品液进行液相色谱分析，以外标法定量，化学工作站进行数据处理。

3. 标准曲线及检出限

伏马菌素 B$_1$ 标准溶液：用乙腈水溶液（V：V=1：1）配制成 10μg/mL FB$_1$ 标准溶液，配制标准曲线工作浓度 100ng/mL、200ng/mL、500ng/mL、1000ng/mL、2000ng/mL，相对应的峰面积见表 6-4。以浓度作横坐标，以峰面积作纵坐标，根据浓度与峰面积的关系进行线性回归，回归曲线为 $y=1355.4x+8847.1$，$R^2=0.9957$，在上述液相条件和衍生条件下，毒素在 100ng/mL 以上时线性关系良好。

表 6-4　标准品浓度与峰面积

项目	1	2	3	4	5
浓度/(ng/mL)	100	200	500	1 000	2 000
峰面积	132 948	252 815	652 487	1 485 859	2 670 623

4. 精密度

对 FB_1 浓度分别为 0.2μg/mL 和 1μg/mL 的标准样品，按上述方法连续测定 7 次，每个样品均在 1 天内分 14 次进针，每 1h 进一次，所测得的浓度见表 6-5，在 2 个 FB_1 浓度水平玉米测试中，回收率在 75%～105%，变异系数均小于 5%，该方法具有高的精密度。

表 6-5　日内精密度试验结果

项目	1	2	3	4	5	6	7	RSD/%
样品 1/（μg/mL）	0.1707	0.1597	0.1654	0.1719	0.1688	0.1503	0.1691	4.66
回收率/%	85.35	79.85	82.7	85.95	84.4	75.15	84.55	
样品 2/（μg/mL）	0.9871	0.9908	0.9748	0.9877	0.9745	1.0482	0.9894	2.54
回收率/%	98.71	99.08	97.48	98.77	97.45	104.82	98.94	

5. 回收率和准确度

为检验方法的准确度，将低、中、高 3 个浓度（0.5μg/mL、1.0μg/mL、2.0μg/mL）的 FB_1 添加到玉米样中，对每个加标水平做 5 个重复的平行样，计算回收率和变异系数。回收率=（加标样品的测定值–样品的测定值）/加标值×100%。结果见表 6-6，从表 6-6 可以看出，该方法具有较高的回收率，在 3 个浓度水平的 FB_1 加标回收率实验中，0.5μg/mL 的回收率在 75%～79%，1.0μg/mL 的回收率在 81%～87%，2.0μg/mL 的回收率在 86%～90%，各浓度平均回收率均大于 80%，变异系数均小于 5%。该实验方法灵敏、实验仪器稳定、实验结果准确可靠、重现性和再现性比较好，符合实验要求。但使用高效液相色谱法也存在一些缺点，即不能用于自动进样分析，采用 OPA 作为衍生试剂，虽然灵敏、快速、重现性好，但衍生物不稳定，所以要求在反应 2min 之内上机检测，导致无法在分析大量样品时进行自动进样操作。

表 6-6　加标回收率测定结果

项目		1	2	3	4	5	平均值	RSD/%
水平 1 （0.5μg/mL）	FB_1/（μg/mL）	0.3766	0.3832	0.3768	0.3924	0.3826	0.3823	1.67
	回收率/%	75.32	76.64	75.36	78.48	76.52	76.46	
水平 2 （1.0μg/mL）	FB_1/（μg/mL）	0.8624	0.8236	0.8541	0.8123	0.8462	0.8397	2.51
	回收率/%	86.24	82.36	85.41	81.23	84.62	83.97	
水平 3 （2.0μg/mL）	FB_1/（μg/mL）	1.7455	1.7358	1.7699	1.7582	1.7844	1.7588	1.10
	回收率/%	87.28	86.79	88.50	87.91	89.22	87.94	

二、物料葡萄糖含量对伏马菌素去除效果及产品质量的影响

（一）挤压膨化方法

挤压膨化工艺流程为玉米→清理→润水→粗破碎→去皮→二次破碎→玉米碴→筛分→调整水分→混合→喂料→双螺杆挤压膨化→切断→产品→冷却→分装→前处理→待测，具体过程如下：每个处理取500g玉米面，先加水使玉米面含水量达到18%，经过搅拌均匀后，再以50g/min的速度进料，螺杆转速为110r/min。原料粉料经计量后，按规定的顺序过筛，之后将其倒入混合机，加入已溶葡萄糖粉，混料时间控制在每次10min左右，时间过短将造成物料混合不均匀，时间过长将造成原料分层，混料对挤压食品的质量有很大的影响，如果混合不均匀，产品的膨化度就不均匀或产生其他问题，直接影响到产品的外观和形状。在腔体温度控制在相应的温度条件下，通过双螺杆挤压机操作工艺参数（螺杆转速、进料量）的调节，物料经混合、挤压、剪切、熔融、杀菌、熟化和膨化等一系列复杂的连续化处理，在极短的时间内使淀粉糊化、蛋白质变性，使物料由生变熟。干燥、烘烤的目的是使产品着色且色泽均匀，产生特殊的烘烤风味使产品松脆，降低成品含水率并延长产品保质期。

（二）葡萄糖含量对伏马菌素去除效果的影响

设定物料水分含量为18%，螺杆转速为110r/min，物料舱内的温度为150℃，试验设置2.5%、5.0%、7.5%和10.0% 4个水平为试验条件，测定葡萄糖不同添加量对产品伏马菌素含量的影响，结果如表6-7所示。玉米粉挤压膨化时添加葡萄糖可有效降低伏马菌素的含量，不同的添加量对膨化玉米粉的作用效果存在较大差异，添加2.5%的葡萄糖时伏马菌素残留率为38.30%，作用效果显著，添加10%的葡萄糖时伏马菌素残留率为21.62%，作用效果更好。这可能是因为在玉米粉挤压膨化时，在糖的作用下，提高了挤压膨化的温度；在同一温度（150℃）下加糖越多，伏马菌素残留量越少。但是有研究表明，蔗糖添加比例为6%～8%比较合适。随着蔗糖添加比例的增加，在4%～6%时，容重几乎没有增加，即对产品的膨化度影响不大，当蔗糖比例增加到10%时，容重的增加幅度大一点，即降低了产品的膨化度。因此，在本试验条件下，7.5%的葡萄糖降解 FB_1 的效果为最佳。

表 6-7　葡萄糖不同添加量对伏马菌素（FB_1）含量的影响（150℃）

糖含量	挤压前	2.5%	5.0%	7.5%	10.0%
浓度/（μg/mL）	0.8918	0.3416	0.2957	0.1962	0.1928
残留率/%		38.30	33.16	22.76	21.62

　　设定物料水分含量为 18%，螺杆转速为 110r/min，物料舱内的温度为 165℃，试验设置 0、5.0%、7.5% 和 10.0% 4 个水平为试验条件，测定葡萄糖不同添加量对产品 FB_1 含量的影响，结果见表 6-8。从表 6-8 可以看出，玉米粉挤压膨化时添加葡萄糖可有效降低 FB_1 的含量，不同的添加量对膨化玉米粉的作用效果存在较大差异，添加 5.0% 的葡萄糖时 FB_1 残留率为 13.47%，效果最好。这可能是因为在玉米粉挤压膨化时，在糖的作用下，提高了挤压膨化的温度；在同一温度（165℃）下加糖越多，FB_1 残留量越少。不加葡萄糖时，FB_1 残留率为 75.38%，说明对于降解 FB_1 来说加糖很关键。利用 5.0% 的加糖量、165℃ 的加热温度可使原样品中含量为 5.57μg/g 的 FB_1 降低至 0.63~0.75μg/g，此方法使得玉米中的 FB_1 含量低于美国的规定——玉米中 FB（其中 FB_1 占 70% 以上）的容许含量不得超过 2.0μg/g。FB_1 降解前后 HPLC 图谱见图 6-2。

表 6-8　葡萄糖不同添加量对伏马菌素（FB_1）含量的影响（165℃）

糖含量	挤压前	0	5.0%	7.5%	10.0%
浓度/（μg/mL）	0.8918	0.672 22	0.120 11	0.1101	0.100 92
残留率/%		75.38	13.47	12.35	11.32

（三）加糖量对玉米产品感官的影响

　　感官评价是用于唤起、测量、分析、解释通过视觉、嗅觉、味觉和听觉而感知到的食品及其他物质的特征或者性质的一种科学方法。食品感官评价是美国食

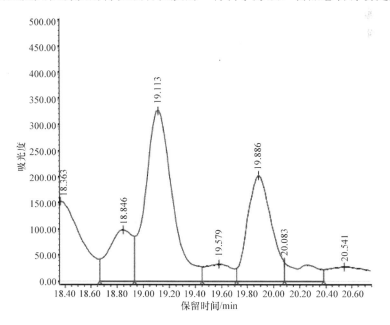

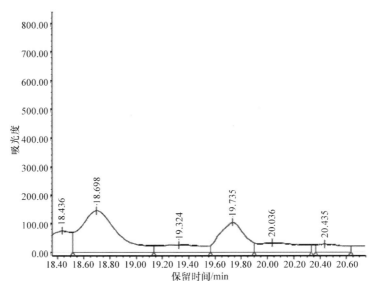

图 6-2　去除 FB_1 的高效液相色谱图的对比

品科学技术学会在食品理化分析的基础上，集心理学、生理学、统计学的知识发展起来的，是在食品行业中已经相当普及的一种经典的品质评价方法。采用打分法对挤压膨化玉米进行评价，评分方法见表 6-9，不同工艺条件下的挤压膨化产品见图 6-3，评价结果见表 6-10。从产品的酥脆、外观、起泡、结构、弹韧性、粘牙和气味方面比较，温度为 150℃条件下的产品的感官评价都在 75 分以下，随着加糖量的增加，感官评价也在提高，温度为 165℃条件下的产品的感官评价都在85 分以上，随着加糖量的增加，感官评价基本呈提高趋势，这是因为在同样的温度下，糖的加入除了可以增加产品甜度，还可以使产品口感变得细腻，组织结构

表 6-9　玉米产品感官评价指标和评分标准

	项目	满分	评分标准
外观	酥脆	20	酥脆：14.1~20 分；中等：9.1~14 分；硬度大：2~9 分
	外观形状	15	表皮光滑，对称，挺：12.1~15 分；中等：9.1~12 分；表皮粗糙，有硬块，形状不对称：1~9 分
	表面起泡	10	看不到泡：8.1~10 分；中等：9.1~12 分；较大的泡：1~6 分
内部	结构	15	纵剖面气孔小且均匀：12.1~15 分；中等：9.1~12 分；气孔大而不均匀：1~9 分
	弹韧性	20	用手指按复原性好，有咬劲：16.1~20 分；中等：12.1~16 分；复原性、咬劲均差：1~12 分
	粘牙	15	咀嚼爽口不粘牙：12.1~15 分；中等：9.1~12 分；咀嚼不爽口、发黏：1~9 分
	气味	5	具有主要原料加工后应有的香味，无焦苦味及其他异味：4.1~5 分；中等：3.1~4 分；有异味：1~3 分
	总分	100	

变得均匀细密。由于在挤压过程中，糖和玉米面原料一样，变成熔融状态，可以增加挤压腔体的熔融物料的黏度（吴卫国等，2005）。

150℃，50r/min，2.5%

150℃，80r/min，5.0%

150℃，110r/min，7.5%

150℃，150r/min，10.0%

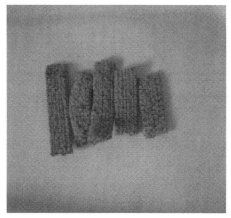

165℃，50r/min，5.0%

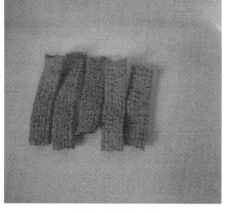

165℃，80r/min，7.5%

165℃，110r/min，10.0%　　　　　　　　165℃，150r/min，0.0%

图 6-3　不同工艺条件下的挤压膨化产品（彩图请扫封底二维码）

表 6-10　添加葡萄糖后玉米产品的感官评价值

编号	酥脆	外观	起泡	结构	弹韧性	粘牙	气味	总分
1	10.93	11.40	6.91	10.51	14.71	12.58	3.44	70.48
2	10.59	11.70	5.30	10.85	15.02	12.36	3.63	69.45
3	14.65	12.40	7.41	11.00	13.10	12.52	3.38	74.46
4	13.85	12.68	8.6	11.32	13.21	12.34	3.42	75.42
5	17.67	13.4	8.56	12.68	17.10	13.95	3.90	87.26
6	18.65	13.73	8.82	12.94	17.81	14.42	4.01	90.38
7	18.47	15.85	9.44	14.05	17.70	16.12	3.95	95.58
8	19.62	13.99	8.91	13.4	17.95	14.03	4.18	92.08

（四）色泽分析

色泽是衡量挤压膨化产品的重要指标之一，在没有加糖的情况下，质量好的膨化产品呈均匀焦黄（微黄）色、有光泽。由于视角差异，对于同一样品，不同的观察者会得到不同的结论，因此目视法不能完全达到食品质量分析所要求的客观、精确和准确的目的。而色差计可精确地测定食品颜色。光源 C 在日光下使用，仪器使用白板校准。使用三色协调系统 L^*、a^*、b^* 表示颜色，其中 L^* 表示亮度，黑色为 0，白色为 100；a^* 表示红度，正 a^* 表示紫红，负 a^* 表示蓝绿；b^* 表示黄度，正 b^* 表示黄色，负 b^* 表示蓝色。每个样品重复读数 6 次，结果见表 6-11。从表 6-11 可以得知，1～4 号产品的 a^* 值在增加，说明红度在加深，是葡萄糖含量增加所致；相反，b^* 值在降低，表示黄度在减少，其原因也是葡萄糖含量增加。5～

8号产品的结果与前面相反的原因可能是当温度为165℃时膨化度比前面增加，产品结构更加疏松。8号没有加糖，所以红度明显低，黄度明显高。L*值也基本和产品的亮度相符，产品7号和8号从色泽来看是比较好的。

表6-11　不同挤压膨化所得产品的色度

编号	1	2	3	4	5	6	7	8
L^*	53.74	57.07	54.46	52.75	49.21	51.66	53.40	63.22
a^*	3.77	4.5	5.49	5.77	6.64	6.04	5.62	0.39
b^*	28.83	25.74	24.87	23.86	23.05	23.41	23.54	27.42

糖的加入对产品的色泽和风味的影响也较大。还原糖（葡萄糖）在高温的作用下与玉米面中游离氨基酸发生了美拉德反应，美拉德反应除了造成氨基酸的损失外，还会使产品色泽变暗，糖在高温作用下，也很容易发生焦糖反应，焦糖色暗，同样会影响到产品的口感、风味及膨化率（廖泳贤和石永峰，1996）。

虽然挤压膨化方法在某种程度上已经取得了一定的去毒效果，但其最大的不足是造成重要营养物质的丢失、耗费高，只能很有限地降低膨化产品中的伏马菌素含量。由于时间和条件的限制，在挤压膨化过程中，没有对影响伏马菌素含量降低的其他因素如螺旋转进行单因素试验，温度对伏马菌素的影响也有待进一步的验证。

第三节　氢氧化钙浸泡湿磨对伏马菌素的作用

一、碱法浸泡湿磨的基础和目的

（一）碱法浸泡湿磨的理论基础

用水进行浸泡，通过浸泡使玉米籽粒膨胀，可较容易地将皮层、胚芽、胚乳分离；可浸提出籽粒中部分可溶性物质（侯伶伶，2004）。1989年Gomez等发现碱使得细胞壁弱化，方便了玉米果皮的去除，溶解了皮层和胚乳之间的细胞壁。1999年Rooney和Suhendro报道了石灰的作用，石灰作用于细胞壁将半纤维素变成可溶性的胶，在显微镜下可看到细胞的荧光在碱处理中消失。伏马菌素是水溶性化合物，浸泡湿磨含伏马菌素的玉米，能将玉米中的伏马菌素溶解于浸泡液中，而淀粉中伏马菌素含量非常低，绝大部分的伏马菌素存在于面筋、纤维、胚芽和浸水中（Bennett and Richard，1996）。

在碱处理工艺中，因涉及水、碱、热而导致了一些化学成分的变化，关于这方面的研究较多，可概括以下几点：尼克酸利用率的提高，由于碱的作用使淀粉胶凝，引起脂类的皂化，使结合态的尼克酸得以释放；钙含量的显著增加，1966

年的动物实验表明在碱处理中钙的利用率为 85.4%，而且由于在碱处理中使用的碱是 $Ca(OH)_2$，因此 Ca/P 增加，这可能是钙离子利用显著的原因；干物质的损失，虽然加工导致了一些重要变化，但营养物质的损失并不是很多，其中醚溶物质损失 33%～43%，粗纤维损失 30%～46%，氮损失仅 5%～10%，而重要的损失是 B 族维生素的损失。

（二）碱法湿磨的目的和作用

通过资料得知，用 $Ca(OH)_2$ 浸泡玉米粒虽然有较小的营养损失，但能增加钙的利用率，并促使水溶性的伏马菌素能够溶于溶液中，在碱的作用下还可能降解一部分伏马菌素。Sydenham 等（1995）的研究表明，FB_1 可能经历碱性水解，产生氨基戊醇[AP(1)]和内三羧酸部分，用 0.1mol/L $Ca(OH)_2$ 水溶液在室温下处理受伏马菌素污染的磨碎玉米 24h，大部分 FB_1（平均值=74.1%）转移到水溶液中。研究认为，玉米中的伏马菌素 B_1 在高温碱性蒸煮后，可转化为水解的 HFB_1，其水解产物毒性降低（Voss et al.，2009；Kurtzman and Ann，2011；Voss et al.，2017）。

二、氢氧化钙浓度对伏马菌素去除效果的影响

将预处理好的玉米粒准确称取 10g 放入 100mL 烧杯中，加入 25mL 的 $Ca(OH)_2$ 水溶液，水溶液中 $Ca(OH)_2$ 的浓度分别为 0.01mol/L、0.02mol/L、0.03mol/L、0.04mol/L、0.05mol/L，温度为 25℃，浸泡 8h 后过滤，将玉米粒用食品搅拌器磨成浆液，用滤纸过滤到 150mL 三角瓶中，将湿面团用玻璃棒均匀摊开，放入 40℃烘箱烘干（大约 1h）。将干面团从滤纸上刮到微型粉碎机中粉碎，分别测定 FB_1 的变化，结果见表 6-12。

从表 6-12 看出，在温度为 25℃，浸泡时间为 8h 的条件下，随着 $Ca(OH)_2$ 浓度的增加，FB_1 含量降低，但是降低的幅度不大，也就是说 $Ca(OH)_2$ 的浓度对 FB_1 的影响不是很明显。FB_1 的残留率在 65%～77%，这可能是因为伏马菌素和 $Ca(OH)_2$ 作用后生成的物质对进一步反应有抑制作用。样品中的伏马菌素含量为 3.3μg/g，通过碱法湿磨降解后的量为 2.2～2.5μg/g。

表 6-12 不同浓度 $Ca(OH)_2$ 处理时伏马菌素（FB_1）的值

$Ca(OH)_2$ 浓度/（mol/L）	挤压前	0.01	0.02	0.03	0.04	0.05
峰面积	9 939 172	7 568 125	7 102 456	6 901 258	6 801 258	6 512 456
浓度/（μg/mL）	1.3328	1.0149	0.9524	0.9254	0.9120	0.873 35
残留率/%	100.00	76.14	71.46	69.43	68.43	65.52

三、浸泡时间对伏马菌素去除效果的影响

设计浸泡时间为 0.5h、1h、2h、4h、8h、12h、18h、24h、30h、36h、48h，从而进行单因素试验，温度设定为 25℃，由前面试验可知 $Ca(OH)_2$ 浓度对伏马菌素的影响不是很大，因此选择浓度为 0.03mol/L，所得试验结果见表 6-13。从表 6-13 看出，在温度为 25℃，浸泡浓度为 0.03mol/L 的条件下，随着浸泡时间的延长，伏马菌素含量总体趋势在降低，在 8h 时有明显的减少，8h 前后减少的幅度都不大，也就是说浸泡时间对伏马菌素的影响较明显。伏马菌素的残留率在 48%～58%，可能是因为 8h 浸泡比较充分，可溶性伏马菌素已经在溶液中达到平衡。在此条件下，原样品中的伏马菌素含量为 3.3μg/g，降解后的含量为 1.60～1.93μg/g，此方法使得玉米中的伏马菌素含量低于美国的规定，即玉米中 FB（其中 FB_1 占 70%以上）的容许含量不得超过 2.0μg/g。

表 6-13 不同浸泡时间处理时伏马菌素（FB_1）的值

时间/h	挤压前	0.5	1	2	4	8
峰面积	9 939 172	9 624 565	9 451 265	9 412 354	8 525 463	6 126 542
浓度/（μg/mL）	1.3328	1.2906	1.2674	1.2622	1.1432	0.8216
残留率/%	100.00	96.83	95.09	94.70	85.78	61.64
时间/h	12	18	24	30	36	48
峰面积	5 715 246	5 423 545	5 312 564	5 042 561	4 925 841	4 754 812
浓度/（μg/mL）	0.7664	0.7273	0.71243	0.6762	0.6605	0.6376
残留率/%	57.50	54.57	53.45	50.73	49.56	47.84

通过 $Ca(OH)_2$ 浸泡玉米粒试验得知，不同浓度的 $Ca(OH)_2$ 对降解伏马菌素有一定的效果和作用，结果显示 $Ca(OH)_2$ 浓度对于降低伏马菌素含量意义不大，但是方法还是有效的。从浸泡时间上看，对伏马菌素有比较明显的降解效果，从表 6-13 可知 8h 是降解的转折点，8h 时降解率突然提高，再延长浸泡时间就没有很明显的效果了，所以考虑时间和经济的原因，选择 8h 比较合适。用 $Ca(OH)_2$ 浸泡后的玉米样品中的伏马菌素含量基本上达到美国对伏马菌素的限量标准。虽然该方法在某种程度上已经取得了一定的去毒效果，但其最大的不足是去毒效果有限、可能造成重要营养物质的丢失、耗时，因此需要对该方法进一步进行优化试验和工业化验证。

参 考 文 献

程传民, 李云, 周朝华, 等. 2016. 2014 年伏马毒素在饲料产品中的污染分布规律. 饲料博览, (3): 25-29.

冯义志. 2011. 辽宁、山东和河南三省玉米籽粒中伏马毒素 B_1 和 B_2 污染情况研究. 保定: 河北农业大学硕士学位论文.

郭云昌, 刘秀梅, 刘江. 1999. 伏马菌素 B_1 免疫检测方法的研究. 卫生研究, 28(4): 238-240.

侯伶伶. 2004. 中国玉米深加工前景看好. 农业与技术, 24(2): 23-25.

廖泳贤, 石永峰. 1996. 以米粉、蔗糖和食盐为配料的双螺旋挤压膨化技术. 四川粮油科技, (4): 38-41.

权伍英, 谷晶. 2010. 伏马菌素检测方法研究进展. 中国卫生检验杂志, (4): 948-950.

王少康. 2003. 伏马菌素污染情况及其毒性研究进展. 环境与职业医学, 20(2): 129-131.

魏铁松. 2013. 不同因素对玉米籽粒中伏马毒素含量的影响. 保定: 河北农业大学硕士学位论文.

吴卫国, 杨伟丽, 唐书泽, 等. 2005. 主要几种配料对挤压膨化早餐谷物挤压特性的影响. 中国粮油学报, 20(4): 54-59.

张浩, 侯红漫, 刘阳, 等. 2007. 伏马菌素检测方法的研究进展. 中国粮油学报, 22(4): 137-142.

Azcona-Olivera J I, Abouzied M M, Plattner R D, et al. 1992. Generation of antibodies reactive with fumonisins B_1, B_2, and B_3 by using cholera toxin as the carrier-adjuvant. Applied & Environmental Microbiology, 58(1): 169-173.

Bennett G A, Richard J L. 1996. Influence of processing on *Fusarium* mycotoxins in contaminated grains. Food Technology, 50(5): 235-240.

Bucci T J, Howard P C, Tolleson W H, et al. 1998. Renal effects of Fumonisin mycotoxins in animals. Toxicologic Pathology, 26(1): 160-164.

Chatterjee D, Mukherjee S K, Dey A. 1995. Nuclear disintegration in chicken peritoneal macrophages exposed to fumonisin B_1 from Indian maize. Letters in Applied Microbiology, 20(3): 184-185.

Deepthi B V, Gnanaprakash A P, Sreenivasa M Y. 2017. Effect of γ-irradiation on fumonisin producing *Fusarium* associated with animal and poultry feed mixtures. Biotech, 7(1): 57.

El-Sayed A M, Soher E A, Sahab A F. 2010. Occurrence of certain mycotoxins in corn and corn-based products and thermostability of fumonisin B_1 during processing. Die Nahrung, 47(4): 222-225.

Ferreira-Castro F L, Aquino S, Greiner R, et al. 2007. Effects of gamma radiation on maize samples contaminated with *Fusarium verticillioides*. Applied Radiation & Isotopes Including Data Instrumentation & Methods for Use in Agriculture Industry & Medicine, 65(8): 927-933.

Fukuda S, Nagahara A, Kikuchi M, et al. 1994. Preparation and characterization of anti-fumonisin monoclonal antibodies. Bioscience, Biotechnology, and Biochemistry, 58(4): 765-767.

Gelderblom W C, Jaskiewicz K, Marasas W F, et al. 1988. Fumonisins-novel mycotoxins with cancer-promoting activity produced by *Fusarium moniliforme*. Applied & Environmental Microbiology, 54(7): 1806-1811.

Gelderblom W C, Kriek N P, Marasas W F, et al. 1991. Toxicity and carcinogenicity of the *Fusarium moniliforme* metabolite, fumonisin B_1, in rats. Carcinogenesis, 12(7): 1247-1251.

Gomez M H, Mcdonough C M, Rooney L W, et al. 1989. Changes in corn and sorghum during nixtamalization and tortilla baking. Journal of Food Science, 54(2): 330-336.

Harrison L R, Colvin B M, Greene J T, et al. 1990. Pulmonary edema and hydrothorax in swine produced by fumonisin B_1, a toxic metabolite of *Fusarium moniliforme*. Journal of Veterinary Diagnostic Investigation Official Publication of the American Association of Veterinary Laboratory Diagnosticians Inc, 2(3): 217-221.

Hlywka J J. 1997. The thermostability and toxicity of fumonisin B_1 mycotoxin. Nebraska: University of Nebraska: Doctor of Philosophy Thesis.

Katta S K, Cagampang A E, Jackson L S, et al. 1997. Distribution of *Fusarium* molds and fumonisins in dry-milled corn fractions. Cereal Chemistry, 74(6): 858-863.

Kpodo K, Thrane U, Hald B. 2000. Fusaria and fumonisins in maize from Ghana and their co-occurrence with aflatoxins. International Journal of Food Microbiology, 61(2-3): 147-157.

Kurtzman D, Ann M. 2011. Reduction of fumonisins during alkaline-cooking for production of tortillas. United States Department of Agriculture, Agricultural Research Service, (2): 153-157.

Laurent D, Platzer N, Kohler F, et al. 1989. Macrofusine et micromoniline: deux nouvelles mycotoxines isolées de maïs infesté par *Fusarium moniliforme* Sheld. Microbiologie Aliments Nutrition, 7: 9-16.

Li Y, Ledoux D, Bermudez A, et al. 1999. Effects of fumonisin B_1 on selected immune responses in broiler chicks. Poultry Science, 78(9): 1275-1282.

Listed N. 2001. Toxicology and carcinogenesis studies of fumonisin B_1 (cas no. 116355-83-0)in F344/N rats and B6C3F1 mice (feed studies). National Toxicology Program Technical Report, (496): 1-352.

Marasas W F, Kellerman T S, Gelderblom W C, et al. 1988. Leukoencephalomalacia in a horse induced by fumonisin B_1 isolated from *Fusarium moniliforme*. Onderstepoort Journal of Veterinary Research, 55(4): 197-203.

Martins F A, Ferreira F M D, Ferreira F D, et al. 2012. Daily intake estimates of fumonisins in corn-based food products in the population of Parana, Brazil. Food Control, 26(2): 614-618.

Mckenzie K S, Sarr A B, Mayura K, et al. 1997. Oxidative degradation and detoxification of mycotoxins using a novel source of ozone. Food & Chemical Toxicology, 35(8): 807-820.

Mendezalbores A, Cardenasrodriguez D A, Vazquezduran A. 2014. Efficacy of microwave-heating during alkaline processing of fumonisin-contaminated maize. Iranian Journal of Public Health, 43(2): 147-155.

Oliveira E M, Tanure C, Castejon F V, et al. 2015. Performance and nutrient metabolizability in broilers fed diets containing corn contaminated with fumonisin B_1 and esterified glucomannan. Rev Bras Cienc Avic, 17(3): 313-318.

Osuchowski M F, Edwards G L, Sharma R P. 2005. Fumonisin B_1-induced neurodegeneration in mice after intracerebroventricular infusion is concurrent with disruption of sphingolipid metabolism and activation of proinflammatory signaling. Neurotoxicology, 26(2): 211-221.

Park D L, López-García R, Trujillo-Preciado S, et al. 1996. Reduction of risks associated with fumonisin contamination in corn. Fumonisins in Food. Springer US, 392(392): 335-344.

Plattner R D, Norred W P, Bacon C W, et al. 1990. A method of detection of fumonisins in corn samples associated with field cases of equine leukoencephalomalacia. Mycologia, 82(6): 698-702.

Qureshi M A, Hagler W M. 1992. Effect of fumonisin-B_1 exposure on chicken macrophage functions *in vitro*. Poultry Science, 71(1): 104-112.

Rooney L W, Suhendro E L. 1999. Perspectives on nixtamalization (alkaline cooking) of maize for tortillas and snacks. Cereal Foods World, 44(7): 466-470.

Rubert J, Soriano J M, Mañes J, et al. 2013. Occurrence of fumonisins in organic and conventional cereal-based products commercialized in France, Germany and Spain. Food & Chemical Toxicology, 56(2): 387-391.

Scott P M, Lawrence G A. 1996. Determination of hydrolysed fumonisin B_1 in alkali-processed corn foods. Food Additives & Contaminants, 13(7): 823-832.

Seo D G, Phat C, Kim D H, et al. 2013. Occurrence of *Fusarium* mycotoxin fumonisin B_1 and B_2 in animal feeds in Korea. Mycotoxin Research, 29(3): 159-167.

Shephard G S. 1998. Chromatographic determination of the fumonisin mycotoxins. Journal of

Chromatography A, 815(1): 31-39.

Solfrizzo M, Visconti A, Avantaggiato G, et al. 2001. *In vitro*, and *in vivo*, studies to assess the effectiveness of cholestyramine as a binding agent for fumonisins. Mycopathologia, 151(3): 147-153.

Sydenham E W, Gelderblom W C A, Thiel P G, et al. 1990. Evidence for the natural occurrence of fumonisin B_1, a mycotoxin produced by *Fusarium moniliforme*, in corn. Journal of Agricultural & Food Chemistry, 38(1): 285-290.

Sydenham E W, Stockenstrom S, Thiel P G, et al. 1995. Potential of alkaline hydrolysis for the removal of fumonisins from contaminated corn. Journal of Agricultural and Food Chemistry, 43(5): 1198-1201.

Usleber E, Straka M, Terplan G. 1994. Enzyme Immunoassay for fumonisin B_1 applied to corn-based food. Journal of Agricultural & Food Chemistry, 42(6): 1392-1396.

Voss K A, Riley R T, Snook M E, et al. 2009. Reproductive and sphingolipid metabolic effects of fumonisin B_1 and its alkaline hydrolysis product in LM/Bc mice: hydrolyzed fumonisin B_1 did not cause neural tube defects. Toxicological Sciences, 112(2): 459-467.

Voss K, Ryu D, Jackson L, et al. 2017. Reduction of fumonisin toxicity by extrusion and nixtamalization (alkaline cooking). Journal of Agricultural & Food Chemistry, 65(33): 7088-7096.

Wang E, Norred W P, Bacon C W, et al. 1991. Inhibition of sphingolipid biosynthesis by fumonisins. Implications for diseases associated with *Fusarium moniliforme*. Journal of Biological Chemistry, 266(22): 14486-14490.

Wang R J, Fui S X, Miao C H, et al. 2006. Effects of different mycotoxin adsorbents on performance, meat characteristics and blood profiles of avian broilers fed mold contaminated corn. Asian Australasian Journal of Animal Sciences, 19(1): 72-79.

Yoshizawa T, Yamashita A, Luo Y. 1994. Fumonisin occurrence in corn from high- and low-risk areas for human esophageal cancer in China. Applied & Environmental Microbiology, 60(5): 1626-1629.

Zomborszky-kovacs M, Kovacs F, Horn P, et al. 2002. Investigations into the time- and dose-dependent effect of fumonisin B_1 in order to determine tolerable limit values in pigs. Livestock Production Science, 76(3): 251-256.

第七章　黄曲霉毒素加工脱毒技术研究

第一节　黄曲霉毒素概述

一、黄曲霉毒素的产生和污染

黄曲霉毒素是主要由黄曲霉（*Aspergillus flavus*）、寄生曲霉（*A. parasiticus*）产生的次生代谢产物，在湿热地区的食品和饲料中出现的概率最高，是霉菌毒素中毒性最大、对人类健康危害极为突出的一类毒素（丁晓雯和柳春红，2011）。黄曲霉菌的适宜生长温度为 12～42℃，最适温度为 33℃；其适宜产毒温度一般在 24～28℃；适宜生长相对湿度为 80%～85%；最低生长水分活度为 0.78，最适水分活度为 0.93～0.98（吴丹，2007）。因此，作物在生长过程中遭遇到的各种自然灾害，如土壤贫瘠、早霜、倒伏及潮湿多雨等，或收获后的不良贮藏条件如贮藏湿度过大、害虫侵袭，都会导致黄曲霉毒素的污染，也使霉菌毒素的产生很难控制（Lopez-Garcia and Park，1998）。

黄曲霉广泛存在于热带和亚热带，它们代谢产生的黄曲霉毒素会污染全球大部分食物，特别是容易污染花生、玉米、稻米、大豆、小麦等粮油产品，其中花生中黄曲霉毒素检出率最高。大量研究还表明，花生是黄曲霉等霉菌产生黄曲霉毒素的最适基质（Mixon，1980）。黄曲霉菌的生长和黄曲霉毒素的产生有两个重要影响因素：温度和湿度。只要条件合适，花生在生长、收获、加工、仓储和运输等任何一个环节都有可能被黄曲霉菌侵染，并有可能产生黄曲霉毒素（胡东青等，2011）。就我国而言，随着纬度的降低，花生收获前受感染程度逐渐增加，其中广东、广西、福建较为严重。由于花生中富含脂肪、蛋白质等丰富的营养物质，在收获后的商品流通期间也非常容易受到黄曲霉等霉菌污染，产生黄曲霉毒素。

我国花生感染黄曲霉毒素的现象较为常见。王君和刘秀梅（2007）通过分析我国人群黄曲霉毒素膳食暴露量发现，花生、花生油、玉米和大米是我国人群黄曲霉毒素膳食暴露的主要来源。青岛出入境检验检疫局报告，2003 年青岛海关检出黄曲霉毒素污染的花生和产品 60 批次，其中 44 批次超标（徐华妹等，2006）。黄湘东等（2007）调查广州市场发现，花生、花生油、花生酱和花生渣中黄曲霉毒素的检出率分别达到 53.8%、58.8%、80.0%和 100%，超标率分别为 0、17.6%、

13.3%和 80.0%。高秀芬等（2007）调查北京地区粮油食品中黄曲霉毒素 B_1 的污染现状，发现花生及其制品阳性率为 17.9%，黄曲霉毒素 B_1 的最高浓度为 0.18μg/kg，最低浓度为 0.04μg/kg，平均为 0.09μg/kg。臧秀旺等（2008）调查河南市场发现，花生中黄曲霉毒素 B_1 的检出率为 62.8%，含量在 1.83～9.76μg/kg。高秀芬等（2011a）调查我国部分地区（吉林、河南、湖北、四川、广东、广西）花生样品中黄曲霉毒素（黄曲霉毒素 B_1、黄曲霉毒素 B_2、黄曲霉毒素 G_1、黄曲霉毒素 G_2）含量，发现样品中黄曲霉毒素阳性率达 58.38%，平均浓度为 91.74μg/kg。Ding 等（2012）于 2009～2010 年抽取了我国 12 个省 4 个农业生态区共 1040 个花生样品，测定黄曲霉毒素 B_1 的含量，结果表明，25%的花生样品含有黄曲霉毒素 B_1，含量为 0.01～720μg/kg。2011 年我国出口欧盟的花生被检出黄曲霉毒素超标次数达 63 次，超标量为 2～240μg/kg（中国技术性贸易措施网），这在造成严重经济损失的同时，使得我国花生在国际市场上的竞争优势下降。2016 年，我国玉米产量为 2.2 亿 t。在我国，尤其是南方高温高湿地区，玉米较普遍地受到黄曲霉毒素的污染，特别是长江中下游地区，每年的梅雨季节更为霉菌生长及产毒提供了有利条件。王若军等（2003）从内蒙古、宁夏、黑龙江、北京、辽宁、天津、湖南、湖北、河北、江苏、浙江、福建、海南等省（自治区、直辖市）采集的 31 份玉米中发现黄曲霉毒素的检出率为 83.9%。高秀芬等（2011b）测定了 279 份玉米，黄曲霉毒素阳性率为 75.63%，阳性样品的平均浓度为 44.04μg/kg，浓度为 0.20～888.30μg/kg。采集自四川、湖北、广西、河南、广东和吉林的样品的阳性率依次为 90.48%、93.75%、87.50%、36.96%、91.84%和 52.17%，平均浓度依次为 107.93μg/kg、70.98μg/kg、39.65μg/kg、8.06μg/kg、3.70μg/kg 和 1.15μg/kg，总体上南方地区黄曲霉毒素的污染程度高于北方地区，4 种毒素中以黄曲霉毒素 B_1(AFB$_1$)污染为主。

二、黄曲霉毒素的结构和性质

黄曲霉毒素是一类结构类似的化合物，至今已发现的有 20 种，其中已经确定结构的有 18 种。它们的基本结构中都含有二呋喃环和氧杂萘邻酮（香豆素），前者为其基本毒性结构，后者可能与致癌性相关，其中最重要的有黄曲霉毒素 B_1、B_2、G_1、G_2、M_1 和 M_2 6 种，黄曲霉毒素 B_1、B_2 在紫外光下薄层层析板上所显示的颜色为蓝色，黄曲霉毒素 G_1、G_2 为绿色，黄曲霉毒素 M_1 和 M_2 是黄曲霉毒素 B_1 与 B_2 在体内经过羟基化而衍生成的代谢产物，主要存在于牛奶中。

黄曲霉毒素难溶于水，溶解度仅为 10～20mg/L，但在碱性条件下[加 NaOH 或 Ca(OH)$_2$]，黄曲霉毒素的内酯环被破坏，生成溶于水的香豆素钠盐，可被洗脱掉。此外，黄曲霉毒素还可以大量溶解于氯仿、甲醇、乙腈、二甲基亚砜，但不溶于乙醚、石油醚和正己烷。黄曲霉毒素只有在 250℃以上的高温下才能被破坏，一般的烹调过程对其没有任何影响，是目前已知的真菌毒素中最稳定的一种。图 7-1 为几种黄曲霉毒素的结构式。

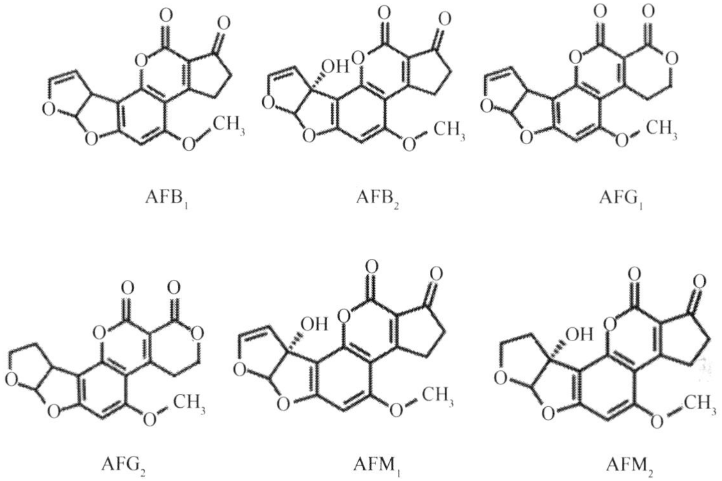

图 7-1 黄曲霉毒素的结构式

图中 AFB$_1$、AFB$_2$、AFG$_1$、AFG$_2$、AFM$_1$、AFM$_2$ 分别为黄曲霉毒素 B$_1$、B$_2$、G$_1$、G$_2$、M$_1$、M$_2$

黄曲霉毒素既有很强的急性毒性，导致肝脏坏死出血，使免疫系统受损，引起蛋白质营养不良症并使儿童发育受阻（Hall and Wild，1994），也有明显的慢性毒性，引起肝癌，并具有致癌、致畸、致突变作用，对人、家畜、家禽的健康威胁极大。其中，AFB$_1$ 是目前发现的最强的致癌物质之一，其毒性相当于氰化钾的 10 倍、砒霜的 68 倍、敌敌畏的 100 倍、二甲基亚硝胺的 75 倍。AFB$_1$ 的靶器官主要为肝脏（Ross et al.，1992），最短在 24 周内就能够导致肝脏坏死癌变、结肠癌、胃癌等。1993 年，黄曲霉毒素被国际癌症研究中心（IARC）列为 1 类致癌物，即对人体有明确的致癌性。

当人体一次性摄入大量黄曲霉毒素时，可发生急性中毒或出现急性肝炎和胆管增生等症，临床主要表现为黄疸，并伴有呕吐、厌食和发热等症状。如果长时间少量摄入，可造成慢性中毒，阻碍生长发育，引起纤维性病变，致使纤维组织增生等。近年来在流行病学调查中发现，黄曲霉毒素污染比较严重或人体实际摄入量较高的地区，肝癌发病率也较高（Wang et al.，2001）。由中华人民共和国国家卫生和计划生育委员会和国家食品药品监督管理总局发布的于 2017 年 9 月 17日实施的 GB 2761—2017《食品安全国家标准食品中真菌毒素限量》对食品中黄曲霉毒素 B$_1$ 的限量指标进行了明确的规定，详见表 7-1。

表 7-1　食品中黄曲霉毒素 B_1 限量指标

食品类别（名称）	限量/（μg/kg）
谷物及其制品	
玉米、玉米面（渣、片）及玉米制品	20
稻谷 [a]、糙米、大米	10
小麦、大麦、其他谷物	5.0
小麦粉、麦片、其他去壳谷物	5.0
豆类及其制品	
发酵豆制品	5.0
坚果及籽类	
花生及其制品	20
其他熟制坚果及籽类	5.0
油脂及其制品	
植物油脂（花生、玉米油除外）	10
花生油、玉米油	20
调味品	
酱油、醋、酿造酱油	5.0
特殊膳食用食品	
婴幼儿配方食品	
婴儿配方食品 [b]	0.5（以粉状产品计）
较大婴儿和幼儿配方食品 [b]	0.5（以粉状产品计）
特殊医学用途婴儿配方食品	0.5（以粉状产品计）
婴幼儿辅助食品	
婴幼儿谷类辅助食品	0.5
特殊医学用途配方食品 [b]（特殊医学用途婴儿配方食品涉及的品种除外）	0.5（以固态产品计）
辅食营养补充品 [c]	0.5
运动营养食品 [b]	0.5
孕妇及乳母营养补充食品 [c]	0.5

[a] 稻谷以糙米计

[b] 以大豆及大豆蛋白制品为主要原料的产品

[c] 只限于含谷类、坚果和豆类的产品

三、黄曲霉毒素的检测方法

国内外对黄曲霉毒素的检测研究较多，其是从定性分析的研究逐渐发展至精确定量的研究。黄曲霉毒素的检测方法概括起来主要有紫外荧光法、薄层色谱法、高效液相色谱法及以酶联免疫为基础的免疫分析、免疫亲和分析法等。

（一）紫外荧光法

用波长为 365nm 的紫外光照射样品，如果样品中有黄曲霉毒素，就会发出肉眼可见的黄绿色荧光，这种黄绿色荧光看起来就像是萤火虫的光。每 2.3kg 样品（碾磨前）如果出现多于 4 个发光点，就表明黄曲霉毒素含量达到 20μg/kg 以上。然而，此方法只能粗略估计黄曲霉毒素的含量，其确切含量还要通过实验室分析得到。此方法检测费用少，可用于一般实验，或对黄曲霉毒素 B_1、B_2、G_1、G_2 进行大量的检测。

（二）薄层色谱法

薄层色谱法（TLC 法）是 20 世纪 60 年代建立起来的检测黄曲霉毒素（AFT）的经典方法，也是我国测定食品及饲料中 AFT 含量的国家标准方法之一。其原理是样品中的黄曲霉毒素经提取、浓缩、薄层分离后，黄曲霉毒素 B_1 在紫外光（波长 365nm）下产生蓝紫色荧光，根据其在薄层上显示荧光的最低检出量来测定含量（GB 5009.22—2016）。

TLC 法分为单向展开法和双向展开法。双向展开法能进一步去除样品中的杂质，提高了灵敏度，省略了柱层析等净化步骤。但 TLC 法测定 AFT 专一性不够，因此经常产生测量误差，为确定是否含有 AFT，还经常需要其他试验进行确证（付学文和王爱军，2007）。此外，该方法样品前处理烦琐费时，且提取液中杂质较多，展开时影响斑点的荧光强度。但由于此方法设备简单，易于普及，因此国内外仍在使用。

（三）高效液相色谱法

高效液相色谱法（HPLC）是 20 世纪 80 年代发展起来的检测 AFT 的方法，主要是用荧光检测器检测，这一检测方法将化学分析与领先的计算机技术相结合，使自动化程度得到极大提高，在实验空间、人力和仪器都保持不变的情况下，能检测更多的样品。其原理是根据衍生后的黄曲霉毒素在固定相和流动相之间的分配量不同，达到分离的目的，分离后的黄曲霉毒素能发射特征性荧光，被荧光检测器捕获，从而得到检测。

该方法既可采用正相色谱也可采用反相色谱。正相色谱中固定相一般使用硅胶柱，流动相使用以 50% 的水饱和的三氯甲烷-环己烷-乙腈-乙醇（Thean et al.，1980）。反相色谱固定相为 C_{18}，流动相为乙酸：乙腈：异丙醇：水（1：5：5：39）（焦炳华和谢正，2000）。该方法分辨率很高，分析时间较短，分析结果也比较准确，最低检出限可达到 1.0μg/kg。

（四）酶联免疫吸附法

酶联免疫吸附法（ELISA 法）是 20 世纪 70 年代出现的免疫测定技术，在我国 90 年代中期才开始用于对 AFT 的检测。ELISA 法测定 AFT 时主要采用间接竞争酶联免疫吸附法（Sibanda et al.，1999），原理是将 AFT 的特异性抗体包被于聚苯乙烯微量反应板的孔穴中，再加入待测样品及酶标已知抗原，两者与特异性抗体进行免疫竞争反应，然后加入酶底物显色，利用酶标仪根据显色反应颜色的深浅进行定量。

该方法的测定结果准确可靠，操作简便，所涉及仪器及试剂比较少，回收率高，实验步骤也比较简单，是目前国内外较为先进的黄曲霉毒素检测方法。但其抗体寿命短且需要低温保存，测定时假阳性率比较高，因此适合于大量样品的筛查（Mary et al.，1989）。

（五）免疫亲和柱净化-荧光光度法

免疫亲和柱净化-荧光光度法是利用抗原抗体一一对应的特异吸附特性，以黄曲霉毒素单克隆抗体为填充柱，特异性、选择性地吸附黄曲霉毒素，再以甲醇为流动相将结合的黄曲霉毒素洗脱下来，然后通过溴溶液衍生，所得衍生物可发射荧光，再通过荧光光度计分析即可以测定毒素含量。此方法所需仪器设备轻便易携带，自动化程度高，操作简单，灵敏度可达 $1\mu g/kg$，回收率在 85%以上。一个样品只需 10～15min 就能达到定量准确、检测快速的要求（江湖等，2005）。

四、黄曲霉毒素加工脱毒技术研究进展

（一）湿磨法

黄曲霉毒素在玉米粒等粮食中分布很不均匀，存在于表皮及胚部的黄曲霉毒素占总量的 80%以上。湿磨法就是利用玉米粒表皮及胚部和胚乳部在水中的密度差异（王海修和杨玉民，2005），将碾碎后浮在水面上的表皮及胚部除去从而达到去除其中大部分毒素的目的。Park（2002）提出湿磨法可使黄曲霉毒素分布到粮食中较少被利用的组分里。Soher（2002）报道玉米经过湿法碾磨后，玉米淀粉中 AFB_1 及 AFB_2 的残留率仅为 16.3%和 14.7%。如果在湿磨的过程中加入碱性溶液如 $Ca(OH)_2$，可以进一步降低玉米中的黄曲霉毒素含量。因为在碱性条件下，黄曲霉毒素的内酯环被破坏，生成的香豆素钠盐溶于水，从而被洗掉。

（二）辐照法

紫外线或 γ-射线可有效地破坏黄曲霉毒素的化学结构，对霉菌和霉菌毒素都有较大的杀伤力，用紫外线高压汞灯大剂量照射能去除 97%～99%的霉菌毒素（张国辉等，2004）。而 Hooshmand 和 Klopfenstein（1995）的研究表明，当辐照量达到 20kGy 时才能显著降低玉米中的黄曲霉毒素含量，而当辐照量达到 7.5kGy 时，

可使玉米中的赖氨酸和蛋氨酸含量明显降低。罗小虎等（2016）研究了电子束辐照降解玉米中黄曲霉毒素 B_1 及对玉米品质的影响，15kGy 条件下，玉米籽粒中的 AFB_1 降解率为 40%，而玉米粉中的降解率为 35%。玉米经过辐照处理后，理化性质也有较明显的变化，其中脂肪酸值明显升高，玉米粉的峰值黏度、最低黏度、衰减值等均显著降低，玉米粉的 L^* 值未发生显著改变，a^*、b^* 值显著下降。对于利用辐照降解黄曲霉毒素，研究者也在小麦、小麦粉、植物油和大豆等中进行了广泛的研究，采用辐照技术降解黄曲霉毒素，需详细研究黄曲霉毒素的降解产物和辐照后产品的安全性和质量，以便于建立安全有效的辐照降解体系。

（三）挤压膨化法

挤压膨化是将物料喂入挤压机中，借助螺杆强制输送，通过摩擦、剪切和加热产生高温、高压，使物料经受挤压、混炼、剪切、熔融、杀菌和熟化等一系列复杂的连续化处理；当物料从机筒末端模具中被挤出时，压力骤然降至常压，水分急剧汽化而产生巨大的膨胀力，物料瞬间膨化，形成多孔状的产品（杨薇，2001）。Elias 等（2002）的研究表明，在挤压膨化过程中加入 0.3% 的石灰水及 1.5% 的过氧化氢可以有效降解玉米粉中的黄曲霉毒素。Saalia 和 Phillips（2002）研究表明，挤压膨化法在加工过程中保持在湿度为 35%、pH 为 9 的条件下降解效果最好，降解率达到 62%，且在挤压膨化的过程中，蛋白质转化成了氨基酸，淀粉裂解为麦芽糖和糊精，这些都是水溶性物质，从而提高了玉米的消化率。因此，挤压膨化法不仅可以降低黄曲霉毒素的含量，还可以增加食品的营养和经济价值，是一种优良的降解玉米中黄曲霉毒素的方法。但此方法对黄曲霉毒素的降解率较低，因此仅适于黄曲霉毒素污染不严重的玉米。

（四）氨气法

将玉米密封于容器中，然后加入氨气封闭一定时间，氨气与黄曲霉毒素结合后发生脱羟基作用，致使黄曲霉毒素的内酯环裂解，使之失去荧光和内酯环特征，其毒性也随之消失，从而达到去毒效果（居乃琥，1980）。在国内，此方法还仅处于实验室研究水平。王湘伟和高仕瑛（1983）的研究表明常温常压下，向稻谷中通入体积比为 2.5% 的氨气，熏蒸 48h 后可以将 AFB_1 降低到痕量，其降解物无毒。在国外，Brekke 等（1978）已经证实湿度为 17.6% 的玉米，在 25℃ 下通入质量比为 1% 的氨气，密封 15 天，可以将黄曲霉毒素的浓度从 1000μg/kg 降低至 10μg/kg。Bagley（1979）将氨气法应用到农场中，此过程可以将黄曲霉毒素由 1000μg/kg 降低至 PDA 规定的 20μg/kg，并且氨气处理后的玉米经动物试验证实是安全可靠的。然而氨气会使玉米褪色，变成轻微的焦糖色，且此方法实施起来存在很大困难，也很危险，只能由受过训练又有经验的人操作。因此，此方法在美国并未被州际间商业行为所认可。

（五）次氯酸钠或二氧化氯法

次氯酸钠和二氧化氯作为黄曲霉毒素的脱毒剂，都是在瞬间就可高效率地完成脱毒，且作用条件（用量和时间）并不影响脱毒效果。但是二者的脱毒机制还未研究清楚，有可能是由于氧原子的氧诱导作用。因为二者的氧是化学活性基团，所以不会受酸碱条件的影响，也就是说，这种脱毒是可靠的，但其机制仍有待证实（张国辉等，2004）。

次氯酸钠对玉米中黄曲霉毒素 B_1、B_2、G_1 和 G_2 的脱毒程度不同，相同处理条件下使各种毒素含量下降的比例亦不同，其中对毒性最大的黄曲霉毒素 B_1 的降解程度最大。但由于次氯酸钠是强氧化剂，处理时不仅会产生大量的热，还会影响玉米的某些营养成分如维生素和赖氨酸的利用效率，因此，次氯酸钠法会在一定程度上影响玉米的营养价值。张勇和朱宝根（2001）的研究表明，被 AFB_1 污染的玉米，用 250μg/mL 二氧化氯浸泡 30～60min，能有效去除 AFB_1 的毒性。并且二氧化氯于 1948 年被世界卫生组织（World Health Organization，WHO）定为 A1 级高效安全消毒剂，之后又被联合国粮食及农业组织（FAO）定为食品添加剂，因此，其安全性也是不用怀疑的，但此方法尚未应用于实践。

第二节　黄曲霉毒素污染花生的光电分选技术

一、光电分选技术在食品、农产品快速检测中的应用

光电分选技术具有无损检测、分选速度快、效率高、重现性好等优点，近年来在粮食分选领域得到了广泛应用。

（一）霉变花生光电分选技术原理

光电分选技术是将光学与电子学技术相结合而产生的一门新兴分选技术，其原理是利用光源光束携带信息，利用光电探测器把收到的光强度变化转换为电信息，再利用解调电路将相关信息进行解调分析并处理。

目前运用光电分选技术分选霉变花生的设备主要有色选机、近红外透射分选机。

1. 利用色选机分选霉变花生的原理

当花生发生霉变时，表皮颜色会发黄、发暗或有霉斑，色选机正是利用霉变花生与正常花生之间的颜色差异，来对霉变花生进行选别。

将要进行分选的霉变花生，按人为需要程度，在设备上颜色定标。花生经振动控制的给料系统，均匀地按一定的速度通过斜槽；进入色彩选择区域时，光电传感器（CMOS 或 CCD）把高速流动的花生转换成黑白照片或彩色照片，而有霉变的花生会在照片中表现出与正常花生不同的灰度差异，然后用全数字分析器件和先进图形识别技术进行判断后，通过驱动器驱动喷射器，喷射出高速、短促、细束的气流以剔除霉变花生。此方法只适用于分选表面发生霉变且表皮颜色与正常花生有明显差异的花生，不能分选只在内部发生霉变而表皮颜色没有明显变化的花生。

色选机的性能指标分为两类：常规性能指标和主要性能指标。常规性能指标包括对色差信号波形的采样周期、处理谷物的连续性、脉宽范围、延时时间。主要性能指标包括产量（t/h）、分选精度（%）、带出比（剔除掉的物料中含有的合格物料的比例）（秦锋和阮竞兰，2001）。

2. 利用近红外透射分选机分选霉变花生的原理

Dowell 等（2002）研究发现，当花生发生霉变后，花生蛋白质的结构、脂肪酸的含量会发生变化。近红外透射分选机是利用近红外光源，根据被识别花生的内部成分对近红外光吸收强度的差异对霉变花生进行识别。花生从加料斗进入，经过振动给料器到达滑道，整列花生经过光线发生照射装置。此时，传感器根据透光率进行比较，如果有基准值以外的花生通过，主机箱的空气枪就会将它视为霉变花生吹去。

从食品的安全性和营养性考虑，内部品质的分选和分级比外表分选与分级具有更广泛的意义，但由于涉及的领域和技术较多，因此近红外透射分选和分级的难度更大，其关键问题是如何获得可靠的信息和对获得的信息进行提取与处理。

（二）霉变花生光电分选技术特点

早期分选霉变花生大多依靠眼手配合的人工分选，该方法生产效率低、劳动力费用高、容易受主观因素的干扰、精确度低，无法对霉变或瑕疵花生进行有效分选。光电分选技术克服了手工分选的缺点，具有以下明显的优越性：①既能检测表面品质，又能检测内部品质，而且检测是非破坏性的，经过检测和分选的产品可以直接出售或进行后续工序的处理；②排除了主观因素的影响，对产品进行100%的全数检测，保证了分选的精确和可靠性；③劳动强度低，自动化程度高，生产费用低，便于实现在线检测；④机械的适应能力强，通过调节背景光或比色板，即可处理不同的物料，如花生、玉米、小麦等，产能高，适应了日益发展的商品市场的需要和工厂化加工的要求（陆振曦和张逸新，1996）。

（三）国内外霉变花生光电分选技术应用研究进展

1. 国内外霉变花生色选机应用现况及特点

国外最早生产色选机的国家主要是英国和日本，其中，英国的索特克斯公司（现在被瑞士的布勒公司收购）自 1947 年起就致力于为食品和非食品工业提供一流的色选解决方案；日本在 20 世纪 80 年代色选技术快速发展，日本株式会社安西制作所于 1970 年成功研发并制造和销售了日本第一台电子色彩选别机，佐竹化学机械工业株式会社也于 1979 年推出了同类产品；美国 ESM 公司于 1992 年与佐竹化学机械工业株式会社合并，继续生产色选机。在世界范围内，日本佐竹化学机械工业株式会社和瑞士布勒公司的产品代表了色选机的先进水平，这些产品遍布亚洲、欧洲、美洲、大洋洲及非洲等（范平，2005）。

霉变花生色选机的色选精度随着新技术的产生在不断提高，国外一些主要企业生产的色选机使用了 2048 像素 CCD 光电传感器、双灵敏度色选、产品跟踪和自动校正技术，在结构上采用了精确耐用的喷嘴和先进的喂料系统，实现了：①物料破碎少；②辨别斑点和瑕疵品颜色，检测出浅淡的异色粒和有微小瑕疵的颗粒；③方便地监控分选物料品质；④快速变换色选品种模式（秦锋和阮竞兰，2001）。国外色选机普遍采用先进的科技手段以提高色选效率。

独特的影像技术：普通的色选机，无论被色选的颗粒是微小的黑点还是整粒异色，色选机只能设定单一参数。而先进的色选机，如布勒 Z 系列，通过独特的影像新技术——2048 像素 CCD 光电传感器，根据物料的平均颜色，色选机在剔除之前就明确区分出微小瑕疵，从而实现对最细微异色的剔除。同样，虽然黑色瑕点与平均颜色差异较大，但由于其面积小（只有几个像素大小），色选机很难识别。通过对瑕点的设定，能够对极其微小的黑色瑕点的颗粒进行剔除。通过双重设定，能够简单而精确地进行色选，既能剔除微小瑕点又能剔除整个异色粒（杜润鸿，2007）。

色选机大多采用 CMOS/CCD 双色传感器或彩色 CCD 传感器，国外先进的色选机采用彩色和红外线传感器替代 CCD 传感器，如日本佐竹化学机械工业株式会社生产的 SM 系列色选机，此传感器可以把可见光和红外线结合起来，用于选别合格品中的异色粒和异物（如选别红色花生中的红色石子），这大大提高了色选精度和灵敏度（邵雨，2010）。

高频剔除系统：剔除系统接收来自信号处理控制电路的命令，执行分选动作，最常用的方法是高压脉冲气流喷吹。它由空压机、贮气罐、电磁喷射阀组成，喷吹剔除的关键部件是喷射阀，应尽可能减少吹掉一颗不合格品带走的合格品的数量。喷射阀的喷射精度决定整个剔除系统的性能优劣，所以开发与色选机配套的高精度喷射阀是降低带出比的有效措施。

布勒 Z 系列色选机在喷嘴阀和喷嘴之间有一套坚固的气体管道系统，可以准确地将最大能量从气阀送到喷嘴。此外，坚固的气体管道系统不易受周围环境影响而变热。布勒 Z 系列色选机的喷嘴开口极小，水平喷射时能确保最大限度地控制气体扩散，并且受喷嘴阀门控制，其特制的开关频率高达几百个毫微秒。因此，布勒 Z 系列色选机的性能不仅稳定、可靠、带出比低，而且色选精确高，使用寿命长。

远程检测服务：布勒公司的 Z 系列色选机配有通信成套设备 Z-Anyware，无论客户位于世界上的什么地方，借助于全球电讯系统或国际网络，都能够即时了解客户色选机的工作状态，一旦发现异常，可及时纠正并对色选机重新设定参数。如机器发生任何问题，远程工程师能比客户更早发现，从而及时调整设备，减短了停机时间，提高了工作效率。布勒 Z 系列色选机的管理人员可以在生产车间、控制室甚至在家中通过登录机器的远程监控系统对机器进行远程检测和监测。

与国外色选机行业相比，我国色选机行业起步较晚，但发展迅速，从最初依赖于进口，到打破国外技术垄断实现国产化，再到产品和技术的不断改进、创新，实现了跨越式的发展。近十年来我国色选机技术在色选分辨率、灵敏度和分拣速度等关键技术指标方面得到了长足发展，色选方式由单面色选发展到双面色选、从灰度识别突破到彩色识别，这大大提高了色选机对瑕疵粒的分选精度。同时，我国色选机朝着多通道方向发展，单机通道数也从不足 20 通道扩展到 400 通道以上，大型机的出现使得色选机分拣速度明显提高（姚惠源和方辉，2011）。

但目前总体来说，我国色选机技术与国外先进技术相比还存在较大差距，详见表 7-2：①色选机的核心技术——高速、高灵敏度的线阵 CCD 芯片或者面阵 COMS 芯片主要由国外进口，其采购和应用受到很多限制，并且价格偏高，供货周期偏长，数量也不能完全保障，制约着国内高端 CCD 色选机的发展速度；②我国色选机在人性化设计及远程控制等方面与国外技术相比差距也较大；③我国色选机的带出比要大于国外色选机。由此可见，我国在色选技术方面还需要进行不断地改进和创新。

表 7-2　国内外花生色选机关键技术指标对比

	平均产量/(t/h)	分选精度/%	带出比（坏：好）
国内水平	5.0	>98.90	<8:1
国际水平	6.0	>99.96	<10:1

注：指标以含 2%霉变花生为例

2. 近红外透射分选机应用现状及特点

日本安西机械制造所在 1993 年研制了基于近红外透射原理的近红外透射分选机，此设备不仅可以分选出表皮发霉的花生，还能分选出内部霉变而表皮颜色没有发生明显变化的花生，提高了分选霉变花生的能力，降低了分选出的正常花生中含有黄曲霉毒素的可能。但是由于该设备价格昂贵，高达10万美元，产量低，平均产量为 0.5t/h（以含霉变花生 2%的花生为例），远达不到一般企业的生产要求，在企业中应用较少。

虽然日本已生产出近红外透射分选机分选霉变花生，但其分选效率低，价格昂贵，对普通粮食加工企业实用性较差。改进的措施如下：①采用激光光源代替传统的卤素灯光源，可以提高光源信号强度，提高分选精度；②开发高速、高效光电信号处理系统，提高分选效率，降低设备成本；③鉴于近红外透射分选机分选效率较低，可以考虑配合色选机同时使用，即首先利用色选机去除掉表面已发生明显霉变的花生及石子等，然后再利用近红外透射分选机去除表面未发生明显变化但内部霉变的花生，在保证分选精度的同时，进一步提高了分选效率。近红外透射分选机在霉变花生光电分选领域有很好的应用前景。

随着我国经济和科学技术的快速发展，光电分选技术在霉变花生分选中的应用变得越来越重要。我国作为全球最主要的花生生产基地和消费市场，在国家对粮食及食品品质安全要求愈发严格的大背景下，花生分选对光电分选技术的要求越来越高，越来越迫切地需要运用新的光电分选技术提高花生分选设备的产量、分选精度，降低带出比等，以适应国内对霉变花生的分选需求。

（四）可见/近红外光谱技术

1. 基本原理

可见/近红外光谱（visible/near-infrared spectroscopy，Vis/NIS）分析技术是一种快速、简便且不具有破坏性的分析技术。其通过采集近红外光谱区包含的物质内部信息及可见光波段包含的物质表面信息，来进行物质特性的定性和定量分析（严衍禄等，2005；吴迪等，2007）。

美国试验和材料检测协会（American Society for Testing and Materials，ASTM）定义波长在380～780nm 为可见光，在780～2526nm 为近红外光，近红外光为介于可见光与中红外区之间的电磁波，习惯上又将近红外区划分为近红外短波（780～1100nm）和近红外长波（1100～2526nm）两个区域。近红外光是人们最早发现的非可见光区，距今已有近200 年的历史（陆婉珍，2006）。有机物的近红外光谱主要是由含氢基团（如 O-H、C-H、N-H 等）中红外吸收基频的倍频与和频吸收产生的。几乎所有有机物的组成和主要结构都可以在近红外光谱中找到信号，并且谱图稳定，容易获取光谱，因此近红外光谱法被誉为"分析的巨人"（王多加等，2004）。近红外光谱具有丰富的结构和组成信息，非常适合用于碳氢有机物质的组成性质的测量（王燕岭，2004）。近红外光照射时，频率相同的光线和基团将发生共振现象，光的能量通过分子偶极矩的变化传递给分子；而近红外光的频率和样品的振动频率不相同，该频率的红外光就不会被吸收。因此，选用连续改变频率的近红外光照射某样品时，由于试样对不同频率近红外光的选择性吸收，通过试样后的近红外光在某些波长范围内会变弱，透射出来的近红外光就携带了有机物组分和结构的信息（陈卫军等，2001）。通过检测器分析透射或反射光线的光密度，就可以确定该组分的含量。可见光的无损检测主要利用了光的反射和透射，是物料外观（颜色、大小、伤疤、形状、粗细、弯曲度等）检测不可或缺的重要技术。

2. 特点

20 世纪 90 年代以来，随着计算机技术的发展、仪器硬件技术的不断提高和化学计量学软件的完善，近红外光谱技术的应用得到飞速发展，已被广泛应用于环保、医药、农业、化工、轻工食品、石油化工、生命科学等领域。近红外光谱之所以能够在各个领域得到广泛应用，是因为它具有以下独特的优越性：①分析速度快，产量多，可用于分析样品的各种性质或多种组分的同时测定；②可用于样品的定性，也可以得到准确度很高的定量结果，样品的定性采用聚类原理，定量分析采用多元校正方法及一组已知性质或组成的样品建立的定量模型；③不用试剂、不破坏样品、不污染环境，是一种“绿色”分析技术，近红外光谱可以是漫反射方式，也可以是透射方式，样品可以是固体、液体、气体；④操作简单，不需要样品的前处理。

3. 可见/近红外光谱技术在食品、农产品快速检测分选领域中的应用

近红外光谱在农产品领域中的应用包含分析玉米、小麦、大麦、大米中油分含量，蛋白质、水、纤维素、淀粉、氨基酸等化学组合物和硬度，颗粒尺寸，以及其他物理参数的测量；测定水果和蔬菜的纤维素、水分、维生素、糖的含量及酸度；测定饲料粗蛋白、粗纤维、灰分、氨基酸等指标及品质分级（陆婉珍，2006）。Campbell 和 Brumm（1997）利用近红外光谱快速测定玉米的直链淀粉含量，采用偏最小二乘法建立模型，相关系数为 0.94。卢利军和庄树华（2001）利用近红外光谱测定豆粕中的水分、脂肪和蛋白质含量，测定快速，测试结果满意。测定一个样品仅需 2min，速度比传统方法快 100 倍。王家俊（2003）利用近红外光谱测定烟草总氮、总糖和烟碱含量，该方法快速、准确，并已用于现场分析。Shuso 和 Motoyasu（2003）建立了一套稻米品质自动分析系统，该系统采用近红外光谱分析大米的水分和蛋白质的含量，测量精密度和准确度高。Cozzolino 等（2003，2004，2006，2015）自 2003 年以来一直从事利用可见/近红外光谱技术对葡萄酒的鉴别分析，结果表明，综合可见和近红外波长区域的光谱信息可以使区分模型

获得最佳建模数据，而且在偏最小二乘判别回归模式下对雷司令和霞多丽的判别正确率分别为 100%和 96%。Yang（2008）利用近红外漫反射光谱检测荞麦中肌醇和芦丁的含量，其结果与高效液相色谱法（HPLC）相关性好，该方法具有快速和非破坏性的特点。Fernandez-Ibanez 和 Soldado（2009）应用近红外光谱测定大麦和玉米中的黄曲霉毒素 B_1，结果表明，应用该方法测定黄曲霉毒素 B_1 速度快、价格低。Liu 等（2006）采用近红外漫反射光谱同时测定苹果中的葡萄糖、果糖和蔗糖含量，结果准确、可靠，该方法具有快速、非破坏性的特点，速度远远超过了高效液相色谱法。

（五）激光光源在食品、农产品快速检测及光电分选中的应用

1. 激光器特点

虽然从 20 世纪 90 年代起近红外光谱分析技术发展迅速，其具有样品需要量少、不破坏样品、无需对样品进行化学处理等特点，但由于其要使用连续光谱的光源（卤素灯），通过各种分光装置将连续光谱分光后要与待检测样品相互作用，或将与待检测的样品相互作用后的复合光继续分光，应用其检测样品时需要 1～2min 甚至更长时间来扫描样品的全波谱，因此具有光路构成、控制电路等系统复杂，仪器的调试过程烦琐、造价高等缺点，难以在面广量大的食品、基层农产品检测及分选中得到推广（褚小立等，2007）。

自 1960 年世界第一台激光器诞生起，激光器以其优异的方向性、单色性、相干性及能量高度集中等特点，被广泛应用于各个领域（高映宏和左颖，2002），且激光器体积小、质量轻、转换效率高、省电、有效光功率高（黄修德和刘雪峰，1999；栖原敏明，2002）。随着农业科技的发展，激光在农业生产及农产品检测中的应用也在不断扩大，如农作物激光培养、农产品的激光检测等。

2. 激光器在农产品质量检测中的应用

目前，关于激光技术应用的最新发展之一是将激光技术应用于农产品质量检测。激光技术用于农产品质量检测是通过将激光作为光源，连同相应的光电元件和软件系统来实现的。该技术具有精度高、测量范围宽（Veraverbeke et al.，2001）、检测时间短、非接触式等特点，它也被称为激光无损检测技术。激光技术应用于农产品的检测方法主要是激光反射检测技术、激光诱导荧光、拉曼光谱检测技术，检测范围包括水果和蔬菜的质量检测与农作物病理检测及农药残留检测。

激光照射水果和其他农产品，光可以穿透农产品内部组织并与其相互作用（Terasaki et al.，2001；Montero et al.，2003；Mann et al.，2005），携带农产品内部组织信息的反射或吸收光可以反映农产品的内在品质（Mcglone and Jordan，1999；Valero et al.，2004）。研究表明，激光的吸收特性可以用于检测水果糖度（Lee et al.，1997）。由于水果的糖度由蔗糖含量决定，蔗糖可以吸收特殊光和单色激光，因此，通过测定随蔗糖含量变化的特殊光，可以测定水果最终的糖含量（Shimomura et al.，2005）。Lu 和 Peng（2005）应用成像光谱仪、摄像机和计算机分析激光照射水果的吸收和发射光，并对苹果和桃进行了测试；进行测试时，应用 4 个不同波长（680nm、880nm、905nm、940nm）的激光束照射每一个水果，激光光子进入果实组织后，经过散射的一定数量的光反射回来；由成像系统和计算机软件系统处理激光束照射时"看见"的图像，散射光表明水果吸收光量，进而可以测定水果糖度和质地，因此该技术可用于水果口味测试。Moya 等（2005）应用激光反射光谱（可见光）研究番茄的质地、糖酸度、成熟度、pH、干物质等。Jimeneza 等（1999）研究了激光照射水果与普通光照射水果后所得图像的不同，并成功研制出水果自动分级系统。科学家还发现，利用激光检测水果表面的气味，可确定水果的品质（Hung et al.，1998；Maw et al.，2003；Lu and Peng，2005）。Zhou 等（1994）设计的激光漫反射粮食水分检测系统预测玉米粒、大豆水分含量的误差不超过 10%。目前，巴西圣保罗大学与巴西柑橘基金会正在开发应用激光探测柑橘病害技术。研究人员发现，绿色激光照射甜橙树或甜橙砧木柑橘树时，会随树的健康状况发出不同颜色的光，他们还研究出了如何使用这种方法来确定柑橘和实验室苗木的溃疡病。2003 年，中国农业大学食品科学与营养工程学院韩东海教授发现，水心病苹果的发病组织充满液体，从而改变了光散射透性，光透射强度增加。根据这一发现，使用激光照射贮藏中的苹果，能够检测是否患水心病（刘新鑫等，2004）。胡淑芬等（2006）和赵进辉等（2011）的研究表明，应用激光的吸收和反射技术可以检测水果农药残留和动物粪便污染。

二、可见/近红外光谱技术在黄曲霉毒素污染花生分选中的作用

花生中富含脂肪、蛋白质等营养物质，在储藏期间非常容易受到黄曲霉等霉菌污染，导致花生霉变，产生黄曲霉毒素。快速无损地分选出霉变花生可以降低整批花生中黄曲霉毒素的含量及其进一步感染黄曲霉毒素的风险，在节省资源的同时大大提高了花生的食用安全性。目前国内食品加工企业大多应用色选机分选霉变花生，但色选机只能分选霉变严重以致表皮颜色发生明显变化的花生，不能分选内部霉变而表皮颜色变化不明显的花生。研究应用可见/近红外光透射分选霉变（包括内部霉变和外部霉变）花生，并研制激光光源霉变花生光电分选平台，以填补国内霉变花生快速无损分选技术的空缺。

（一）内部霉变花生的特点

花生接菌后，排布于方格板中，如图 7-2 所示。花生在培养箱中培养 7 天时，内部没有明显的黄曲霉菌。分析原因为，将黄曲霉菌悬液接种到花生子叶缝隙后，

正常花生水分含量较低，不适宜孢子生长。在培养 14 天时，花生子叶中长满黄曲霉菌，但花生种皮无明显黄曲霉菌。在培养 21 天时，花生种皮布满菌丝。

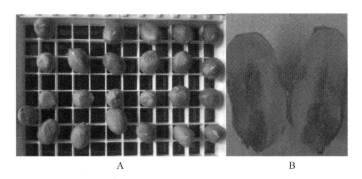

A　　　　　　　　　　　　　　　　　　B

图 7-2　培养 7 天霉变花生和内部霉变（彩图请扫封底二维码）

被干燥至安全水分含量的花生在常规储藏期间如果发生霉变，必然与其含水量的增加有关。花生水分含量的增加主要源于环境相对湿度的变化及花生堆内部因温差发生的水分转移。以相对湿度 80%～85%，温度（25±2）℃的条件培养内部霉变花生，花生水分含量随培养时间变化的规律如图 7-3 所示，在培养的前 7天，花生样品的吸水速度最快，2 个花生品种的水分含量均升高 5% 以上，基本接近 80% 的环境相对湿度，其中花冠王花生水分含量由 2.3% 增至 9.55%，白沙花生水分含量由 3.41% 增至 8.45%。在培养 7 天后，二者水分含量增加缓慢，其中花冠王水分含量基本保持不变，白沙在 14 天后水分含量基本保持不变。分别将培养 7 天、14 天的霉变花生放置在烘箱中，在温度为 20℃的条件下烘干 24h，使霉变花生水分含量与正常花生初始水分含量基本一致，结果如图 7-4 所示。

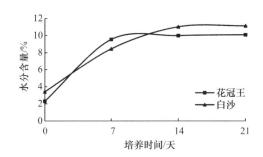

图 7-3　培养霉变花生水分含量随培养时间变化规律

（二）霉变花生可见/近红外光透过率变化

在扫描花生可见/近红外光谱图前，将花生烘干至水分含量与正常花生基本一致，避免水分对花生可见/近红外光谱的影响。将培养 7 天、14 天后的花生分别划

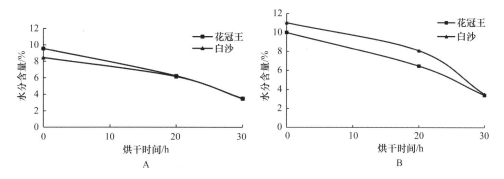

图 7-4　培养 7 天（A）、14 天（B）后霉变花生水分含量随烘干时间变化规律

分为轻度霉变、重度霉变花生。花冠王、白沙两品种不同霉变程度的花生各扫描 10 粒，求 10 粒花生光谱图平均值，表 7-3、表 7-4 列出了不同霉变程度的花生在波长 n_1、n_2、n_3 时的透过率。

表 7-3　不同霉变程度花生可见/近红外光透过率（T）比较（花冠王）（单位：%）

霉变程度	波长/nm		
	n_1	n_2	n_3
正常	0.119	0.349	0.136
轻度霉变	0.060	0.367	0.156
重度霉变	0.053	0.333	0.146

表 7-4　不同霉变程度花生可见/近红外光透过率（T）比较（白沙）（单位：%）

霉变程度	波长/nm		
	n_1	n_2	n_3
正常	0.189	0.343	0.142
轻度霉变	0.116	0.353	0.145
重度霉变	0.062	0.283	0.120

花生可见/近红外透射光谱的整体强度与花生的大小和形状有关，但是正常花生和内部霉变花生的光谱形状有明显不同，即正常花生的光谱在波长 n_1 附近有一个肩峰，而霉变花生在波长 n_2 附近时的透过能量相比正常花生要高。为了弄清这种趋势，又计算了正常花生与轻度霉变花生在波长 n_1 和 n_2 的透过率差值（重度霉变花生整体透过率降低），证明两种花生在波长 n_1、n_2 和 n_3 附近的透射能量差别最大，详见表 7-5，但考虑进一步选取激光作为光源研制霉变花生光电分选设备，波长 n_1 和 n_2 的激光价格便宜，且未见有波长 n_3 的激光器。因此，选取 n_1 和 n_2 作为分选霉变花生的特定波长，计算 n_1 与 n_2 的透射率比值 R，即 $R = T_{n_1} / T_{n_2}$，比值 R 用来作为分选霉变花生的判定指标。计算结果如图 7-5 所示。研究结果表明，花

冠王和白沙两品种正常花生透过率比值不同，分析原因为：花冠王品种花生种皮颜色为粉红色，白沙品种花生种皮颜色为浅粉色。粉红色种皮更易吸收波长 n_1，导致花冠王品种花生在波长 n_2 透过率降低，最终 R 值较白沙品种低。两种正常花生与霉变花生的透过率比值 R 有典型性不同，其中花冠王品种部分轻度霉变与重度霉变花生的 R 值区别不明显，其原因有待进一步分析。

表 7-5   正常花生与霉变花生透过率差值表（花冠王）

波长/nm	n_1	n_2	n_3
透过率差值/%	0.059	-0.01	0.003

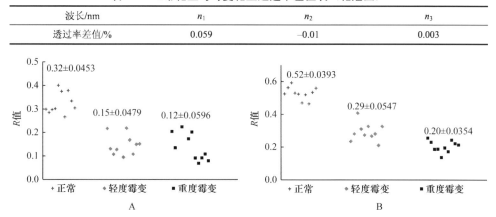

图 7-5   花冠王（A）、白沙（B）不同霉变程度花生透过率比值 R 比较

三、黄曲霉毒素污染花生光电分选平台的搭建及分选效果

霉变花生的品质检测历来为人们所重视，但我国对花生霉变程度的判定缺乏统一的指标。GB/T 1532—2008 规定了花生仁纯质率、杂质、水分、整半粒限度，但该标准没有对花生霉变程度规定相应判定指标。研究表明，粮食霉变过程中，脂肪的水解比蛋白质和碳水化合物都要快，而脂肪酸的增加速度比其他酸类或总酸值快，并且在变质初期，脂肪酸值即显著增高。虽然脂肪酸值的变化可受粮食自身脂肪酶、氧化酶的影响，但微生物的生长繁殖是导致脂肪酸值增高的重要因素（周建新，2004）。因此脂肪酸值被作为判断粮食霉变的最灵敏指标，许多国家都曾提出将脂肪酸值作为判断粮食品质的重要参数（王肇慈等，2002）。此外，随着霉菌的生长，碳水化合物、蛋白质、脂肪等营养物质会被霉菌生长代谢所用，但花生中包含较高水平的脂肪（在干花生中比重大于 45%），所以，考虑同一品种花生的脂肪含量变化可能与霉变程度有关。因此研究不同品种不同霉变程度花生的脂肪酸值、带菌量和脂肪含量，探索适合作为判断花生霉变程度的判定指标，从而为污染花生光电分选平台的搭建提供原材料和理论基础。

（一）花生分级及特点

1. 花生分级

将花生果去壳，参照陈红等（2007）描述的花生分类方法，根据种皮颜色和平滑度将花生分为三级。由图 7-6 可知，正常花生（Ⅰ级）种皮颜色均匀、有光泽；轻度霉变花生（Ⅱ级）种皮颜色较正常花生颜色偏暗、无光泽，种皮轻度皱缩，通常被认为是可食用花生；重度霉变花生（Ⅲ级）种皮颜色暗淡、无光泽，大部分有黑褐色斑点，部分种皮严重皱缩，为不可食用花生。对霉变花生的带菌量进行分析，由图 7-7 可知，花冠王、冀优 4、白沙三品种Ⅰ级花生的带菌量不同，

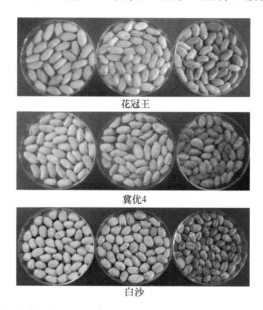

图 7-6　依据种皮颜色及平滑度对花生进行分级（彩图请扫封底二维码）

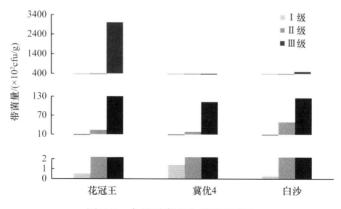

图 7-7　自然霉变花生带菌量变化

分别为 $0.5×10^2$cfu/g、$1.4×10^2$cfu/g、$0.28×10^2$cfu/g；同一品种花生的带菌量随霉变程度增加而增加，其中Ⅱ级花生带菌量分别是Ⅰ级花生的 47 倍、13 倍、175 倍，Ⅲ级花生带菌量显著增加，分别是Ⅰ级花生的 6000 倍、82 倍、1807 倍。因此，可依据带菌量将花生霉变程度分为正常、轻度霉变、重度霉变，这与肉眼观察的分级结果一致。虽然带菌量能够直接反映花生霉变程度，但菌落培养耗时长、受环境影响较大，以不同稀释度计算的花生菌落数及同一稀释度 3 个平行培养皿之间的菌落数有较大差异，因此，带菌量不宜作为花生霉变程度的判定指标。

2. 霉变程度不同的花生的特点

（1）脂肪酸值的变化

对花生脂肪酸值的变化进行分析，考虑脂肪酸值作为粮食品质的常用判定指标，对花冠王、冀优 4、白沙三品种Ⅰ～Ⅲ级花生进行脂肪酸值的测定，结果如图 7-8 所示。由图 7-8 可知，花冠王、冀优 4、白沙三品种Ⅰ级花生脂肪酸值不同，分别为 68.44mg KOH/100g 干样、79.31mg KOH/100g 干样、61.54mg KOH/100g 干样；同一品种花生的脂肪酸值随霉变程度的增加而增加，其中Ⅱ级花生脂肪酸值较Ⅰ级花生分别增加 51.46%、8.71%、23.48%，Ⅲ级花生脂肪酸值较Ⅰ级花生分别增加 129.50%、30.84%、64.90%。

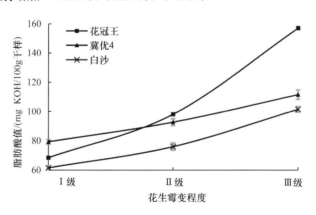

图 7-8　自然霉变花生脂肪酸值变化

进一步建立了脂肪酸值与带菌量的关系，如图 7-9 所示。由图 7-9 可知，花冠王、冀优 4、白沙三品种花生脂肪酸值均随带菌量的增加而增加，即脂肪酸值能够反映花生霉变程度，花生脂肪酸值可以代替带菌量作为花生霉变程度的判定指标。

（2）脂肪含量的变化

分析花生脂肪含量的变化，所得结果如图 7-10 所示。由图 7-10 可知，不同品种花生的脂肪含量均随霉变程度的增加而降低，其中三品种Ⅱ级花生脂肪含量

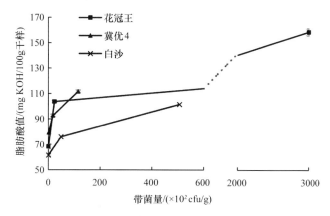

图 7-9　霉变花生脂肪酸值与带菌量的关系

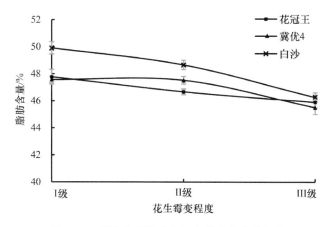

图 7-10　脂肪含量随花生霉变程度的变化规律

较 I 级花生分别降低 1.1%（花冠王）、0.04%（冀优 4）、1.04%（白沙），III 级花生脂肪含量较 I 级花生分别降低 1.88%（花冠王）、2.06%（冀优 4）、3.63%（白沙）。由此可知，虽然脂肪含量随霉变程度的增加而降低，但降低幅度很小，导致实验误差可能对花生霉变程度的判定影响较大。因此，不宜将花生脂肪含量作为花生霉变程度的判定指标。

（3）脂肪酸值与带菌量的关系

为了进一步验证脂肪酸值与带菌量的关系，利用恒温恒湿培养箱对正常花生进行霉菌培养，花生果去壳，选取没有霉菌感染特征的花生（种皮颜色均匀、有光泽）。三个品种花生各选取 200 粒，均匀摊开于培养皿（直径为 50cm）中，使花生长面平行于培养皿底部，厚度为 1 层，将培养皿置于恒温恒湿培养箱中，温湿度由恒温恒湿培养箱自动控制，由干湿度计进行温湿度校正，控制相对湿度为 85%～90%，温度为（25±2）℃。测定不同培养时间花生的脂肪酸值与带菌量的变化。由图 7-11 可知，不同品种花生的脂肪酸值均随培养时间的增加而增加。

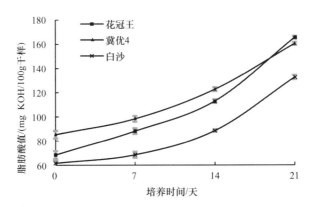

图 7-11　脂肪酸值随培养时间的变化规律

对比培养霉变花生与自然霉变花生的脂肪酸值，由图 7-12 可知，同一品种Ⅱ级花生与培养 7 天时花生的脂肪酸值相近；冀优 4、白沙Ⅲ级花生与培养 14 天时花生的脂肪酸值相近，花冠王Ⅲ级花生与培养 21 天时花生的脂肪酸值差异不显著。分析原因可能是在培养初期花生带菌活性较低，产生脂肪酶量较少，分解脂肪速度慢；而随着培养时间增加，花生含水量迅速增高，带菌活性也随之增高，产生大量脂肪酶分解脂肪，使得脂肪酸值迅速升高。

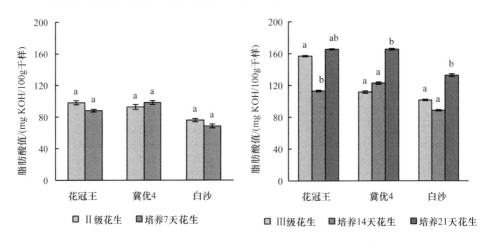

图 7-12　培养霉变花生与自然霉变Ⅱ级、Ⅲ级花生脂肪酸值对比
a、b 表示不同处理间在 0.05 水平上的差异显著性

对培养霉变花生带菌量进行分析，由图 7-13 可知，花生带菌量在 14 天后出现显著增加。结合培养霉变花生脂肪酸值的变化，Ⅱ级花生脂肪酸值与培养 7 天

时花生的脂肪酸值接近，而培养 7 天时菌落数增加不显著，因此，认为Ⅱ级花生仍处于霉变初期阶段。对于此种花生，如果能够及时诊断，早期处理，可防止花生发展到"生霉"阶段，即Ⅲ级花生阶段。

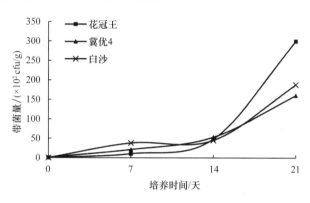

图 7-13　培养霉变花生带菌量变化

因此，在花生培养过程中，当脂肪酸值与Ⅱ级花生脂肪酸值接近时（花冠王、冀优 4、白沙三品种Ⅱ级花生脂肪酸值分别为 98.12mg KOH/100g 干样、92.72mg KOH/100g 干样、75.99mg KOH/100g 干样），花生处于霉变初期，此时需及时诊断、及时处理，否则会进一步发展为Ⅲ级花生（三品种Ⅲ级花生脂肪酸值分别为 157.07mg KOH/100g 干样、111.59mg KOH/100g 干样、101.48mg KOH/100g 干样）。

（二）霉变花生光电分选技术

目前国内外主要是利用基于光反射特性生产的光电分选设备检测并分选霉变花生。其原理是利用霉变粒、杂质等异色粒和正常粒颜色深浅的不同，由光电探测器测得的反射光和投射光的光量与基准色板反射光光量的信号差值整形、放大、判断，将其剔除。此方法的缺点是只能检测并分选出霉变很严重以致表皮颜色变化很明显的花生，而不能检测出内部霉变的花生，而且该方法受花生仁检测位置、电源电压波动的影响，检测精度不高。

从 20 世纪 60 年代起，激光在农业领域得到了广泛的研究和应用，其中的一个最新进展是将激光技术应用于农产品内部品质和安全性的检测。激光用于农产品质量检测是通过将它作为光源，配以相应的光电元件和软件系统来实现的。这种技术具有精度高、检测时间短、非接触式等优点，所以又称为激光无损检测技术。但迄今为止未见有应用激光技术非破坏性地测定并分选霉变花生的报道。

快速无损地分选出霉变花生可以降低整批花生中黄曲霉毒素的含量，并且进一步降低正常花生感染黄曲霉毒素的风险，在减少资源浪费的同时，大大提高了花生的食用安全性。这不仅有利于我国食品安全的发展，也有利于提升我国花生在国际贸易中的优势地位。针对现有技术存在的不足之处，选用激光光源搭建霉变花生光电分选平台，提供快速实时、操作简单、不破坏样品且安全的检测与分选霉变花生的方法。

1. 霉变花生光电分选平台与搭建

搭建的霉变花生光电分选平台如图 7-14 所示，该光电分选平台依次包括下述部件：激光器 1、激光器 2、偏光镜片、光阑、样品台、探测器和光功率计。平台搭建好后，应用红色卡片验证两个激光束是否合光，以及通过偏光镜、光阑后，光束是否正好照射到探测器探头的中央，调节两个激光器使其功率相同。两个波长激光器呈垂直位置摆放，保证透过偏光镜的光束能够合为一束光。

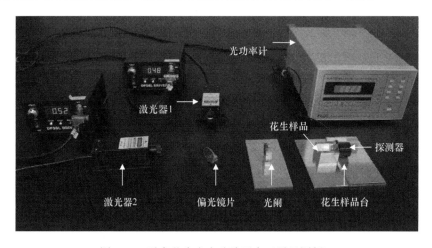

图 7-14 霉变花生光电分选平台（另见图版）

由于光电分选平台所用材料均属于精密元器件，轻微的位置变化即可引起光学电路出现偏差，导致测定结果错误，因此搭建花生光电分选平台时要求平台稳定、光滑，无灰尘。由于自然光中包含波长为 A 的光，并且透过花生的光信号微弱，因此，测试环境要求暗室，避免自然光对测试结果产生影响。

2. 花生激光透过率比值 R 的测定

将花生置于样品台上，波长分别为 n_1 和 n_2 的激光器同时发射激光，经过偏光镜片聚光，光阑调节光束光斑到合适大小，激光透过花生，光功率计探头接收透过花生的光，光功率值实时显示在光功率计表头上。在测定时，用挡板挡住其中一个波长的光，使光功率计显示单一波长光功率值。测定另一波长光功率时，方法同上。记录各波长下光功率计显示的光功率值，计算待测花生在激光器 1 和激光器 2 的光功率比值，计算方法如下。

P_{n_1}、P_{n_2} 分别指光功率计接收到的波长 n_1、波长 n_2 的光透过花生后的光功率，T_{n_1}、T_{n_2} 分别指波长 n_1、n_2 的光透过率，$P_{1光源}$ 和 $P_{2光源}$ 分别为两波长光源的初始功率。则：

$$T_{n_1} = P_{n_1}/P_{1光源}, \quad P_{n_2} = P_{n_2}/P_{2光源},$$

由于 $P_{1光源} = P_{2光源}$，

因此 $R = T_{n_1}/T_{n_2} = P_{n_1}/P_{n_2}$

分别测定花冠王、冀优 4、白沙 3 个品种正常花生、轻度霉变花生、重度霉变生若干粒，计算花生透过率比值 R，分别将测定过的花生装入自封袋中，并标号，放入 4℃冰箱储存。花冠王、冀优 4、白沙三品种不同霉变程度花生的激光透过率比值 R 的测定结果如图 7-15 所示。由图 7-15 可知，不同品种花生的激光透过率比值 R 不同，但同一品种花生的激光透过率比值 R 随霉变程度的增加而降低。

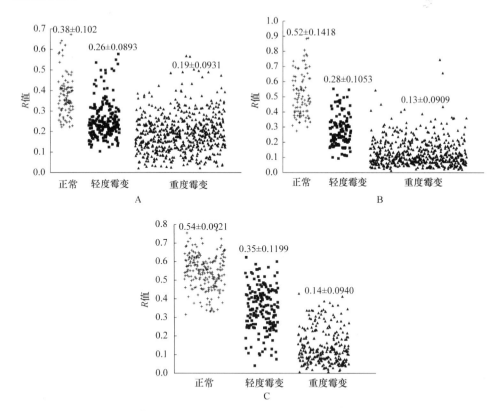

图 7-15 花冠王（A）、冀优 4（B）和白沙（C）不同霉变程度花生激光透过率比值 R 的变化

光电分选平台分选霉变花生的结果见表 7-6～表 7-8。由表 7-6～表 7-8 可知，

当 R 阈值设定为恰好可正确分选全部正常花生的值时（此时三品种花生 R 阈值分别为 0.22、0.30 和 0.33），三品种轻度霉变花生的剔除率分别为 36.60%、61.26%和 43.83%，重度霉变花生的剔除率分别为 66.50%、95.67%和 94.07%；适当调高 R 阈值，可以剔除更多的霉变花生，但同时也会剔除少部分正常花生。将三品种花生的 R 阈值分别设为 0.30、0.40 和 0.40，此时三品种轻度霉变花生的剔除率分别为 75.26%、84.68% 和 62.35%，重度霉变花生的剔除率分别为 87.79%、98.43%和 99.21%。

表 7-6　光电分选平台分选霉变花生结果统计（花冠王）

霉变程度	总数	R 阈值=0.22			R 阈值=0.30		
		保留数	剔除数	剔除率/%	保留数	剔除数	剔除率/%
正常	90	90	0	0	72	18	20.00
轻度	194	123	71	36.60	48	146	75.26
重度	565	189	376	66.50	69	496	87.79

注：R 阈值代表划分正常花生与霉变花生 R 值界限，下同

表 7-7　光电分选平台分选霉变花生结果统计（冀优 4）

霉变程度	总数	R 阈值=0.30			R 阈值=0.40		
		保留数	剔除数	剔除率/%	保留数	剔除数	剔除率/%
正常	94	94	0	0	71	23	24.47
轻度	111	43	68	61.26	17	94	84.68
重度	508	22	486	95.67	8	500	98.43

表 7-8　光电分选平台分选霉变花生结果统计（白沙）

霉变程度	总数	R 阈值=0.33			R 阈值=0.40		
		保留数	剔除数	剔除率/%	保留数	剔除数	剔除率/%
正常	203	203	0	0	187	16	7.88
轻度	162	91	71	43.83	61	101	62.35
重度	253	15	238	94.07	2	251	99.21

进一步分析误判花生的原因，如图 7-16～图 7-18 所示。由图 7-16～图 7-18 可知，R 值偏低的正常花生颜色较其他正常花生颜色偏暗；R 值偏高的轻度霉变花生种皮较其他轻度霉变花生种皮平滑，部分花生种皮颜色与正常花生种皮颜色接近；R 值偏高的重度霉变花生种皮颜色较其他重度霉变花生种皮颜色偏浅，只是

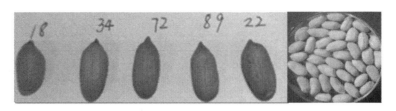

图 7-16　R 值偏低的正常花生与其他正常花生对比（彩图请扫封底二维码）

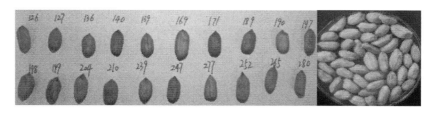

图 7-17　*R* 值偏高的轻度霉变花生与其他轻度霉变花生对比（彩图请扫封底二维码）

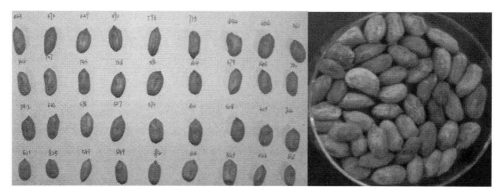

图 7-18　*R* 值偏高的重度霉变花生与其他重度霉变花生对比（彩图请扫封底二维码）

部分有黑褐色斑点。据此，结合以上原因及不同波长光特性分析部分花生出现误判的原因有以下两点。

1）由于本实验正常花生、轻度霉变花生、重度霉变花生的分类是依靠人为肉眼观察完成，样品数量大，可能会有部分花生在选择时标准不一致，如正常和轻度霉变，轻度霉变与重度霉变界限不确定，肉眼观察受主观影响。

2）两波长光的粒子性的不同对测定结果的影响。部分正常花生 *R* 值偏小：由于光的粒子性，波长 n_1 光在固体介质中穿透能力较波长 n_2 光穿透能力弱，而有些花生红衣较厚时，波长 n_1 光透过率值较波长 n_2 光透过率值降低更明显，导致种皮较厚的正常花生在波长 n_1 与波长 n_2 的透过率比值 *R* 降低，可能误将种皮较厚的正常花生判断为霉变花生。

综合可知，波长 n_1 光为可见光，主要反映花生种皮特性；波长 n_2 光为近红外光，主要反映花生内部品质。本研究所搭建的霉变花生光电分选平台是综合了色选和内部品质分选的双重分选平台，较普通色选机可进一步提高分选精度，剔除内部霉变花生。

3. 激光照射花生不同位置对花生激光透过率值的影响

应用本研究搭建的霉变花生光电分选平台可以分选霉变花生，并且能够得到较好的分选效果。在本实验测试过程中，花生是固定放置在测试位置，但如果将此分选平台应用在花生分选设备中，就需要考虑激光照射花生不同位置对花生激光透过率值的影响。

（1）应用双波长激光分选霉变花生

在应用霉变花生光电分选平台测试花生激光透过率时，每测定一组透过率值，就将花生变换一个位置，使激光从花生的不同位置照射花生。测定白沙品种不同霉变程度花生各 10 粒，每一粒重复测定 3 次，结果如图 7-19 所示。随着霉变程度的增加，R 值降低。

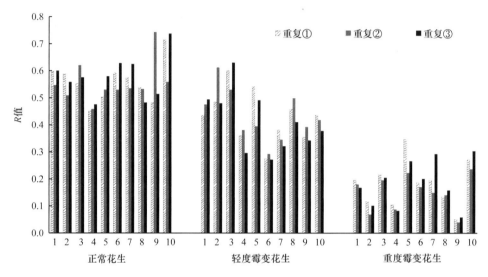

图 7-19　应用双波长激光分选霉变花生（白沙）

（2）应用单波长激光分选霉变花生

统计应用单波长 n_1 激光分选霉变花生的效果，由图 7-19 可知，应用双波长激光分选霉变花生，重复性较好，不同照射位置对花生霉变程度的判定没有影响。但只应用单波长激光分选霉变花生时，光透过率受花生大小和形状影响较大，不同位置照射花生所得的光透过率差别较大，正常花生和霉变花生的光透过率没有明显区别（图 7-20）。此外，波长 n_1 光为可见光，单独应用此波长光所得到的光透过率受表皮颜色影响较大，不能直接反映花生内部有机成分的变化。因此，不能单独应用单波长 n_1 激光分选霉变花生。本研究搭建的双波长霉变花生光电分选平台综合了色选和内部品质双重分选，可以大大提高分选精度，剔除内部霉变花生。

4. 不同品种花生激光透过率比值 R 的测定

为了进一步研究花生品种对激光透过率比值 R 的影响，本研究采集了 10 个品种的花生，如图 7-21 所示。10 品种花生大小、形状、颜色均有差异。

进一步测定了 10 品种花生激光透过率比值 R，结果如图 7-22 所示。由图 7-22

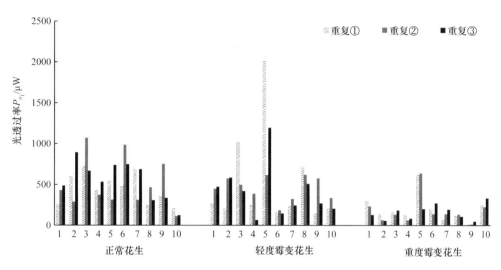

图 7-20　应用单波长激光分选霉变花生（白沙）

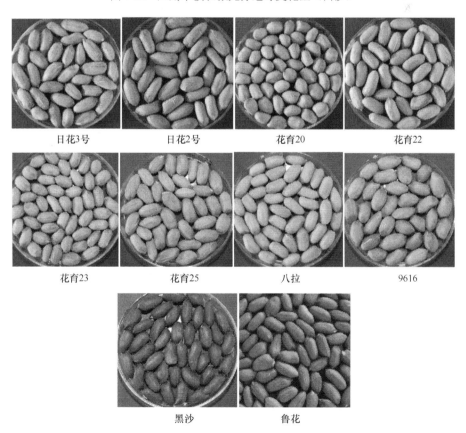

图 7-21　10 个不同品种的花生图片（彩图请扫封底二维码）

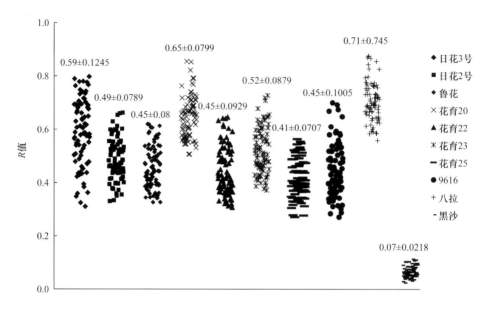

图 7-22　不同品种花生 R 值的变化

可知，花育 20 和八拉两个品种花生的激光透过率比值 R 较其他品种花生偏高，而黑沙花生的 R 值则明显偏低。分析原因为，花育 20 和八拉两个品种花生种皮较其他花生种皮光滑、无褶皱，这使得波长 n_1 光透过率更高，而波长 n_2 光透过率受种皮光滑度影响较小，结果 R 值变大；黑沙花生种皮颜色为紫黑色，吸收波长 n_1 光，使得波长 n_1 光透过率降低，而波长 n_2 光的透过率几乎不受种皮颜色影响，最终 R 值降低。

对于其他花生品种，花生形状和大小均有差异，但是透过率比值 R 差异不明显，更加说明透过率比值 R 不受花生形状和大小影响。对于种皮颜色及平滑度有较大差异的花生则需单独分选。

5. 花生脂肪酸值与激光透过率比值 R 的关系

为了进一步研究花生脂肪酸值与激光透过率比值 R 的关系，选取不同 R 值的花生，如图 7-23 所示，测定其脂肪酸值。测定花生脂肪酸值需 5g 样品，3 个平行共需 15g。花冠王、冀优 4 两个品种单粒花生约重 0.6g，白沙品种单粒花生约重 0.5g，考虑到在研磨过程中会有部分样品损失，且为了保证样品均匀，选取花冠王、冀优 4 两个品种花生每 40 粒作为一个 R 值样品，白沙品种花生每 50 粒作为一个 R 值样品。本实验同时也比较了 R 值相同时不同霉变程度的花生脂肪酸值，由图 7-24 可知，花冠王、冀优 4、白沙三品种花生的 R 值分别高于 0.14、0.19、0.13 时，脂肪酸值随 R 值变化不显著；在低于上述 R 值时，脂肪酸值随 R 值降低而升高。对应图 7-23 可知，小于上述 R 值的花生部分为轻度霉变花生，大部分为

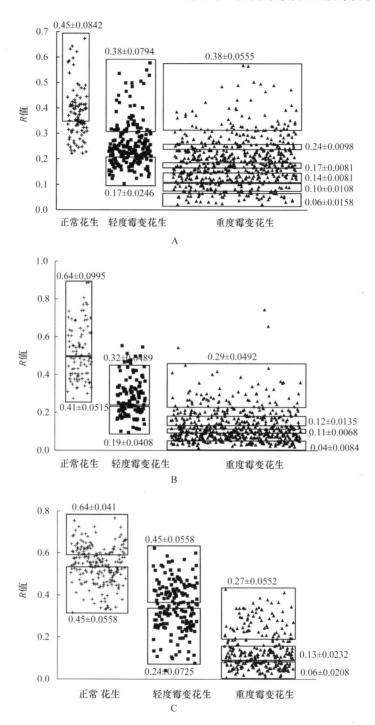

图 7-23　选取不同 R 值的花生样品花冠王（A）、冀优 4（B）和白沙（C）

重度霉变花生，由此可知，虽然部分轻度霉变花生种皮颜色变化不明显，但其脂肪酸值已升高；而部分重度霉变花生虽然种皮颜色发生明显变化，但其脂肪酸值并没有显著升高。因此，单独依据花生种皮颜色判断霉变程度不够充分。依据本研究搭建的霉变花生光电分选平台测定 R 值，进而分选霉变花生的方法可行，在实际分选时可依据生产需要确定正常花生与霉变花生的分界值。

本实验同时还比较了霉变程度不同、R 值相同的花生脂肪酸值。由图 7-24 可知，R 值均为 0.17 的轻度霉变花生与重度霉变花生的脂肪酸值差异不显著；R 值均为 0.45 的轻度霉变花生脂肪酸值小于正常花生，说明 R 值不仅与花生脂肪酸值有关，还受花生种皮及其他内部成分影响。综合可知，花生激光透过率比值 R 是花生种皮颜色及内部成分变化的综合指标。依据 R 值可以准确分选脂肪酸值升高的花生。

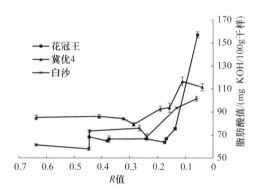

图 7-24　花生脂肪酸值与透过率比值 R 的关系

在国内首次应用可见/近红外光透射分选霉变花生，并搭建了霉变花生光电分选平台，该平台结构简单，成本低廉，适于进一步被开发应用到花生分选设备中，这将大大提高霉变花生的分选精度和效率。

第三节　玉米中黄曲霉毒素的加工脱毒技术

玉米是我国继大米之后的第二大粮食作物，但是霉菌毒素对玉米的污染程度远远大于对大米的污染。2003 年，王若军等的研究显示，玉米中黄曲霉毒素的检出率高达 83.9%。食用黄曲霉毒素污染的玉米及其制品会严重危害人类的健康。玉米的另一个重要用途是作为饲料，动物食用黄曲霉毒素污染的玉米同样受到危害，并且黄曲霉毒素会在动物体内富集，最终还是危害到人类的健康。

在经济方面，近几年来，欧盟加严了对黄曲霉毒素的控制措施，2005 年 3 月又提出了食品中黄曲霉毒素污染限量的新要求，给我国玉米、花生等产品向欧洲的出口造成了很大的困难，食品中黄曲霉毒素污染问题再次引起国内食品外贸主管部门、生产经营部门、进出口商和质量监督检验检疫机构，以及国际上玉米、花生等粮油食品主要进出口国家的广泛关注。因此除了要在玉米生产、收获、储藏过程中控制黄曲霉毒素的污染外，还要通过降解技术来降解玉米中的黄曲霉毒素。同时，通过对加工工艺和降解技术的研究，生产出高附加值、高营养的玉米油和玉米深加工产品，这些产品也将产生巨大的经济价值。这样既能保障人民的健康，又能打破"绿色贸易壁垒"，还将大大增强我国玉米及其制品的出口能力，增加出口效益。因此，控制和降解玉米中的黄曲霉毒素是保障人类健康和我国经济发展的迫切需求。

一、氨气熏蒸法降解玉米中的黄曲霉毒素 B_1

Brekke 等（1978）采用氨气与空气的混合气体循环流动的思路，对玉米中的黄曲霉毒素进行降解，其在实验中考虑的参数主要有玉米湿度、反应时间、气体循环流动速度、气体循环流动时间、氨气量等，并分别进行了单因素实验，从而得出了最优参数。Bagley（1979）将玉米氨熏法较大规模地应用到实践中，其分析的因素主要有温度、反应时间、玉米湿度、氨气量，整个过程使玉米中毒素含量从 1000μg/kg 降到 FDA 所规定的 20μg/kg，但是他并未考虑到各因素之间的相互作用，并且未能进行全面综合分析优化。本节探讨氨气熏蒸法降解玉米中黄曲霉毒素 B_1 的主要影响因素，通过二次正交回归组合设计及响应面分析对各因素进行优化，得出氨气熏蒸法降解玉米中黄曲霉毒素 B_1 的最优参数组合，以期以较低成本得到较高的降解率。

（一）样品准备、处理及毒素检测

1. 样品准备

玉米粒购于北京市海淀区西北旺市场。称取 700g 玉米粒于 2L 的三角瓶，加入 70mL（重量比为 10%）蒸馏水，121℃下灭菌 20min，室温冷却，无菌条件下加入 10mL 黄曲霉菌悬液，35℃培养 15 天。将培养好的玉米粒碾磨成粉，检测毒素含量大约为 700μg/kg，与未接菌的玉米粉以 1∶9 的比例混匀，使毒素最终含量为 70~80μg/kg。

玉米粉中的水分含量参照 GB 5009.3—2016 中的直接干燥法测定。经测定，玉米粉中初始水分含量为 11.6%，含水量为 A 的玉米粉的水分调节方法是通过公式计算出的：为得到含水量为 A 的玉米粉需要在 100g 干玉米粉中添加水（g）= $(100g \times A - 100g \times 11.6\%) / (1-A)$。

2. 黄曲霉毒素的提取及检测

称取 2g 玉米粉于 150mL 三角瓶中，加入 8mL 乙腈：蒸馏水（84∶16）的混合液，振荡提取 1h；静置后过滤上清液，取 2mL 滤液至尖底刻度试管中，60℃氮气吹干；向试管中加入 200μL 正己烷和 100μL 三氟乙酸对试管中的 AFB_1 进行衍生，剧烈振荡 30s；静置 5min，再加入 900μL 纯净水：乙腈（9∶1）的混合液，剧烈振荡 30s；静置 10min，移取下层溶液至 1.5mL 的离心管中，以 10 000r/min 的转速离心 5min，取上清液进行高效液相色谱分析。

高效液相色谱仪与一个 2475 型荧光检测器及一个 C_{18} 柱相连，所有仪器受控于 waters 操作系统。分析过程的流速为 0.6mL/min，进样量为 25μL，流动相为纯净水：乙腈：甲醇（70∶17∶17）及 100%甲醇。

采用单点校正法，以 25ng/mL AFB_1 标准品的峰高为参比，将样品测定液中 AFB_1 的峰高与相应的参比峰高相比较，求得样品测定液中黄曲霉毒素 B_1 的浓度，再由测定液与原样品的关系，换算得样品中的黄曲霉毒素 B_1 浓度，计算公式如下：

$$黄曲霉毒素\ B_1\ 浓度（\mu g/kg）=（H/H'）\times 25ng/mL \times 1mL \times 8mL/2mL/2g \qquad (7\text{-}1)$$

式中，H 和 H' 分别为样品中黄曲霉毒素和 25ng/mL AFB_1 标准品的峰高。

3. 氨气熏蒸处理方式

取 30g 染菌玉米放入布袋中，悬挂于 5.6L 下口瓶中，密封，用注射器吸出空气，然后充入氨气（所吸出的空气与所充入的氨气体积相同），置于恒温箱中。单因素试验与二次回归正交试验的每个处理均有 3 个平行。

（二）降解条件优化

1. 氨气浓度对氨气熏蒸法降解玉米中 AFB_1 的影响

图 7-25 为在氨熏温度为 37℃、玉米含水量为 20%、氨熏时间为 48h 的条件下，不同氨气浓度对氨气熏蒸法降解玉米中 AFB_1 的影响。从图 7-25 可以看出，

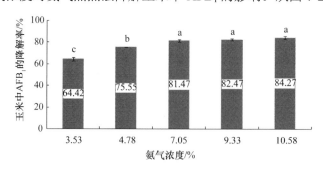

图 7-25　氨气浓度对氨气熏蒸法降解玉米中 AFB_1 的影响

氨气浓度=下口瓶充入的氨气体积/下口瓶体积×100%；a、b、c 表示不同处理间的差异显著（$P<0.05$）

AFB$_1$ 的降解率随着氨气浓度的增高呈上升趋势，当氨气浓度分别为 3.53%、4.78% 及 7.05% 时，不同的氨气浓度处理对玉米中 AFB$_1$ 的降解率的影响有显著性差异，但氨气浓度大于 7.05% 的不同处理组间，差异不明显。这说明氨气浓度达到一定程度时，其不再是影响 AFB$_1$ 降解率的关键因素。

2. 氨熏温度对氨气熏蒸法降解玉米中 AFB$_1$ 的影响

图 7-26 为在氨气浓度为 7.05%、氨熏时间为 48h、玉米含水量为 20% 的条件下，不同氨熏温度对氨气熏蒸法降解玉米中 AFB$_1$ 的影响。从图 7-26 可以看出，AFB$_1$ 的降解率随着氨熏温度的升高呈上升趋势，且不同的氨熏温度处理对玉米中 AFB$_1$ 的降解率的影响有显著性差异，当氨熏温度小于 42℃ 时，AFB$_1$ 的降解率随着温度的升高而升高很快，但进一步升高温度，AFB$_1$ 降解率的升高趋势变缓。考虑降解成本，确定二次回归正交设计中温度为 25～45℃。

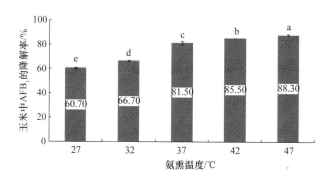

图 7-26　氨熏温度对氨气熏蒸法降解玉米中 AFB$_1$ 的影响

a、b、c、d、e 表示不同处理间的差异显著（$P<0.05$）

3. 玉米含水量对氨气熏蒸法降解玉米中 AFB$_1$ 的影响

图 7-27 为在氨气浓度为 7.05%、氨熏时间为 48h、氨熏温度为 37℃ 的条件下，不同玉米含水量对氨气熏蒸法降解玉米中 AFB$_1$ 的影响。从图 7-27 可以看出，AFB$_1$ 的降解率随着玉米含水量的提高呈上升趋势，12%、15%、20% 及 25% 的玉米含水量对玉米中 AFB$_1$ 降解率的影响有显著性差异，含水量大于 25% 的处理组间，差异不明显，因此在下一步的二次回归正交设计中，选择玉米含水量为 11.6%～25%。

4. 氨熏时间对氨气熏蒸法降解玉米中 AFB$_1$ 的影响

图 7-28 为在氨气浓度为 7.05%、玉米含水量为 20%、氨熏温度为 37℃ 的条件下，不同氨熏时间对氨气熏蒸法降解玉米中 AFB$_1$ 的影响。从图 7-28 可以看出，AFB$_1$ 的降解率随着氨熏时间的延长呈上升趋势，24h、48h 及 72h 的氨熏时间对

玉米中 AFB_1 降解率的影响有显著性差异，氨熏时间大于 72h 的不同处理组间，差异不明显。但考虑到时间因素在 4 个因素中成本较低，因此，确定二次回归正交设计中氨熏时间为 24～120h。

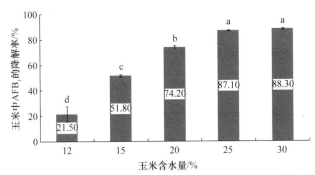

图 7-27　玉米含水量对氨气熏蒸法降解玉米中 AFB_1 的影响

a、b、c、d 表示不同处理间的差异显著（$P<0.05$）

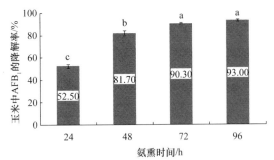

图 7-28　氨熏时间对氨气熏蒸法降解玉米中 AFB_1 的影响

a、b、c 表示不同处理间的差异显著（$P<0.05$）

5. 二次回归正交设计试验

（1）模型的建立及显著性分析

在以上单因素试验的基础上，选取氨气浓度、氨熏温度、玉米含水量、氨熏时间为试验因素，以玉米中 AFB_1 的降解率为试验指标，采用二次回归正交试验组合设计法安排试验，四因素各水平的因子编码见表 7-9，试验方案及结果见表 7-10。

表 7-9　因素水平编码表

因素	水平				
	+1.547	+1	0	−1	−1.547
X_1 氨熏温度/℃	45.0	41.5	35.0	28.5	25.0
X_2 玉米含水量/%	25.0	22.5	18.0	13.5	11.0
X_3 氨气浓度/%	10.58	9.33	7.05	4.78	3.53
X_4 氨熏时间/h	120	103	72	41	24

表 7-10　二次回归正交组合设计及试验结果

试验号	矩阵设计				玉米中黄曲霉毒素 B_1 的降解率/%		
	X_1 氨熏温度/℃	X_2 玉米含水量/%	X_3 氨气浓度/%	X_4 氨熏时间/h	试验值	拟合值	拟合误差
1	1（41.5）	1（22.5）	1（9.33）	1（103）	94.1	100.5	−6.4
2	1	1	1	−1（41）	89.6	90.1	−0.5
3	1	1	−1（4.78）	1	91.3	91.4	−0.1
4	1	1	−1	−1	70.6	72.2	−1.6
5	1	−1（13.5）	1	1	63.7	64	−0.3
6	1	−1	1	−1	47.8	51.3	−3.5
7	1	−1	−1	1	34.1	43	−8.9
8	1	−1	−1	−1	19.6	21.6	−2
9	−1（28.5）	1	1	1	81.2	78	3.2
10	−1	1	1	−1	68.2	61.6	6.6
11	−1	1	−1	1	77.5	76.3	1.2
12	−1	1	−1	−1	52.6	51.1	1.5
13	−1	−1	1	1	41.2	41.9	−0.7
14	−1	−1	1	−1	24.7	23.4	1.3
15	−1	−1	−1	1	29.9	28.2	1.7
16	−1	−1	−1	−1	5.1	0.9	4.2
17	1.547（45.0）	0（18.0）	0（7.05）	0（72）	90.9	76.3	14.6
18	−1.547（25.0）	0	0	0	30.3	43.1	−12.8
19	0（35.0）	1.547（25.0）	0	0	87.7	90.7	−3
20	0	−1.547（11.0）	0	0	27.9	23.2	4.7
21	0	0	1.547（10.58）	0	88.4	88.7	−0.3
22	0	0	−1.547（3.53）	0	66.3	64.2	2.1
23	0	0	0	1.547（120）	84	77.8	6.2
24	0	0	0	−1.547（24）	44.1	48.5	−4.4
25	0	0	0	0	76.8	76.1	0.7
26	0	0	0	0	75.3	76.1	−0.8
27	0	0	0	0	73.4	76.1	−2.7

注：矩形设计中，X_1 列中括号内数据为氨熏温度；X_2 列中括号内数据为玉米含水量；X_3 列中括号内数据为氨气浓度；X_4 列中括号内数据为氨熏时间

采用 SAS 9.0 对试验数据进行二次响应面回归分析，得到的二次多项式如下：
$$Y=-514.67+12.75X_1+21.13X_2+6.24X_3+1.66X_4-0.16X_1^2+0.0038X_2X_1-0.005\,634X_3^2-0.3922X_2^2+0.1238X_3X_1-0.2904X_3X_2-0.0244X_4X_1-0.0073X_4X_2-0.003853X_4X_3-0.031049X_4^2$$。

由该模型的方差分析（表 7-11）可知，$P_{总模型}<0.0001$，因此试验所选用的二次回归模型具有高度的显著性。总模型的决定系数达到 0.9612，说明该模型能解释

96.12%的响应值的变化，因此该模型拟合程度较好，仅有总变异的 3.88%不能用此模型来解释。因此可以用此模型分析氨熏法各因素对玉米中黄曲霉毒素 B_1 降解率的影响情况。

表 7-11 回归模型方差分析

回归项	平方和	自由度	R^2	F 值	P 值
一次项	1537	4	0.8543	66.05	<0.0001
二次项	1612.45	4	0.0896	6.92	0.004
交互项	311.49	6	0.0173	0.89	0.5304
总模型	17291	14	0.9612	21.23	<0.0001

从回归方程系数的显著性检验（表 7-12）可以看出，模型一次项 X_1、X_2 极显著，X_4 显著，X_3 不显著；二次项 X_1^2、X_2^2 极显著，X_4^2 显著，X_3^2 不显著；交互项均不显著。即氨熏温度及玉米含水量对玉米中黄曲霉毒素 B_1 的降解率影响极显著；氨熏时间影响显著；氨气浓度影响不显著；四者之间的交互作用对降解率的影响不显著。

表 7-12 回归方程系数显著性检验

参数	自由度	回归系数估计	标准误差	T 值	P 值	显著性
	1	−514.6764	101.3661	−5.07	0.0003	**
X_1	1	12.752 423	4.1094	3.10	0.0091	**
X_2	1	21.133 561	4.8838	4.33	0.0010	**
X_3	1	6.248 962	0.1511	0.72	0.4803	
X_4	1	1.660 756	0.5686	2.92	0.0128	*
X_1^2	1	−0.164 414	0.0537	−3.06	0.0099	**
X_2X_1	1	0.003 846	0.0652	0.06	0.9539	
X_2^2	1	−0.392 275	0.1105	−3.55	0.0040	**
X_3X_1	1	0.123 868	0.002 274	0.96	0.3558	
X_3X_2	1	−0.290 438	0.002 274	0.96	0.1450	
X_3^2	1	0.024 476	0.000 135	0.06	0.9560	
X_4X_1	1	−0.007 320	0.009 463	−0.77	0.4543	
X_4X_2	1	−0.003 853	0.0137	−0.28	0.7829	
X_4X_3	1	−0.031 049	0.000 477	−1.15	0.2733	
X_4^2	1	−0.005 634	0.002 342	−2.40	0.033	*

**表示极显著（$P<0.01$），*表示显著（$P<0.05$）

（2）主因素效应分析

从各因素方差分析结果（表 7-13）可以看出，4 个因素的 P 值均小于 0.01，因此 4 个因素对玉米中 AFB_1 的降解率均有极显著影响；根据各因素 P 值的大小可以看出 4 个因素的影响程度有差异，其中玉米含水量（$P<0.0001$）>氨熏温度（$P=0.0005$）>氨熏时间（$P=0.0016$）>氨气浓度（$P=0.0080$）。这说明氨气浓度虽然对所得到的二次回归模型的影响不显著，但对玉米中 AFB_1 的降解率是有极显著影响的。因此，在确定最优水平时，这一因素不应忽略。

表 7-13　各因素方差分析结果

因素	自由度	平方和	均方	F 值	P 值
氨熏温度	5	3045.15	609.03	10.46	0.0005
玉米含水量	5	10 684	2136.89	36.72	<0.0001
氨气浓度	5	1565.63	313.12	5.38	0.0080
氨熏时间	5	2310.95	462.19	7.94	0.0016

（3）因素交互效应分析

固定两因素于零水平，通过运用 SAS 9.0 的 rsreg 及 plot 过程，可以分别得到四因素（氨熏时间、氨熏温度、氨气浓度及玉米含水量）的交互效应曲面图（图 7-29～图 7-34）。由图 7-29～图 7-34 可知，随着各交互因素水平的提高，玉米中 AFB_1 的降解率呈上升趋势，当上升到一定值（80%～90%）时，这种上升趋势趋于缓慢。玉米含水量与氨熏温度的交互作用（图 7-29）表明：当两者均处于较低水平时，降解率随因素水平的提高增加得比较明显；当氨熏温度为 37～40℃、玉米含水量为 18%～21% 时，继续提高各因素水平，降解率的变化趋于平缓。氨气浓度与玉米含水量的交互作用（图 7-30）表明：当玉米含水量为 11%～18% 时，降解率处于较低水平；当玉米含水量增至 18%～22%、氨气浓度为 7%～9% 时，降解率达到较高水平。氨熏时间与玉米含水量的交互作用（图 7-31）表明：当玉米含水量为 11%～18% 时，降解率随氨熏时间的变化并不明显；当玉米含水量达到 20% 以上，降解率随氨熏时间的延长升高得很快，但当氨熏时间达到 85h 以上时，降解率的增加趋于平缓。氨熏时间与氨气浓度的交互作用（图 7-32）表明：当氨气浓度为 7%～9% 时，降解率随氨熏时间的延长升高得很快，但当氨熏时间达到 85h 以上时，降解率的变化趋于平缓。氨气浓度与氨熏温度的交互作用（图 7-33）表明：当氨熏温度达到 35℃ 以上时，降解率随氨气浓度的增加有明显提高。氨熏时间与氨熏温度的交互作用（图 7-34）表明：当氨熏温度在 35℃ 以下时，降解率随氨熏时间的延长提高得不明显；当氨熏温度为 37～41℃ 时，降解率随氨熏时间的延长提高得很快，但当氨熏时间延长至 90h 以上时，降解率的变化趋于平缓。

由以上分析可知，尽管各因素对降解率的影响均呈正相关，方程不存在最大值，但是通过分析可以确定一个最优区域，使降解率的变化在此区域内随各因素水平的提高趋于平缓。在以上分析的基础上，确定各因素的最优区域：温度为 37～41℃、玉米含水量为 18%～21%、氨气浓度为 7%～9%、氨熏时间为 90h 以上。

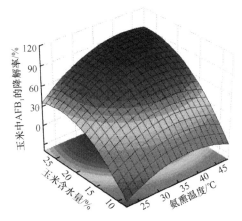

图 7-29　玉米含水量和氨熏温度对玉米中 AFB$_1$ 降解率的影响（另见图版）

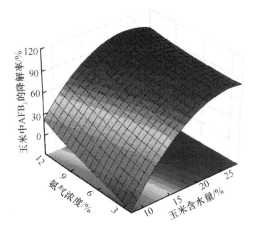

图 7-30　玉米含水量和氨气浓度对玉米中 AFB$_1$ 降解率的影响（另见图版）

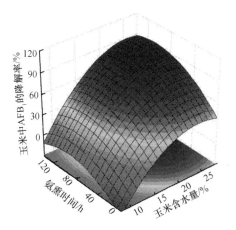

图 7-31　玉米含水量和氨熏时间对玉米中 AFB$_1$ 降解率的影响（另见图版）

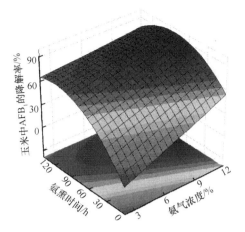

图 7-32　氨熏时间和氨气浓度对玉米中 AFB_1 降解率的影响（另见图版）

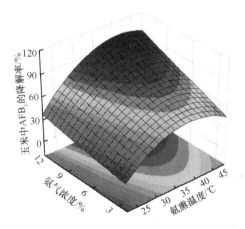

图 7-33　氨熏温度和氨气浓度对玉米中 AFB_1 降解率的影响（另见图版）

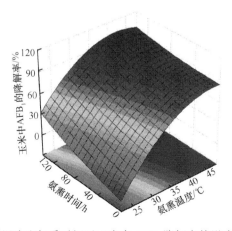

图 7-34　氨熏温度和氨熏时间对玉米中 AFB_1 降解率的影响（另见图版）

（4）提取条件的优化及验证

在通过以上分析所确定的最优区域的基础上，将以上各因素水平代入所得到的二次回归方程，根据所得到的理论降解率的变化，最终确定温度为 37℃、玉米含水量为 20%、氨气浓度为 7.05%、氨熏时间为 96h 为最优组合方案，在此条件下降解率可以达到 90.4%，进一步提高各因素水平，降解率升高得不明显。在以上优化条件下共进行 3 次验证实验，验证实验所得平均降解率为 92%，与理论值 90.4%非常接近，进一步验证了数学回归模型的准确性。

玉米接种黄曲霉后，产生的黄曲霉毒素主要有 AFB_1 及 AFG_1 两种类型，尽管实验仅以 AFB_1 作为降解指标，但从图 7-35 可以看出，两种黄曲霉毒素都得到了

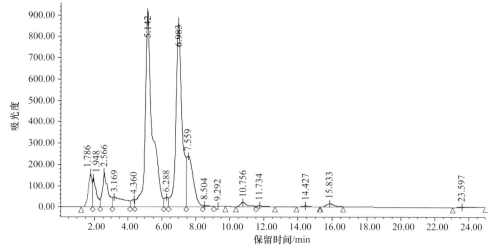

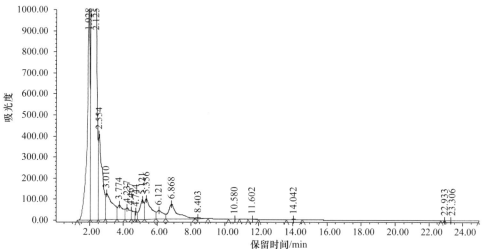

图 7-35　氨熏前后玉米中黄曲霉毒素的 HPLC 谱图

很大程度的降解，说明氨气熏蒸法可以非常有效地降解玉米中的各种类型的黄曲霉毒素。

二、氢氧化钙浸泡湿磨法降解玉米中的黄曲霉毒素 B_1 和 G_1

玉米的皮壳及其下面的糊粉层、胚芽、子叶等部位比谷粒其他部分感染黄曲霉毒素的机会更大。玉米的子叶呈尖帽状，这一结构使其保湿性比较好，而胚芽水分活度比较高而且比较柔软，这些都导致其比较容易感染霉菌（Keller et al., 1994；Brown et al., 1995）。湿磨法主要利用玉米表皮、子叶、胚芽和胚乳部在水中的密度差异（王海修和杨玉民，2005），将玉米被碾碎后浮在水上的胚部或表皮除去，从而达到去除其中大部分毒素的目的，并利用碱性条件[如 $Ca(OH)_2$]下黄曲霉毒素的内酯环可以被破坏，生成溶于水的香豆素钠盐的双重作用，使毒素含量大大降低。本节研究氢氧化钙浸泡法降解玉米中黄曲霉毒素 B_1 和 G_1 的主要影响因素，通过正交设计对各因素进行优化，得出氢氧化钙浸泡法降解玉米中黄曲霉毒素 B_1 和 G_1 的最优参数组合，以期以较低的成本得到较高的降解率。

（一）玉米样品的准备及黄曲霉毒素浓度的控制

将黄曲霉接种于新鲜玉米粒，通过控制接种孢子浓度、培养温度及培养时间的方式得到污染黄曲霉毒素的玉米。为保证三角瓶中玉米粒可以均匀污染黄曲霉毒素，一定要挑选大小基本相同、籽粒饱满、无虫咬、无杂质的籽粒接菌。称取所挑选的玉米籽粒 500g 于 2L 三角瓶中，115℃下灭菌 20min；冷却后，用接菌针挑取斜面培养的黄曲霉菌至 60mL 灭菌水中，使灭菌水中的孢子浓度达到 3×10^6 个数量级，将灭菌水全部倒入盛有玉米的灭菌后的三角瓶中，25℃培养，每隔 12h 取一次样。培养结束后于 121℃下灭菌 20min，取出晾干备用。

培养时间与黄曲霉毒素浓度的关系如图 7-36 所示。从图 7-36 可知，AFB_1 的相关系数（$R^2=0.927$）大于 AFG_1 的相关系数（$R^2=0.827$），并且玉米中 AFB_1 的稳定性及毒性都要远大于 AFG_1，所以试验中主要依据 AFB_1 的浓度来确定培养时间。将试验所用玉米中 AFB_1 的浓度控制在 120～130μg/kg，所以将 $y=120$ 代入公式 $x=\ln(y/3.482)/0.037$ 中，计算得到 $x=\ln(120/3.482)/0.037=97h$。即在黄曲霉孢子浓度为 3×10^6 个数量级，培养温度为 25℃的条件下，培养 4 天就可以得到黄曲霉毒素浓度为 120～130μg/kg 的接菌玉米。

（二）不同湿磨方法对 AFB_1 的降解效果的分析

1. 湿磨方法

方案一：称取 20g 接菌玉米粒于 250mL 烧杯中，加入 100mL 0.03mol/L 氢氧

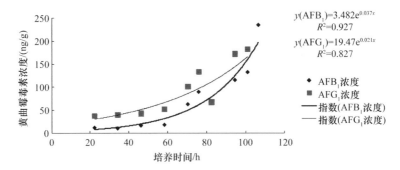

图 7-36　培养时间与 AFB$_1$ 和 AFG$_1$ 浓度的关系

化钙，浸泡 6h，碾磨，清水洗两次，将下层沉淀放入烘箱中烘干得到脱毒玉米渣。流程见图 7-37。

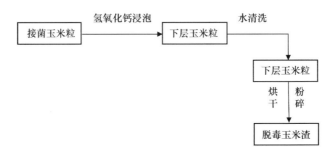

图 7-37　湿磨方案一

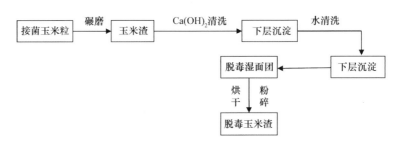

图 7-38　湿磨方案二

　　方案二：称取 20g 接菌玉米粒，将其碾磨得到玉米渣，将玉米渣放入 250mL 烧杯中，加入 100mL 0.03mol/L 氢氧化钙，浸泡 6h，清水洗两次，将下层沉淀放入烘箱中烘干得到脱毒玉米渣。流程见图 7-38。
　　方案三：称取 20g 接菌玉米粒，将其与 100mL 0.03mol/L 氢氧化钙共同碾磨得到玉米浆，将玉米浆静置 6h，取下层沉淀，清水洗两次，将下层沉淀放入烘箱中烘干得到脱毒玉米渣。流程见图 7-39。

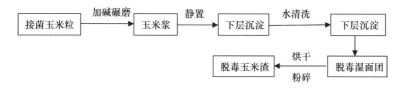

图 7-39　湿磨方案三

2. 不同湿磨方法对 AFB$_1$ 的降解效果

以上 3 种方案中的碾磨指将玉米粉碎至 40 目左右,不可太细;粉碎指将干燥后的脱毒湿面团打磨成粉。3 种方案分别做了两个平行,以检测每种方案的可行性与实用性,结果见表 7-14。从表 7-14 可以看出方案二与方案三为最优方案且两种方案无显著性差异,而对于方案二,因为只要用一般的干法打磨机就可以进行,所以操作性与可行性要优于方案三,因此本实验选择方案二为最优方案,并对其中各步骤进行优化分析。另外,方案一的降解效果要明显优于方案一未用清水洗的效果,因此,清水洗这一步骤在降低黄曲霉毒素含量的过程中起到了很明显的作用,在今后的验证试验中也证实了这一点。

表 7-14　每种方案结果对比

湿磨前浓度/(ng/g)	方案	湿磨后浓度/(ng/g)	平均降解率/%	显著性差异	RSD/%
	方案一	230.9	68.4	b	4.77
730.69	方案二	78.79	88.01	a	0.34
	方案三	87.63	89.22	a	0.49
	方案一未用清水洗	504.25	30.99	c	0.17

注:a、b、c 表示不同处理间的差异显著($P<0.05$)。

(三)氢氧化钙浸泡法降解玉米中黄曲霉毒素 B$_1$ 和 G$_1$ 的条件优化

1. 浸泡次数对玉米中黄曲霉毒素 B$_1$ 和 G$_1$ 降解率的影响

在温度为 25℃、浸泡时间为 24h、Ca(OH)$_2$ 浓度为 0.01mol/L 的条件下,研究不同的浸泡次数对玉米中 AFB$_1$ 及 AFG$_1$ 降解率的影响。从图 7-40 可以看出,在使用的氢氧化钙体积相同的条件下,随着浸泡次数的增多,玉米中 AFB$_1$ 及 AFG$_1$ 的降解率呈逐渐升高的趋势,但是浸泡次数为 3 次和 4 次的两组之间,AFB$_1$ 及 AFG$_1$ 的降解率没有显著性差异,浸泡次数为 3 次即可达到较好的效果。

2. 浸泡时间对玉米中黄曲霉毒素 B$_1$ 和 G$_1$ 降解率的影响

在浸泡次数为 3 次、温度为 25℃、Ca(OH)$_2$ 浓度为 0.01mol/L 的条件下,研究不同的浸泡时间对玉米中 AFB$_1$ 及 AFG$_1$ 降解率的影响。从图 7-41 可以看

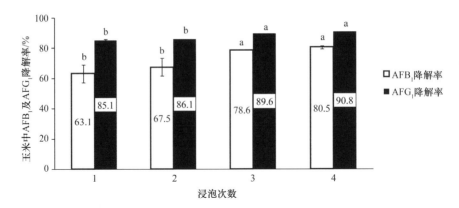

图 7-40　浸泡次数对玉米中 AFB$_1$ 及 AFG$_1$ 降解率的影响

a、b 表示不同处理间的差异显著（$P<0.05$）；本实验中所用氢氧化钙总体积均为 90mL（第一次洗）+
120mL（分 n 次浸泡）

出，随着浸泡时间的延长，玉米中 AFB$_1$ 的降解率呈先升高后降低的趋势，在浸泡时间为 24h 时，达到最高；玉米中 AFG$_1$ 的降解率在 12h、18h 和 24h 3 个组之间没有显著性差异，但都显著高于 30h 和 48h 两组。因此，综合考虑玉米中 AFB$_1$ 及 AFG$_1$ 的降解率，在后面的单因素试验中我们选择的浸泡时间为 24h。

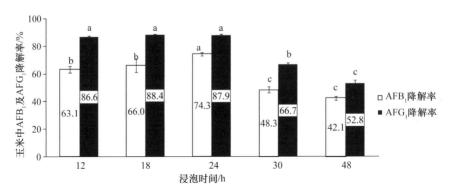

图 7-41　浸泡时间对玉米中 AFB$_1$ 及 AFG$_1$ 降解率的影响

a、b、c 表示不同处理间的差异显著（$P<0.05$）

3. Ca(OH)$_2$ 浓度对玉米中黄曲霉毒素 B$_1$ 和 G$_1$ 降解率的影响

在浸泡次数为 3 次、浸泡时间为 24h、温度为 25℃的条件下，研究不同的 Ca(OH)$_2$ 浓度对玉米中 AFB$_1$ 及 AFG$_1$ 降解率的影响。从图 7-42 可以看出，随着 Ca(OH)$_2$ 浓度的升高，玉米中 AFB$_1$ 的降解率呈先升高后降低的趋势，在 Ca(OH)$_2$ 浓度为 0.02mol/L 时最高，降解率达到 89.6%，并且明显高于其他 Ca(OH)$_2$ 浓度下的降解率；随着 Ca(OH)$_2$ 浓度的升高，玉米中 AFG$_1$ 的降解率呈逐渐升高的趋势，在 Ca(OH)$_2$ 浓度为 0.025mol/L 时最高，降解率达到 94.8%，并且明显高于其他

Ca(OH)$_2$浓度下的降解率。考虑到AFB$_1$的毒性明显高于AFG$_1$，我们还是以AFB$_1$的降解率为主，因此，在后面的单因素试验中我们选择的 Ca(OH)$_2$浓度为0.02mol/L。

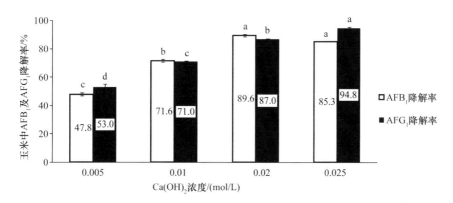

图 7-42　Ca(OH)$_2$浓度对玉米中 AFB$_1$ 及 AFG$_1$ 降解率的影响

a、b、c 表示不同处理间的差异显著（$P<0.05$）

4. 温度对玉米中黄曲霉毒素 B$_1$ 和 G$_1$ 降解率的影响

在浸泡次数为 3 次、浸泡时间为 24h、Ca(OH)$_2$ 浓度为 0.02mol/L 的条件下，研究不同的温度对玉米中 AFB$_1$ 及 AFG$_1$ 降解率的影响。从图 7-43 可以看出，温度为 15℃和 25℃的两组之间，玉米中 AFB$_1$ 及 AFG$_1$ 的降解率都没有显著性差异，但都显著高于温度为 35℃时 AFB$_1$ 及 AFG$_1$ 的降解率。考虑到 25℃为常温，因此选取 25℃为氢氧化钙浸泡法降解玉米中 AFB$_1$ 及 AFG$_1$ 的温度条件。

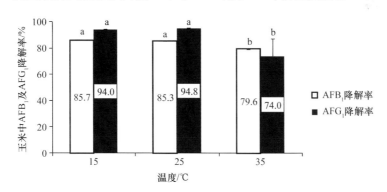

图 7-43　温度对玉米中 AFB$_1$ 及 AFG$_1$ 降解率的影响

a、b 表示不同处理间的差异显著（$P<0.05$）

5. 正交实验确定氢氧化钙浸泡法降解玉米中黄曲霉毒素 B$_1$ 和 G$_1$ 的最佳条件

综合前面所做的单因素试验，确定浸泡次数、浸泡时间、Ca(OH)$_2$ 浓度和温度这 4 种影响因素都能显著影响玉米中 AFB_1 及 AFG_1 的降解率。利用上述 4 种影响因素，以 AFB_1 及 AFG_1 的降解率为判断指标，设计正交实验，选用 $L_9(3^4)$ 正交表进行实验方案设计，其影响因素水平设置及结果见表 7-15。

表 7-15　正交设计与数据处理

试验号	因素				AFB_1 降解率/%	AFG_1 降解率/%
	A 浸泡次数/次	B 浸泡时间/h	C 温度/℃	D Ca(OH)$_2$ 浓度/（mol/L）		
1	1 (2)	1 (20)	1 (20)	1 (0.015)	92.0	77.6
2	1	2 (24)	2 (25)	2 (0.02)	93.4	91.7
3	1	3 (28)	3 (30)	3 (0.022)	91.5	83.1
4	2 (3)	1	2	3	93.1	96.4
5	2	2	3	1	93.6	90.1
6	2	3	1	2	91.3	94.2
7	3 (4)	1	3	2	93.4	93.7
8	3	2	1	3	93.9	97.2
9	3	3	2	1	95.6	91.7

对 AFB_1 降解率的影响分析：

K_1	92.300	92.833	92.400	93.733
K_2	92.667	93.633	94.033	92.700
K_3	94.300	92.800	92.833	92.833
R	2.000	0.833	1.633	1.033

因素主次：A>C>D>B

优化工艺：$A_3B_2C_2D_1$

对 AFG_1 降解率的影响分析：

K_1	84.133	89.233	89.667	86.567
K_2	93.667	93.1	93.267	93.2
K_3	94.2	89.667	89.067	92.233
R	10.067	3.867	4.2	6.633

因素主次：A>D>C>B

优化工艺：$A_3B_2C_2D_2$

注：因素一列中，A 列括号内数据为浸泡次数（次）；B 列括号内数据为浸泡时间（h）；C 列括号内数据为温度（℃）；D 列括号内数据为 Ca(OH)$_2$ 浓度（mol/L）

由表 7-15 分析可知，影响玉米中 AFB_1 降解率的各因素主次关系依次为浸泡次数（A）>温度（C）>Ca(OH)$_2$ 浓度（D）>时间（B），氢氧化钙浸泡法降解玉米中 AFB_1 的最优条件为 $A_3B_2C_2D_1$；由表 7-16 可知，浸泡时间分别为 20h、24h

和 28h 时，AFB$_1$ 的降解率差异不显著，因此，选择浸泡时间为 20h 即可，即 AFB$_1$ 最优降解条件为浸泡次数为 4 次，浸泡时间为 20h，浸泡温度为 25℃，Ca(OH)$_2$ 浓度为 0.015mol/L。由表 7-15 可知，影响玉米中 AFG$_1$ 降解率的各因素主次关系依次为浸泡次数（A）>Ca(OH)$_2$ 浓度（D）>温度（C）>时间（B），我们得出氢氧化钙浸泡法降解玉米中 AFG$_1$ 的最优条件为 A$_3$B$_2$C$_2$D$_2$；由表 7-16 可知，不同水平的浸泡温度、浸泡时间和 Ca(OH)$_2$ 浓度对 AFG$_1$ 降解率的影响差异不显著，因此，只需确定浸泡次数为 4 次，其他因素可根据实际情况进行调整。

表 7-16　正交试验中各因素水平显著性差异

	AFB$_1$ 各因素显著性分析			AFG$_1$ 各因素显著性分析		
浸泡次数	a 4 次	b 3 次	b 2 次	a 4 次	a 3 次	b 2 次
温度	a 25℃	b 30℃	b 20℃	a 25℃	a 30℃	a 20℃
浸泡时间	a 24h	a 28h	a 20h	a 24h	a 20h	a 28h
Ca(OH)$_2$ 浓度	a 0.015mol/L	b 0.022mol/L	b 0.02mol/L	a 0.02mol/L	a 0.022mol/L	a 0.015mol/L

注：a、b 表示不同处理间的差异显著性（$P<0.05$）。

黄曲霉毒素中 AFB$_1$ 的毒性明显高于 AFG$_1$，我们以 AFB$_1$ 的降解率为主，同时为了节省成本和保障处理后玉米的安全性，尽量降低 Ca(OH)$_2$ 浓度，确定氢氧化钙浸泡法降解玉米中 AFB$_1$ 及 AFG$_1$ 的最优参数组合为 A$_3$B$_1$C$_2$D$_1$，即浸泡次数为 4 次，浸泡时间为 20h，温度为 25℃，Ca(OH)$_2$ 浓度为 0.015mol/L。

6. 降解重复性实验结果

根据正交实验结果，按最优组合 A$_3$B$_1$C$_2$D$_1$ 的条件进行降解重复性实验，结果见表 7-17。从表 7-17 可以看出，正交优化条件下降解实验的重现性较好，AFB$_1$ 及 AFG$_1$ 的降解率分别能够达到 96.33% 和 98.62%。同时，以水代替 Ca(OH)$_2$ 溶液，在浸泡次数为 4 次，浸泡时间为 24h，温度为 25℃ 的条件下做一组水对照湿磨法实验，结果见表 7-18。从表 7-17 和表 7-18 可以看出，Ca(OH)$_2$ 的添加增加了 AFB$_1$ 的降解。

表 7-17　优化条件下重复性实验结果

重复实验序号	AFB$_1$ 降解率/%	AFG$_1$ 降解率/%
氢氧化钙重复 1	96.38	99.40
氢氧化钙重复 2	96.28	98.90
平均	96.33±0.07	98.62±0.86

7. 碱化湿磨前后玉米中黄曲霉毒素谱图对比

本实验中，玉米接种黄曲霉后，产生的黄曲霉毒素主要有 AFB$_1$ 及 AFG$_1$ 两

表 7-18　优化条件下水对照湿磨法实验结果

重复实验序号	AFB₁ 降解率/%	AFG₁ 降解率/%
水对照重复 1	37.35	28.15
水对照重复 2	35.49	36.44
平均	36.42±1.31	32.29±5.86

种类型，本实验以 AFB₁ 及 AFG₁ 作为降解指标，从图 7-44 可以看出，两种黄曲霉毒素都得到了很大程度的降解，说明碱化湿磨法可以非常有效地降解玉米中各种类型的黄曲霉毒素。

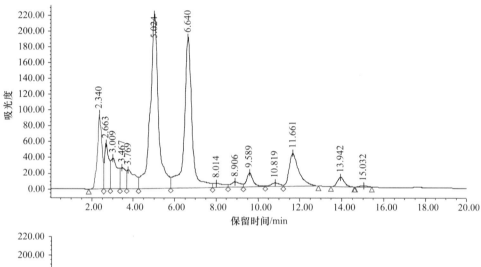

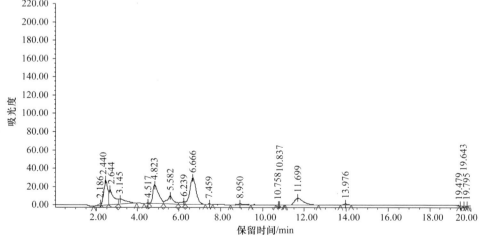

图 7-44　碱化湿磨前后玉米中黄曲霉毒素的 HPLC 谱图

8. 验证实验结果

将重复性实验中每个步骤的残渣及残液分别留样测定，以分析毒素污染的玉米经湿磨后毒素的分布。AFB_1、AFG_1总体降解效果如表7-19及表7-20所示。毒素污染后的玉米经水湿磨法后，AFB_1的含量从4434ng降低至1710.47ng及1701.80ng，即水湿磨法使AFB_1含量降低了2723.53ng、2732.20ng；AFG_1的含量从2229.60ng降低至869.69ng、981.68ng，即水湿磨法使AFG_1的含量降低了1359.91ng、1247.92ng。毒素污染后的玉米经碱化湿磨法后，AFB_1的含量从4434ng降低至104.50ng、119.13ng，即碱化湿磨法使AFB_1含量降低了4329.50ng、4314.87ng；AFG_1的含量从2229.60ng降低至10.57ng、28.16ng，即碱化湿磨法使AFG_1含量降低了2219.03ng、2201.44ng。

表 7-19　碱化湿磨法及水对照法降解过程玉米中 AFB_1 总体降解效果

处理	初始质量/g	平均毒素浓度/(ng/g)	初始毒素质量/ng	剩余固体/g	湿磨后平均浓度/(ng/g)	剩余毒素质量/ng	减少的毒素质量/ng
水对照（1）	30.00	147.8	4434	18.41	92.91	1710.47	2723.53
水对照（2）				18.38	92.59	1701.80	2732.20
氢氧化钙（1）				19.57	5.34	104.50	4329.50
氢氧化钙（2）				20.26	5.88	119.13	4314.87

表 7-20　碱化湿磨法及水对照法降解过程玉米中 AFG_1 总体降解效果

处理	初始质量/g	平均毒素浓度/(ng/g)	初始毒素质量/ng	剩余固体/g	湿磨后平均浓度/(ng/g)	剩余毒素质量/ng	减少的毒素质量/ng
水对照（1）	30.00	74.32	2229.60	18.41	47.24	869.69	1359.91
水对照（2）				18.38	53.41	981.68	1247.92
氢氧化钙（1）				19.57	0.54	10.57	2219.03
氢氧化钙（2）				20.26	1.39	28.16	2201.44

为确定减少的毒素的去向并说明湿磨法降解或去除毒素的原理，检测湿磨过程中收集到的残渣及残液中AFB_1与AFG_1的毒素质量，湿磨过程中每步残渣及残液中AFB_1与AFG_1的毒素质量如表7-21及表7-22所示。由表7-21与表7-22可知：①清洗各步骤的残渣及残液中都含有黄曲霉毒素，因此，湿磨法的各个步骤都不能省略，减少一步，毒素降解率就会降低；②随着清洗步骤的增加，残渣及残液中的毒素含量呈降低趋势，这说明在用水体积相同的条件下，通过分步清洗的过程可以最大限度地降低毒素含量。

图7-45从总体上描述了湿磨法毒素总量分布，从图7-45可以看出以下信息：①水对照处理方法的AFB_1毒素总量及AFG_1毒素总量分别为99.11%和92.00%，均接近100%，即水处理方法使毒素含量降低主要是由于水的清洗作用，在这一过程中毒素没有被破坏，只是从玉米中转移到了残液及残渣中；②氢氧化

表 7-21　碱化湿磨法及水对照法降解过程 AFB$_1$ 分步降解效果　　（单位：ng）

处理	90mL	30mL	30mL	30mL	30mL	一次	二次	渣液总量
水残渣	180.13	230.89	160.95		173.89			745.86
水残液（1）	521.47	462.96	381.69	252.83	126.34	149.20	61.33	1955.82
水残液（2）	433.93	313.44	591.99	279.70	97.47	107.61	105.18	1929.32
氢氧化钙残渣	46.22	34.36	14.36	20.70				115.64
氢氧化钙残液（1）	450.10	135.52	270.77	311.84	273.69	297.49	91.44	1830.86
氢氧化钙残液（2）	303.05	226.48	318.38	232.88	310.79	278.07	254.52	1924.17

注：因为残渣量比较少，所以水对照及碱化湿磨的两个平行实验的残渣混在一起测量，有的步骤因为残渣量太少就和前一个步骤混在一起测量，如水残渣中第四步与第三步在一起测量，第六步、第七步与第五步一起测量。表 7-22 同此

表 7-22　碱化湿磨法及水对照法降解过程 AFG$_1$ 分步降解效果　　（单位：ng）

处理	90mL	30mL	30mL	30mL	30mL	一次	二次	渣液总量
水残渣	63.12	130.07	90.04		101.90			385.13
水残液（1）	267.40	154.39	176.61	52.19	34.83	52.24	24.62	762.28
水残液（2）	208.22	116.55	214.82	60.88	42.22	50.54	25.38	718.61
氢氧化钙残渣	28.49	40.31	11.48	9.94				90.22
氢氧化钙残液（1）	168.16	65.81	55.29	72.21	45.27	134.18	122.25	663.18
氢氧化钙残液（2）	269.51	108.90	113.01	57.51	112.95	71.51	50.58	783.96

钙处理方法的 AFB$_1$ 毒素总量及 AFG$_1$ 毒素总量分别为 47.47%和 37.37%，这一数据远远小于 100%，即通过碱化湿磨法使毒素含量降低，主要是由于氢氧化钙破坏毒素的作用及水清洗作用；③经氢氧化钙处理的残液中 AFB$_1$ 及 AFG$_1$ 含量与经水处理的残液中 AFB$_1$ 和 AFG$_1$ 含量基本相同，这说明黄曲霉毒素在水中有一定的溶解度，且氢氧化钙溶液对黄曲霉毒素的降解作用有限，不能够完全将溶液中的毒素降解；④经氢氧化钙处理后的残渣中 AFB$_1$ 及 AFG$_1$ 含量远远小于经水处理的残渣中 AFB$_1$ 和 AFG$_1$ 含量，这说明氢氧化钙可以更好地降解残渣中的毒素。

　　利用氢氧化钙湿磨法降解玉米中的黄曲霉毒素，主要有两种去除作用：第一，水的清洗作用，主要通过去除比水的密度小且毒素含量较高的胚芽、麸皮等部分（即每个步骤中得到的残渣）来去除一部分毒素，同时利用黄曲霉毒素可以微溶于水的特性也可以去除毒素（即每个步骤中得到的残液），由水对照湿磨法的降解效果可以看出，这一清洗作用起到了 30%左右的效果；第二，氢氧化钙的降解作用，这一作用起到了 70%左右的效果。这一结果间接证明了碱性溶液可以使黄曲霉毒素的内酯环破裂，进而生成可溶于水的物质。

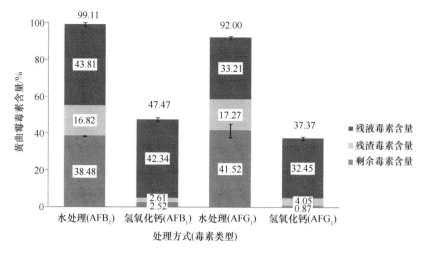

图 7-45　验证实验毒素总量分布
毒素含量指各部分的毒素量与湿磨前毒素总量的百分比

参 考 文 献

陈红, 熊利荣, 胡筱波, 等. 2007. 基于神经网络与图像处理的花生仁霉变识别方法. 农业工程学报, 4(23): 158-161.

陈卫军, 魏益民, 欧阳韶晖, 等. 2001. 近红外技术及其在食品工业中的应用. 食品科技, (4): 55-57.

褚小立, 王艳斌, 陆婉珍. 2007. 近红外光谱仪国内外现状与展望. 分析仪器, (4): 1-4.

丁晓雯, 柳春红. 2011. 食品安全学. 北京: 中国农业大学出版社.

杜润鸿. 2007. 布勒 Z 系列色选机. 粮油加工, (5): 42-44.

范平. 2005. 浅析色选技术在中国的发展过程. 粮食科技与经济, (4): 46-47.

付学文, 王爱军. 2007. 黄曲霉毒素 B_1 测定方法概述. 食品研究与开发, 28(12): 187-190.

高秀芬, 计融, 李燕俊, 等. 2007. 北京市城区粮油食品黄曲霉毒素 B_1 污染调查. 卫生研究, 36(2): 237.

高秀芬, 荫士安, 计融. 2011a. 中国部分地区花生中 4 种黄曲霉毒素污染调查. 中国公共卫生, 27(5): 541-542.

高秀芬, 荫士安, 张宏元, 等. 2011b. 中国部分地区玉米中 4 种黄曲霉毒素污染调查. 卫生研究, 40(1): 46-49.

高映宏, 左颖. 2002. 激光在现代农业及生物科学中的应用. 天津农学院学报, 9(1): 55-59.

胡东青, 庞国兴, 张治宇, 等. 2011. 出口花生黄曲霉毒素污染的预防与控制. 花生学报, 40(1): 36-38.

胡淑芬, 刘木华, 林怀蔚. 2006. 基于激光图像的水果表面农药残留检测试验研究. 江西农业大学学报, 28(6): 872-876.

黄湘东, 龙朝阳, 梁春穗, 等. 2007. 广东省市售大米、花生及其制品中黄曲霉毒素污染水平调查. 华南预防医学, 33(3): 62-63.

黄修德, 刘雪峰. 1999. 半导体激光器及其应用. 北京: 国防工业出版社.

江湖, 熊勇华, 许杨. 2005. 黄曲霉毒素分析方法研究进展. 卫生研究, 34(2): 252-255.

焦炳华, 谢正. 2000. 现代微生物毒素学. 福州: 福建科学技术出版社.

居乃琥. 1980. 黄曲霉毒素. 北京: 轻工业出版社.

刘新鑫, 韩东海, 涂润林, 等. 2004. 苹果水心病在贮藏期变化的无损检测. 农业工程学报, 20(1): 211-214.

卢利军, 庄树华. 2001. 应用近红外技术测定应用近红外技术测定黄豆粕中水分、蛋白质和粗脂肪. 分子科学学报, 17(2): 115-120.

陆婉珍. 2006. 现代近红外光谱分析技术. 北京: 中国石油出版社.

陆振曦, 张逸新. 1996. 农产品的光特性检测及分选技术. 粮食与食品工业, (2): 36-41.

罗小虎, 齐丽君, 房文苗, 等. 2016. 电子束辐照降解玉米中黄曲霉毒素 B_1 及对玉米品质的影响. 食品与机械, 32(10): 111-114.

栖原敏明. 2002. 半导体激光器基础. 北京: 科学出版社.

秦锋, 阮竞兰. 2011. 谷物色选机国内外现状及发展趋势. 粮食加工, 36(2): 51-53.

邵雨. 2010. SSM 新一代高性能色选机. 粮食加工, 35(5): 69-75.

王多加, 周向阳, 金同铭. 2004. 近红外光谱检测技术在农业和食品分析上的应用. 光谱学与光谱分析, 24(4): 447-450.

王海修, 杨玉民. 2005. 玉米及玉米加工品中的真菌毒素. 吉林粮食高等专科学校学报, 20(1): 1-7.

王家俊. 2003. FT-NIR 光谱分析技术测定烟草中总氮、总糖和烟碱含量. 光谱实验室, 20(2): 181-185.

王君, 刘秀梅. 2006. 部分市售食品中总黄曲霉毒素污染的检测结果. 中华预防医学杂志, 40(1): 33-37.

王君, 刘秀梅. 2007. 中国人群黄曲霉毒素膳食暴露量评估. 中国食品卫生杂志, 19(3): 238-240.

王若军, 苗朝华, 张振雄, 等. 2003. 中国饲料及饲料原料受霉菌毒素污染的调查报告. 饲料工业, 24(7): 53-54.

王湘伟, 高仕瑛. 1983. 氨气调降解稻谷中黄曲霉毒素 B_1 的试验. 河南工业大学学报(自然科学版), (2): 17-20.

王燕岭. 2004. 近红外光谱技术基础理论与应用综述. 北京: 北京英贤仪器有限公司.

王肇慈, 周瑞芳, 杨慧萍, 等. 2002. 粮油食品品质分析(第二版). 北京: 中国轻工业出版社.

吴丹. 2007. 黄曲霉毒素在粮食和食品中的危害及防治. 粮食加工, 32(3): 91-94.

吴迪, 冯雷, 张传清, 等. 2007. 基于可见/近红外光谱技术的茄子叶片灰霉病早期检测研究. 红外与毫米波学报, 26(4): 269-273.

徐华妹, 孙桂菊, 王少康, 等. 2006. 市售花生、玉米中黄曲霉毒素与伏马菌素污染水平调查. 环境与职业医学, 23(3): 217-219.

严衍禄, 赵龙莲, 韩东海, 等. 2005. 近红外光谱分析基础与应用. 北京: 中国轻工业出版社.

杨薇. 2001. 螺杆挤压机及其在食品工业中的应用. 昆明理工大学学报, 26(3): 78-83.

姚惠源, 方辉. 2011. 色选技术在粮食和农产品精加工领域的应用及发展趋势. 粮食与食品工业, 18(2): 4-6.

药林桃, 刘木华, 刘道金, 等. 2007. 激光技术在农产品质量检测中的研究进展. 激光生物学报, 16(3): 369-373.

臧秀旺, 张新友, 汤丰收, 等. 2008. 河南省黄曲霉毒素污染研究初报. 河南农业科学, (12): 59-60.

张国辉, 何瑞国, 齐德生. 2004. 饲料中黄曲霉毒素脱毒研究进展. 中国饲料, (16): 36-38.

张勇, 朱宝根. 2001. 二氧化氯对霉变玉米黄曲霉毒素 B_1 脱毒效果的研究. 食品科学, 22(10): 68-71.

赵进辉, 吁芳, 吴瑞梅, 等. 2011. 基于分段主成分分析与波段比的鸡胴体表面粪便污染物检测. 激光与光电子学进展, 48(7): 163-167.

周建新. 2004. 论粮食霉变中的生物化学. 粮食储藏, 32(1): 9-12.

Bagley E. 1979. Decontamination of corn containing aflatoxin by treatment with ammonia. Journal of the American Oil Chemists Society, 56: 808-811.

Brekke O L, Stringfellow A C, Peplinski A J. 1978. Aflatoxin inactivation in corn by ammonia gas: laboratory trials. Journal of Agricultural and Food Chemistry, 26(6): 1383-1389.

Brown R, Cleveland T, Payne G, et al. 1995. Determination of resistance to aflatoxin production in maize kernels and detection of fungal colonization using an *Aspergillus flavus* transformant expressing *Escherichia coli* beta-glucuronidase. Phytopathology, 85(9): 983-989.

Campbell M R, Brumm T J. 1997. Whole grain amylase analysis in maize using near-infrared transmittance spectroscopy. Cereal Chemistry, 74(3): 300-303.

Cozzolino D, Dambergs R, Janik L, et al. 2006. Review: analysis of grapes and wine by near infrared spectroscopy. Journal of Near Infrared Spectroscopy, 14(1): 279-289.

Cozzolino D, Kwiatkowski M J, Parker M, et al. 2004. Prediction of phenolics compounds in red wine fermentation by visible and near infrared spectroscopy. Analytica Chimica Acta, 513(1): 73-80.

Cozzolino D, Smyth H E, Gishen M. 2003. Feasibility study on the use of visible and near-infrared spectroscopy together with chemometrics to discriminate between commercial white wines of different varietal origins. Journal of Agricultural & Food Chemistry, 51(26): 7703-7708.

Cozzolino D. 2015. The role of visible and infrared spectroscopy combined with chemometrics to measure phenolic compounds in grape and wine samples. Molecules, 20(1): 726-737.

Ding X X, Li P W, Bai Y Z, et al. 2012. Aflatoxin B_1 in Post-harvest Peanuts and Dietary Risk in China. 文昌: 中国作物学会油料作物专业委员会第七次会员代表大会暨学术年会: 143-148.

Dowell F E, Person T C, Maghirang E B, et al. 2002. Reflectance and transmittance spectroscopy applied to detecting fumonisin in single corn kernels infected with *Fusarium verticillioides*. Cereal Chemistry, 79(2): 222-226.

Elias R, Castellanos A, Loarca G, et al. 2002. Comparison of nixtamalization and extrusion processes for a reduction in aflatoxin content. Food Additives and Contaminants, 19(9): 878-885.

Fernandez-Ibanez V, Soldado A. 2009. Application of near infrared spectroscopy for rapid detection of aflatoxin B_1 in maize and barley as analytical quality assessment. Food Chemistry, 113(2): 629-634.

Hall J, Wild C. 1994. Epidemiology of aflatoxins related disease. The Toxicology of Aflatoxins: Human Health, Veterinary, and Agricultural Significance, 11: 233-258.

Hooshmand H, Klopfenstein C. 1995. Effects of gamma irradiation on mycotoxin disappearance and amino acid contents of corn, wheat, and soybeans with different moisture contents. Plant Foods for Human Nutrition, 47(3): 227-238.

Hung Y C, Mcwatters K H, Prussia S E. 1998. Peach sorting performance of a nondestructive laser air-puff firmness detector. Applied Engineering in Agriculture, 14(5): 513-516.

Jimeneza R, Jain A K, Ceres R, et al. 1999. Automatic fruit recognition: a survey and new results using range/attenuation images. Pattern Recognition, 32(10): 1719-1736.

Keller P, Butchko R, Sarr B, et al. 1994. A visual pattern of mycotoxin production in maize kernels by *Aspergillus* spp. Phytopathology, 84(5): 483-488.

Lee J W, Hah Y J, Cho Y J. 1997. Non-destructive firmness measurement of apples using laser vision system. American Society of Agricultural Engineers, 1: 16.

Liu Y, Ying Y, Yu H, et al. 2006. Comparison of the HPLC method and FT-NIR analysis for quantification of glucose, fructose, and sucrose in intact apple fruits. Journal of Agricultural & Food Chemistry, 54(8): 2810-2815.

Lopez-Garcia R, Park D L. 1998. Effectiveness of postharvest procedures in management of mycotoxin hazards//Sinha K K, Bhatnagar D. Mycotoxins in Agriculture and Food Safety, Eastern Hemisphere Distribution. New York: Marcel Dekker: 407-433.

Lu R, Peng Y. 2005. Multispectral scattering measures fruit texture. Laser Focus World, 41: 99-103.

Mann H, Bedford D, Lubu J, et al. 2005. Relationship of instrumental and sensory texture measurement of fresh and stored apples to cell number and size. Hort Science, 40(6): 1815-1820.

Mary W, Trucks S, Michael E, et al. 1989. Enzyme-linked immunosorbent assay of aflatoxin B_1, B_2 and G_1 in corn, cottonseed, peanuts, peanut butter, and poultry feed: collaborative study. Journal of the Association of Official Agricultural Chemists, 72(6): 957-963.

Maw B W, Krewer G W, Prussia S E, et al. 2003. Non-melting-flesh peaches respond differently from melting-flesh peaches to laser-puff firmness evaluation. Applied Engineering in Agriculture, 19(3): 329-334.

Mcglone V A, Jordan R B. 1999. Non-contact fruit firmness measurement by the laser air-puff method. Transactions of the ASAE, 42(5): 1391-1397.

Mixon A C. 1980. Potential for aflatoxin contamination in peanuts (*Arachis hypogaea* L.) before and soon after harvest-a review. Journal of Environmental Quality, 9(3): 344-349.

Montero C, Cristescu S M, Jimenez J B, et al. 2003. Trans-resveratrol and grape disease resistance. A dynamical study by high-resolution laser-based techniques. Plant Physiology, 131(1): 129-138.

Moya F A N, Rodriguez A R, Balibrea L M T. 2005. Non-destructive laser sorting of whole tomatoes. Acta Horticulturae, 674(674): 581-584.

Park D L. 2002. Effect of processing on aflatoxin. Advances in Experimental Medicine and Biology, 504(48): 173-179.

Ross R, Yuan J, Yu M, et al. 1992. Urinary aflatoxin biomarkers and risk of hepatocellular carcinoma. Lancet, 339(8799): 943-946.

Saalia F, Phillips R. 2002. Reduction of aflatoxin in contaminated corn by extrusion cooking. The University of Georgia Department of Food Science and Technology Activity and Planning Summary Report, 1: 1-19.

Shimomura Y, Takami T, Matsuo K, et al. 2005. New measurement technique that uses three near infrared diode lasers for non-destructive evaluation of sugar content in fruits. Progress in Biomedical Optics and Imaging-Proceedings of SPIE, 5739: 145-153.

Shuso K, Motoyasu N S. 2003. Development of an automatic rice-quality inspection system. Computers and Electronics in Agriculture, 40(1-3): 115-126.

Sibanda L, de Saeger S, van Peterghem C. 1999. Development of a portable field immunoassay for the detection of aflatoxin M_1 in milk. International Journal of Food Microbiology, 48(3): 203-209.

Soher E. 2002. Distribution of aflatoxin in product and by-products during glucose production from contaminated corn. Molecular Nutrition & Food Research, 46(5): 341-344.

Terasaki S, Wada N, Sakura I N, et al. 2001. Nondestructive measurement of kiwi fruit ripeness using a laser doppler vibrometer. Transactions of the American Society of Agricultural Engineers,

44(1): 981-987.

Thean J, Lorenz D, Wilson D, et al. 1980. Extraction, cleanup, and quantitative determination of aflatoxin in corn. Journal of the Association of Official Agricultural Chemists, 63(3): 631-633.

Valero C, Ruiz-Altisent M, et al. 2004. Detection of internal quality in kiwi with time-domain diffuse reflectance spectroscopy. Applied Engineering in Agriculture, 20(2): 223-230.

Veraverbeke E A, van Bruarne N, van Oostveldt P, et al. 2001. Non-destructive analysis of the wax layer of apple (*Malus Domestica* Borkh.) by means of confocal laser scanning microscopy. Planta, 213(4): 525-533.

Wang J S, Huang T, Su J, et al. 2001. Hepatocellular carcinoma and aflatoxin exposure in Zhuqing Village, Fusui County, People's Republic of China. Cancer Epidemiol Biomarkers Prev, 10(2): 143-146.

Yang N, Ren G. 2008. Application of near-infrared reflectance spectroscopy to the evaluation of rutin and D-chiro-inositol contents in tartary buckwheat. Journal of Agricultural and Food Chemistry, 56(3): 761-764.

Zhou L, He Q, Chen X. 1994. A study on breeding of yunnan rice by laser irradiation and electric field excitation. Laser Journal, 15(5): 227-230.

图 版

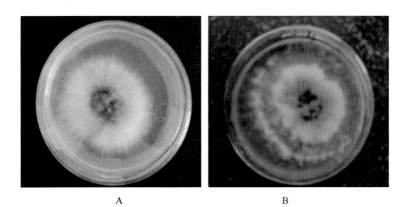

A   B

图 2-1 禾谷镰刀菌在 PDA 平板上培养 5 天（A）、7 天（B）的菌落

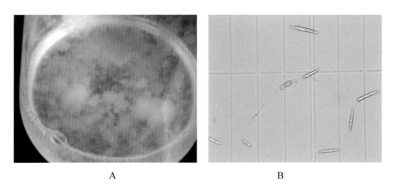

A   B

图 2-2 禾谷镰刀菌的孢子悬浮液（A）及孢子形态（B）

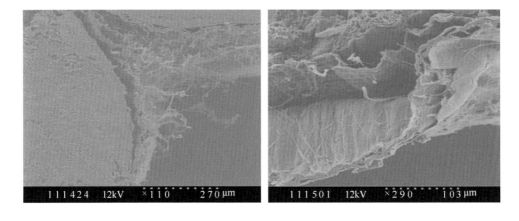

图 2-3 成熟期易感小麦籽粒的扫描电镜

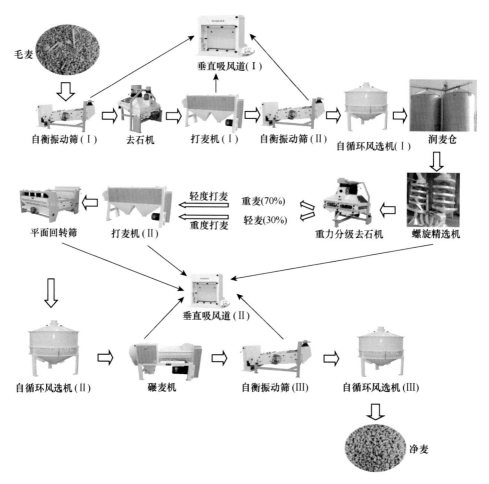

图 4-1 面粉厂小麦清理工艺图

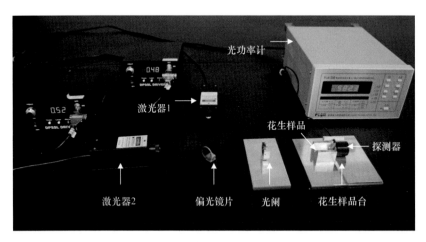

图 7-14　霉变花生光电分选平台

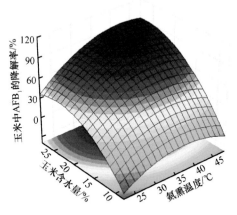

图 7-29　玉米含水量和氨熏温度对玉米中
AFB$_1$降解率的影响

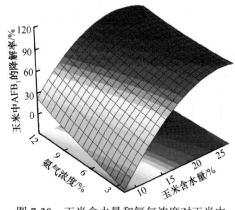

图 7-30　玉米含水量和氨气浓度对玉米中
AFB$_1$降解率的影响

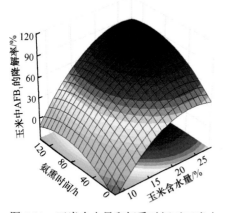

图 7-31　玉米含水量和氨熏时间对玉米中
　　　　AFB$_1$ 降解率的影响

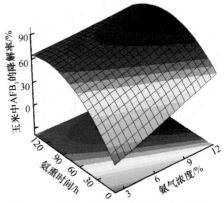

图 7-32　氨熏时间和氨气浓度对玉米中
　　　　AFB$_1$ 降解率的影响

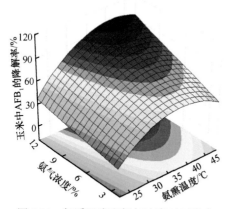

图 7-33　氨熏温度和氨气浓度对玉米中
　　　　AFB$_1$ 降解率的影响

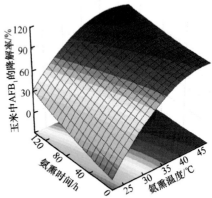

图 7-34　氨熏温度和氨熏时间对玉米中
　　　　AFB$_1$ 降解率的影响